漳河水文化概览

主编　吕娟

副主编　胡凤岐

·北京·

内 容 提 要

本书在归总国内水文化理论研究的基础上，以流域为背景，以水文化为重点，按照历史脉络，对漳河丰富的水文化资源进行了系统的梳理，就漳河的文化渊源、灌溉文化、减灾文化、城市发展文化、水景观文化、水地名文化、水管理文化、水事纠纷管控、水网建设等方面进行论述，为漳河流域水管理乃至社会发展提供很好的借鉴，具有较强的理论性、史料性、纪实性、可读性、借鉴性。

本书可作为水管理机构、水利院校师生进行水文化教育和各级领导水务活动决策时参考，广大社会读者也可从中获得有益的启迪与收获。

图书在版编目（CIP）数据

漳河水文化概览 / 吕娟主编. -- 北京 : 中国水利水电出版社, 2021.1
ISBN 978-7-5170-9385-5

Ⅰ. ①漳… Ⅱ. ①吕… Ⅲ. ①漳河－水－文化研究 Ⅳ. ①K928.4

中国版本图书馆CIP数据核字(2021)第020733号

书　　名	**漳河水文化概览** ZHANG HE SHUIWENHUA GAILAN
作　　者	主编　吕娟　副主编　胡凤岐
出版发行	中国水利水电出版社 （北京市海淀区玉渊潭南路 1 号 D 座　100038） 网址：www. waterpub. com. cn E - mail：sales@waterpub. com. cn 电话：（010）68367658（营销中心）
经　　售	北京科水图书销售中心（零售） 电话：（010）88383994、63202643、68545874 全国各地新华书店和相关出版物销售网点
排　　版	中国水利水电出版社微机排版中心
印　　刷	清淞永业（天津）印刷有限公司
规　　格	170mm×240mm　16 开本　20.5印张　285千字
版　　次	2021 年 1月第 1 版　2021 年 1月第 1 次印刷
印　　数	0001—1000册
定　　价	**120.00** 元

凡购买我社图书，如有缺页、倒页、脱页的，本社营销中心负责调换

《漳河水文化概览》编辑委员会

漳河是一条有故事的名河

——《漳河水文化概览》序

提起漳河，很多人应该不会陌生。她虽然没有“江河淮济”（古称“四渎”）那么大名鼎鼎，但也绝非是一般小江小河那样的泛泛之辈。如果深入探究一下漳河的生命历程和人与河的互动关系，你就会发现，漳河的确不同凡响。下面，咱就聊几段关于她的故事。

一

讲起漳河的故事，得从她的前世今生说起。

漳河位于海河流域南部，是漳卫河南运河水系的重要支流。漳河古称降水（绛水）、漳水，亦称衡漳、衡水。《尚书·禹贡》中称其为降水、衡漳。如说禹疏导黄河，“北过降水，至于大陆”，降水，又写作绛水，即漳水。又说“覃怀底绩，至于衡漳”。覃怀，地名，在今豫西北的沁阳、温县一带；底绩，功绩；衡漳，“衡”者“横”也，漳指漳河（古黄河自南而北流经今河北南部，漳水自西而来东注之，故称“衡漳”）。意思是说，大禹在冀州覃怀一带指挥疏导黄河洪水，直至漳水入大河处，建立了丰功伟绩。

漳河的上游有二源，一曰浊漳河，一曰清漳河，均发源于黄土高原东缘山西省境内的太行山腹地。浊漳河上有西、南、北三源，分别源出沁县、长子和榆社县境，在襄垣、黎城次第汇流，始称浊漳河。浊漳河所流经的西区，黄土覆盖较深，植被差，水土流失严重，河道泥沙含量高，因水色浑浊，故称浊漳。清漳河亦分东、西两源，分别源出昔阳、和顺县境，至左权县泽成村附近汇流，始称清漳河。清漳河流域所在的东区，为石质山区，山高谷深，岩石裸露，坡陡流急，含沙量小，水色清澈，故称清漳河。浊、清二水在涉县合漳村握手后，始称漳河。

五源汇漳水，呼啸出太行。漳河至今磁县岳城附近出山后，奔腾于广袤的平原。受地形因素的影响，历史时期漳河上游河道相对稳定。而下游平原河道，由于沙多水猛，形成放荡不羁的豪横性格，善淤、善决、善徙，难怪有“小黄河”的名号了。

受黄河改道北流、漳河下游河道不断变迁、海河水系的形成和南北运河开通等诸因素的影响，不同时期漳河水系的归属也不断变化，大致可分为以下几个时期：

其一，先秦至西汉末为漳河入黄河时期。先秦时期黄河行北道，流经今河北平原，今海河水系各河大多成了黄河的支流。战国中叶以前，黄河下游虽然多股分流，但以《禹贡》河（因最早见于《尚书·禹贡》中，故称《禹贡》河，也称禹河、禹河故道）为主干。故而漳河出山后，经今临漳、成安、肥乡，于曲周南注入《禹贡》河。周定王五年（公元前602年），黄河改道，形成《汉志》河（因见于《汉书·地理志》中，故称《汉志》河，也称西汉大河）。战国中叶，由于人们在《汉志》河两岸筑起系统堤防，使其成为黄河下游专一澎湃的道路，自西南向东北流经濮阳、高唐、德州、孟村一线，在今黄骅一带入海。彼时的漳水，“东北流，至阜成（今阜城县东）入大河（《汉志》河）”（《汉书·地理志》）。因漳河原本注之的《禹贡》河已断流，漳河遂“乘虚而入”，自曲周南沿《禹贡》河故道东北流，至今深县合滹沱河，下游流经今南宫之北、枣强之南、阜城之东，至东光注入《汉志》河。

其二，东汉初至隋朝末为漳河独流入海时期。王莽始建国三年（公元11年），“河决魏郡（治邺，今河北省临漳县西南），泛清河以东数郡”（《汉书·王莽传》），酿成了黄河历史上第二次大改道。直到59年后的永平十二年（公元69年）王景治河成功，黄河徙道东南，从今山东省利津县一带入海。这时的漳河，摆脱了黄河，开启了独流入海的时代。对此，公元6世纪初北魏郦道元《水经注》道："浊漳水出上党长子县发鸠山，东过其县南……过邺县西……又东北过平舒县南，东入海。"清嘉庆《天津府志》载："王莽时河东徙千乘，其故道遂为漳卫所占""卫河自沧州以下，本西汉大河所经，东汉以后，为清浊二渎所经"。可见，东汉以后相当长的时期，漳河下游所经，多借西汉大河的故道。

其三，隋末五代为漳河纳入海河时期。隋大业年间，炀帝开凿以洛阳为中心，纵贯东西、南北的大运河，于大业四年（608年）在河北地区"开永济渠，引沁水南达于河，北通涿郡"（《隋书·炀帝纪上》）。永济渠开成后，出于"引漳济运"的需要，漳河被纳入永济渠水系，此后逐渐成为海河南系的一个重要分支。

其四，北宋为漳河再入黄河时期。北宋庆历八年（1048年），黄河在澶州商胡埽（今河南省濮阳县东）决口，河水改道北流，经南乐、馆陶、枣强，东至乾宁军（今河北省青县），夺御河（今南运河）自天津市东入海。其后又分出二股河（时人称为东流），形成北流与东流并存的局面。随着黄河的北徙，漳河再次被纳入黄河水系。

其五，南宋以后回归海河水系。南宋建炎二年（1128年），黄河再次改道南徙，夺淮泗入东海，从此不再行北道。这样，漳河重归海河水系，至今未变。

值得指出的是，历史上漳河改道迁徙频繁，唐代以后尤甚。其迁徙摆动的顶点在三台口（今河北磁县讲武城附近）一带；其改道范围"南不过御（今卫河、南运河），北不过滏（今滏阳河）"，即南以卫河、南运河为限，北以滏阳河为限。前人根据漳河平原河道变迁的空间位置，将漳河大的流路大致分为南、中、北三道。对此，清乾隆年间著名的辨伪学者崔述，曾风尘仆仆地沿着漳河流经的新、旧之地，下了一番"访渎搜渠"的功夫，并撰成《漳河水道记》，指出："漳之迁徙虽无定行，故道纵横虽纷不可数，然其大约有三：由临漳、邯郸，历永年、曲周，北合滏者为北道；由大名若魏，东合御河为南道；由肥乡、广平，东北历冀州、河间诸属，直达天津入海者为中道。北道地高，南道地卑，故漳益北患益轻，益南则患益重。《禹贡》所志，北道也。《水经》所序，中道也。明初以来，出入永年、肥乡、广平、魏、大名五县之间，而之日所流，则南道也。”

南道，即今漳河行水之道，自磁县岳城出山后，一路东行，经临漳、魏县、大名，至馆陶，自徐万仓汇入卫河。历史上，亦可分两条：一条是南决临漳入洹河（今安阳河），挟洹入卫（河），此为漳河最南道；一条是自临漳入魏县，至馆陶入卫河，与今漳卫合流后的河道（今卫运河、南运河）走向一致。漳河走南道，除了自然因素外，还有人为影响，特别隋代开永济渠，为了济运的需要，漳河被纳入其支流。自此以后，漳河多行南道，但并非绝对。比如金大定二十九年（1189年），漳河自三台口以下分两支：一支走北道，至武强入滹沱河；一支走中道，在东光入御河（永济渠，今南运河）。另据《明史》《清史稿》等文献载，自明洪武元年（1368年）至清末的540年间，漳河的较大改道不下50次，走南道的时间最长，达389年。究其原因，主要是明清两代王朝为了“引漳济运”，不乏修堤、筑坝、开河、浚渠等人为干预之举。对此，《清史稿·河渠二》之“运河”条说得清楚：“顺治十七年春夏之交，卫河微弱，量运涩滞，乃堰漳河分溉民田之水，入卫济运。……康熙三十二年，卫河微弱，惟恃漳为灌输，由馆陶分流济运。（康熙）三十六年，忽分流，仍由馆陶入卫济运……”

中道，是说漳河出山后，东北流行经临漳、成安、曲周、肥乡、广平，至冀州一带与滹沱河汇流后，自天津一带入海。大体而言，漳河行中道始于战国中叶，漳河自曲周南沿《禹贡》河故道东北流，历秦汉、魏晋、南北朝，直至隋代永济渠开成，漳河成为永济渠的支流，才渐趋告终。

北道，是指漳河在今临漳境内北决后，与滏阳河合流，大体沿今滏阳河之路行水。在相当长的历史时期，滏阳河皆是漳河的支流。北魏时郦道元的《水经注》称：“漳水又北，滏水入焉。”元中统三年（1262年），大科学家郭守敬向元世祖忽必烈面陈水利六事，专门提到漳滏分流：“磁州东北滏漳二水合流处，引水由滏阳（今河北磁县）、邯郸、洺州、永年，下经鸡泽，合入沣河，可灌田三千顷。”由于各种原因，该设想未能实施。可知在元代，漳滏仍为一体。明成化十一年（1475年），磁州（今磁县）通判张埕为扭转漳水为患的不利局面，征发民夫，于磁县东北五里的漳滏汇流处开凿一段新河，疏导滏阳河北流，而让漳河行南道，从此漳滏分流（二不分开之地便得名开河村，现称南开河、北开河）。此后，漳河仍不安分，仍不时夺滏北流，至清康熙四十五年（1706年）引漳入卫（济运）的态势稳定，滏阳河才得以彻底摆脱漳河的纠缠，独行其道。

历史时期，漳河或北流合滏（滏阳河），或南流夺卫（卫河），或行中道汇滹（滹沱河），或二支、三支乃至四支并行，且迭为主次。如康熙二十三年（1684年），漳河自三台口以下分为三支，南支在馆陶入卫，北支至宁晋泊与滏阳河全流，中支至青县入卫（南运河）。直到清康熙中后期，漳河才完全合卫河行南道。清末以来，漳河虽行南道，但入卫口曾多次变化，直到1942年由魏县南尚村决口改道，由馆陶徐万仓入卫，形成现今之流路。

二

“上党从来天下脊”——太行之巅的上党盆高可接天，而漳源之水——浊漳河正从天脊上奔涌而来。前面已经提及，浊漳河由北、西、南三支（源）组成，并先后在襄垣县境内汇成干流；而位于“上党高地”的长治盆地，正是由这三条河经年累月不断搬运泥沙塑造的骄子。整个浊漳水系呈扇形分布，就像一张铺在“上党高地”的巨网，分布在山岭沟壑和平畴之间，她用甘美的乳汁滋润着古上党（今山西长治）

这片丰饶的土地，故被视为长治的母亲河。

在距离长治市长子县西约25千米的地方，耸立着一座雄奇的大山——发鸠山，巍巍发鸠，三峰耸立，像三尊傲立苍穹的巨人。主峰方山海拔为1646.8米，危峰秀拔，势接云汉。登临极顶，但见群山环绕，不免令人发出“太行深似海，波澜壮天地”的感叹。发鸠山的东麓就是浊漳河南源的源头——需要强调的是，它不但是浊漳河的源头、漳河的源头，也是漳卫河的源头，还是海河的源头——此处至海河干流源头三岔河口，长为1050千米，为海河五大支流的最长者。

按照“河源惟远”的原则认定，浊漳河南源起始于长子县发鸠山黑虎岭绛河里村；而按传统的观点，浊漳河南源则起始于发鸠山东山脚下那眼粗大的泉眼——这眼泉流终年咕咕咚咚，喷涌不息，才是“漳水出焉”的起点。尽管这样算来源头短了26千米，但不管怎样认定，浊漳河南源发端于发鸠山是毫无疑义的。

《礼记·祭法》云：“山川林谷丘陵，能出云，为风雨，见怪物，皆曰神。”意思是说，自然万物皆有灵，日月星辰、风雨雷电、高山丘陵、江河湖海、动物植物等，这些与人类生产生活密切相关的自然现象和事物，都有“神”的主宰。发端于发鸠山的浊漳河南源，不但是漳河、海河的正源，而且具有神圣的地位，无怪乎有不少古老神话传说都发祥于此。

相传，中华始祖之一的炎帝——神农氏就在上党盆地“尝百草、育五谷，教民耕种、始兴稼穑，开创了农耕文明”。离发鸠山不远的羊头山，在今山西省长子县、长治市上党区（原长治县）、高平县三县（区）交界处，是神农遗迹最为密集的地区，有神农城、神农泉、五谷畦、谷头和炎帝陵等。至于神农庙（炎帝庙），更是遍布长治城乡。长治市郊的百谷山，相传是神农尝百草的地方，今人在山上为他塑起了一座高达39米的巨型铜像。

又相传，上古时，共工与颛顼争夺帝位，共工怒触不周山，使“天柱折，地维绝。天倾西北，故日月星辰移焉；地不满东南，故水潦尘埃归焉”（《淮南子·原道训》）。据说，这“不周山”就是发鸠山。如果说人们对“共工怒触不周山”是否发生在这里会持异议的话，那么，“精卫填海”的神话发生地则非此处莫属。《山海经·北山经》说：“发鸠之山，其上多柘木。有鸟焉，其状如乌，文首、白喙、赤足，名曰精卫，其鸣自詨。是炎帝之少女，名曰女娃。女娃游于东海，溺而不返，故为精卫，常衔西山之木石，以堙于东海。”这则神话，写炎帝的小女儿女娃被大海淹死后，其灵魂化作了一只红爪白嘴的小鸟，她不想让大海再淹死别人（同时也为自己报仇），立志要把大海填平。大海是何等的深广啊，靠一只小鸟的力量，哪一天才能把大海填平呢？可是精卫坚信，只要坚持不懈地努力，总有一天会实现自己的愿望。于是她飞到西山（发鸠山），用嘴衔来石头与树枝投向大海，周而复始，永不停歇，并发出“精卫，精卫”的叫声，以激励自己。“精卫填海”是中国远古神话中最为有名也最为感人的伟大故事之一，世人常常为女娃被东海波涛吞噬而洒泪嘘唏，更为她化为精卫鸟衔石木以填沧海的顽强执着精神而感动折服。

后来，这位女娃成了漳水之神，被人供奉于发鸠山浊漳河南源的灵湫庙中。

当然，穿行于东区崇山峻岭中的清漳河流域，同样飘荡着神话传说的绚烂云朵。最令人震憾的一则传说是：创世女神女娲曾在清漳河畔“炼石补天，抟土造人”。至今清漳河畔的河北涉县中皇山上，有一座全国规模最大、肇始年代最早的奉祀女娲的历史文化建筑群——娲皇宫。《淮南子》这样记载女娲惊天地、泣鬼神的壮举：“往古之时，四极废，九州裂，天不兼覆，地不周载。火爁炎而不灭，水浩洋而不息。猛兽食颛民，鸷鸟攫老弱。于是女娲炼五色石以补苍天，断鳌足以立四极，杀黑龙以济冀州，积芦灰以止淫水。苍天补，四极正，淫水涸，冀州平。狡虫死，颛民生……”创世大神女娲，不但抟土造人，而且为了消弭人类的灾祸，治洪水、灭恶兽、炼石补天，拼尽了身上所有的力量！

登临中皇山，朝拜女娲这位伟大的人文始祖，能不肃然起敬？！

三

可以肯定地说，漳河上游的高山峡谷地区是远古人类的繁衍生息的热土，否则就不会有如此多的远古神话传说起源于那里。而漳河出山后的冲积平原，则是三代（夏商周）王朝之一商朝的建立者——商部族活动的中心区域。

据文献记载和考古验证，先商文化主要分布在今冀南豫北的漳河流域。所谓先商，是指商部族在成汤灭夏之前孕育、发展所经历的历史时期。“天命玄鸟，降而生商。”（《诗经·商颂》）即说五帝之一的帝喾的妃子简狄，因为吞下玄鸟蛋而生下一个著名的儿子——契，契长大后能力非凡，因辅佐大禹治水有功，被封于商，成为商部族的始祖。有学者考证，商之族名和国名本于水名、地名，古之商水，即今之漳水。契将自己的部族迁到漳水流域后，才开始称商的，而且从契至汤14王（不包括汤），其年代与夏王朝相始终。著名考古学家邹衡认为，成汤以前，商人活动的中心区域在漳河与滹沱河之间，“漳水当初或叫滳水”；他还指出：《世本·居篇》云：“契居蕃。”《史记·殷本纪》亦曰：“契封于商。”有学者考证“蕃”为古滱水（今唐河）的支流博水，已湮灭，其流域在今河北博野一带，是契的祖居之地。契部族自蕃南迁，到达漳河流域后定居下来，开始称“商”。著名古文字学家、古史学家丁山说：“商之为滳，取名于滳水。”卜辞中的滳字，“当如葛毅卿君《释滳》说‘读为漳’”。2004年3月，邯郸机场扩建，文物部门对扩建工地进行了考古勘探，在磁县河北村北侧、原飞机场西侧发现大面积人类活动的遗迹。遗址出土了一些石质、陶质器物，还发现了鸡、狗、猪的骨骼。从采集到的标本分析，判断为先商至商代早期的遗存。

商王朝建立后，邯郸以北百余里的邢台是商王祖乙的都城；后来盘庚迁殷（今河南安阳西北）所依傍的洹水（今安阳河），则与漳水（漳河）成为招手可见的亲密近邻（漳水、洹水都是黄河的支流，两水一北一南相隔只有数十里）。可以肯定地说，作为洹水（今安阳河）兄弟河的漳水，其所流经的地方，当是王畿重地。因此，称漳河流域为商部族的发祥地，是史学界较为公认的观点。

四

漳河让人如雷贯耳，始于西门豹治邺破除“河伯娶妇”陋俗并开“引漳十二渠”的壮举。

魏国开国之主魏斯魏文侯，是一代有作为的名君。经过名相翟璜的举荐，魏文侯二十五年（公元前421年）任命精明强干、勇于任事的西门豹为邺县令。

西门豹来到邺地，发现这里人烟稀少，土地荒芜，百业萧条，民生凋敝，情况比他预想的还要差。经过明察暗访，西门豹发现了问题的症结所在：即天灾人祸相交织，致使民不聊生。天灾，主要是这一带水旱灾害频仍，特别是贯穿古邺地的漳水经常泛滥，冲毁家园，伤人性命。人祸，主要是这里流行着为“河伯娶妇”的陋俗，特别是当地巫祝与三老、廷掾、豪绅相勾结，以为“河伯娶妇”之名，大肆敛财，据为己有。

据《史记·滑稽列传》记载，西门豹走马上任不久，便以自己的大智大勇自编自导且自己主演了一出“破除迷信、革除陋俗”的好戏——以霹雳手段，投巫婆、三老于漳河，戳穿了巫祝和墨吏、豪强骗钱害人的把戏，打击了邪巫和黑恶势力，教育了群众，一举破除了沿袭多年的“河伯娶妇”陋俗。正可谓：“花貌年年溺水滨，俗传河伯娶生人。自从明宰投巫后，直至如今鬼不神。”（唐王遵《西河》）逃亡在外的民众听闻此事，纷纷返回故里，重建家园。

西门豹革除了“河伯娶妇”陋俗以后，又着手谋划和实施兴修水利为民造福的事。经过实地考察，他发现横贯邺地的漳河有重要的水利开发价值。

《史记·滑稽列传》这样记载西门豹凿渠的经过：“西门豹即发民凿十二渠，田皆溉。当其时，民治渠少（稍）烦苦，不欲也。豹曰：‘民可以乐成，不可虑始。今父老子弟虽患苦我，然百岁后期令父老子孙思我言。’至今皆得水利，民人以给富足。”

战国中期以后，漳河东出太行山后，从邺地自西向东进入河北平原，先东南流，不久即折向东北，于古邺城之东的今曲周县注入黄河（《禹贡》河）。而漳河出山口一带地势高亢，土地坚硬，河床稳定，在此设立引水口门，可以自流浇灌农田。于是，他请来了当地的能工巧匠，查勘了漳水水文和邺地的地理情况，规划设计了“引漳十二渠”。随即“发民凿十二渠，引河水灌溉民田”。具体做法是，在漳河长约十二里的河床上，筑十二道拦水低堰，又在漳水的右岸（南面）开凿了十二条引水渠道，并以“干支斗毛”等渠道为配套工程，织成灌溉水网。

不过，开渠的过程并不顺利，可说是阻力重重。由于引水工程浩大，老百姓劳役很重，时间一长，便怨声四起，甚至有人公开吵闹着要打退堂鼓。但西门豹意志如铁，不为所动，终于毕其功于一役，修成“引漳十二渠”。

渠成之后，邺地漳河南岸的大片农田得到了有效灌溉。由于漳水含沙量大，灌溉达到了“且溉且粪”的效果。没有引漳灌溉以前，邺南的低洼地带土壤盐碱化严重，被称为“恶田”。由于漳水含有较多的细颗粒泥沙，有机质肥料丰富，用来浇灌土地，不仅可以补充农作物生长期所需的水分，而且还能落淤肥田，使盐碱地得到明显改良，“成为膏腴，亩收一钟”（东汉王充《论衡·率性》）。战国时一钟为六石四斗，相当于现在的125千克，与一般旱田平均“亩收七斗五升”相比，提高了7倍多，这在当时是个了不起的奇迹。“西门豹引漳灌溉，以富魏之河套”（《史记·河渠书》），邺地因此甩掉贫穷的帽子，成为魏国有名的富庶之区。

引漳十二渠开我国多首制大型引水工程的先河。西门豹之后，引漳灌溉事业薪火相传，连绵不绝。

先是百年后的魏襄王时期（公元前318—前296年），史起为邺令，重修引漳十二渠，民大得其利，作歌颂之：“邺有贤令兮为史公，决漳水兮灌邺旁，终古舄卤兮生稻粱。”（《汉书·沟洫志》）。

到了东汉末，曹操打败势力最强大的袁氏集团，统一北方后，建都于邺。鉴于以往所建的拦水堰多已毁坏，十二渠无水可引的情况，曹操于建安九年（204年）命人“遏漳水回流东注，号天平堰，二十里（应为十二里）中作十二墱，墱相去三百步，令互相灌注。一源分为十二门，皆悬水门”（《水经·浊漳水注》）。即在十二里长的漳水河床上修筑了十二条梯级拦水堰，在每个引水渠道口门上设闸门控制。

曹魏以后，历代乃在效法西门豹的做法，相继利用漳水灌溉农田。东魏、北齐继之重建，称天平渠，并形成单一渠首，灌区较之以前大有拓展。唐代重修天平渠，同时开金凤、菊花、利物等支渠，联引洹水（今安阳河）、滏水（今滏阳河），形成灌田十万亩以上的大型灌区。之后的引漳灌溉屡有兴废，一直沿袭到近现代。

新中国成立后，特别是20世纪60年代在漳河出山口处建成岳城水库（位于河北省磁县与河南省安阳县交界处，总库容13亿立方米）后，引漳灌溉达到高潮。目前漳河流域规模在30万亩以上的大型灌区有6个，其中位于漳河右岸河南省安阳市境内的有漳南灌区、红旗渠灌区、跃进渠灌区；位于漳河左岸河北省邯郸市境内的有民有灌区、大跃峰灌区、小跃峰灌区，为漳河两岸经济社会发展提供了重要的水源保障。

五

历史上，漳河除了灌溉农田的效益显著外，还滋养哺育了长治、黎城、邺城、馆陶等历史文化名城，若论名气最大者，非古邺城莫属。

位于漳河之畔的古邺城（今河北临漳县西南邺镇一带），最早诞生于春秋初期，为五霸之首齐桓公为防止戎狄南侵中原所筑军事堡垒，到战国初期魏文侯以此为别都后，逐渐兴盛起来。自东汉末至魏晋南北朝（止于北周大象二年，即公元580年，杨坚下令焚毁邺城），繁华近四个世纪。特别是曹魏、后赵、冉魏、前燕、东魏、北齐等王朝先后以此为都，成为中国北方的政治、经济、文化、军事中心达120多年。故古邺城所在的河北省临漳县有“三国故地，六朝古都”之誉。

邺城的辉煌始于东汉末。当时，袁绍盘踞邺城后，“始营宫室”。其后，曹操引漳水代兵，攻克邺城，遂以之为“王业之本基”，大兴土木重修之。同时，曹操在循引漳十二渠旧迹造天井堰，引漳灌溉，以富王畿之地；又开利漕渠引漳水入白沟（白沟运河，向北可达河北平原的北端，向南可通黄河达于江淮），使邺城成为四通八达的水运交通枢纽，从而奠定了邺城繁盛的基础。

曹操所营建的邺城（史称“邺北城”），北临漳水，其平面呈“东西七里，南北五里”的长方形，有郭城和宫城两重城垣。城中修有一条东西大道，将邺城一分为二，南区为手工业者、商人和平民的居住和贸易之区，有长寿、吉阳、永平、思忠四里。北区地势较高，其中部为王宫和衙署，正中雄踞宫城，处于南北中轴线上。宫城以东为宫殿、衙署，官署东为戚里，是王室、贵族的居住区。为了满足城市的供水、排涝的需要，曹操还在天井堰之东、邺西十里的漳水上另筑一堰，名漳渠堰，“引漳水自城西东入，经铜雀台下，伏流入城东注，谓之‘长明沟’……沟水南北夹道，枝流引灌，所在通溉，东出石窦下，注之洹水（今安阳河）”（《水经·浊漳水注》）。

宫城以西为禁苑——铜雀苑，又称“西苑”，为王公贵族游宴之所。铜雀苑的西北，筑有著名的铜雀三台，因城为基，巍然若山。“三台列峙以峥嵘”（左思《三都赋》），金虎（后赵时，为避石虎讳，改称金凤）、铜雀、冰井三台自南而北一字排开，相去各六十步，中间用浮桥一样的阁道相连，“施则相通，废则中央绝”。三台魏巍壮丽，既是曹操与手下文武游宴娱乐之所，又是阅兵演武之所，战时则为城防要塞。

邺北城的主要宫殿毁于西晋末年。十六国时期，后赵皇帝石虎将都城从襄国（今河北邢台西南）迁至邺城，沿用曹魏旧制对邺城进行了重建，城墙皆用砖包，城墙上每百步增设一楼，新建九华宫等。十六国后期，由于战乱频仍，邺北城逐渐破败。东魏元象元年（538年），大权独揽的丞相高欢令仆射高隆之在曹魏故城之南另筑新城，以北城的南墙作为南城的北墙，史称邺南城。南城以曹魏北城为蓝本，继承了北城结构严谨、布局合理等优点，还有所发展，如增设东市和西市，扩大了商业区；增设城门，方便交通等。同时分别建起了宫城、内城、外郭城三重城垣。为了保证邺城防洪、供水的需要，高隆之在筑邺南城的同时，还修筑漳水堤防，以遏制洪水泛滥；又“凿渠引漳水周流城郭，造治水碾硙”（《北齐书·高隆之传》），即在邺城西北的漳水上筑堰，引漳水环绕城池，并在引水沟渠上置水磨、水碾，代替人畜加工粮食。

邺城作为六朝古都，在中国城市建设史上留下了辉煌的一页。邺城的建设开创了我国古代都城规划的新格局，以规划严整、布局合理著称于世。它继承了战国以来都城以宫城为中心的规划思想，改变了汉代宫城与闾里相参或里坊包围宫城的格局，将宫苑集中于城区北部，居民区置于城区南部。特别是邺城中轴对称、结构严谨、分区明显、街道作棋盘格式等规划布局，对后世都城建设产生了深远的影响，隋唐长安城、北宋汴京城、明清北京城，乃至日本平城京都（今奈良县）的建设，莫不大略如此。

北周灭掉北齐后，定都长安（今陕西西安），邺城作为都城的历史被划上了句号，但地位仍然重要（成了北周相州和魏郡治所）。杨坚建立大隋王朝后，为了防止北周旧势力的卷土重来，不但对引漳灌溉系统（天平渠）进行了破坏，而且下令火烧邺城，六朝古都在熊熊的火光中化为残垣断壁。

此后漳河几经泛滥改道，冲毁了被人们遗忘的残破邺城，最后从南北邺城之间滔滔穿过，把邺城的大部留在河道之中。如今，在漳河的冲击和岁月的剥蚀下，古邺城地面的遗迹已极为稀少，著名的铜雀三台尚存二台残迹——冰井台早已杳无踪迹，铜雀台只剩下东南一角（已沦为普通的土丘），只有金凤台风雨兼程地走过千年，用仅剩的孑然孤立的残台执著地向探访者诉说着尘封的往事。20世纪90年代，临漳县政府对金凤台进行了较大规模的修缮，供人们怀古凭吊。

六

秦二世三年（公元前208年十月至公元前207年九月，秦时历法，以十月为岁首，九月为岁末），漳河在不经意间成就了楚霸王项羽“破釜沉舟”的威名。

据《史记》记载，这场决定大秦王朝生死的大决战——巨鹿之战在漳河两岸展开。《史记·项羽本纪》这样记述这场大战：

章邯已破项梁军，则以为楚地兵不足忧，乃渡河击赵，大破之。当此时，赵歇为王，陈馀为将，张耳为相，皆走入巨鹿城。章邯令王离、涉间围巨鹿，章邯军其南，筑甬道输之粟。陈馀为将，将卒数万人而军巨鹿之北，此所谓河北军。

……

（项羽）乃遣当阳君（黥布，后改名英布）、蒲将军将卒二万渡河，救巨鹿。战少利，陈馀复请兵。项羽乃悉引兵渡河，皆沉船，破釜甑，烧庐舍，持三日粮，以示士卒必死，无一还心。于是至则围王离，与秦军遇，九战，绝其甬道，大破之，杀苏角，虏王离。涉间不降楚，自烧杀。

……

章邯军棘原，项羽军漳南，相持未战。……章邯狐疑。……项羽悉引兵击秦军汙水上，大破之。……

注意，项羽大军救巨鹿时所渡之河不是黄河，而是漳河。唐宋前，“河”原本是黄河的专称。但据唐宋前的有关历史文献记载，河北平原还有十几条称为“某某河”的河流，如清河、漳河、滹沱河、笃马河、商河，等等。这些河流之所以也称“河”，原因在于他们曾一度为黄河的干流或岔流所经，以后黄河“喜新厌旧”，改道而去，而其故道又涌来新的水流，因而人们依然称之为“河”，于是清河、漳河等称谓便被保留下来。

前面已经提到，战国中叶后，黄河专行《汉志》河，漳河在河北平原的流路也随之改变。其时，漳水东北流，经今临漳、成安，在今曲周南沿《禹贡》河故道东北流，流经古巨鹿郡之东，至今河北深县合滹沱水后，流经今南宫、枣强、阜城等地，至东光注入《汉志》河。

秦二世二年（公元前 208 年）九月，秦将“章邯破杀项梁于定陶”。定陶大捷后，章邯认为楚军已对大秦构不成威胁，遂挥师北上，“渡河击赵地”。章邯渡过黄河后，在棘原（今河南安阳北一带）建立大本营，然后进攻邯郸。与此同时，命王离的长城军（即王离从河套平原长城防线带来的部队）将赵王歇及赵相张耳所率人马团团围在巨鹿（今河北省平乡县西南之平乡镇一带）城中。由于秦军势大，吓得手中握有数万人马、驻扎于巨鹿城北的赵将陈馀不敢发兵救援。而章邯攻下邯郸后，也率兵马赶到巨鹿城南支援王离军。“章邯军巨鹿南、棘原，筑甬道属河，饷王离。”（《史记·张耳陈馀列传》）就是说，章邯分兵于巨鹿南和棘原两处，并修筑运粮甬道直通漳河边。这说明，当时漳河已成为自从棘原大本营向王离军运输粮秣的水上运道，与陆上甬道相连接，成为攻巨鹿城之王离军的补给线。

当章邯和王离分别围攻邯郸和巨鹿时，楚怀王命卿子冠军宋义统领项羽等兵将前去救援，但宋义却在安阳邑（今山东省东曹县东，一说在今山东省梁山县小安山镇）迟滞46日不前。急于复仇的项羽，斩杀宋义夺得兵权后，“疾引兵”渡过黄河救赵。大军来到漳河南岸后，项羽“遣当阳君（黥布）、蒲将军将卒二万渡河”，对章邯的运粮通道——甬道发起猛烈进攻。黥布手下多是由骊山出逃的凶悍之徒，战斗力极强，很快打败了防守甬道的秦军，断绝了王离军的粮道。项羽见战机已到，亲率主力渡过漳河（今称老漳河，流经河北邢台市的平乡、广宗、巨鹿、宁晋等地，由于经常改道经常泛滥，泥沙淤积严重，现已沦为排涝河道）。渡河的地点，当在古巨鹿城（今平乡县平乡镇）西南的漳河故道上，且应当不是一个渡点，而是一条线的千帆竞渡，这样才能保证大军迅速过河。

当楚军全部渡过漳河后，项羽下达了一道震惊全军的命令：将停泊在漳河西北岸的所有船只全部凿沉；每人带足三天的干粮，把做饭用的锅釜，全部打碎。破釜沉舟，这样的决绝之举，既体现了项羽“置之死地而后生”的大无畏气概，也体现了他速战速决的谋略和决心——因为他的人马不多，必须抢抓秦军来不急反应和部署的时机，以快制胜。

很快，那支视死如归的楚军，在身先士卒的统帅项羽带领下，如猛虎下山般向王离的长城军发起了冲锋。秦军猝不及防，一时阵脚大乱。但这支长城军不愧为当年“却匈奴七百里”的精锐，很快便组织起顽强的抵抗。双方展开了九次激烈的战斗，直杀得天昏地暗，血流成河。楚军没有退路，个个如狼似虎，以一当十，以十当百。被围困巨鹿城中的赵军也乘势杀出；躲在四面壁垒中当缩头乌龟（作“壁上观”）的诸侯军看到形势有利，也加入了围殴的战阵。这一下，本来就苦苦支撑的王离军顶不住了，全线溃败，王离被俘，大将苏角被杀，另一位秦将涉间也在绝望中放火自杀，20万长城兵团灰飞烟灭。秦军大将章邯率部救援，也被击溃。据考证，巨鹿之战的古战场在今邱县古城营及其周边。20 世纪 90 年代，在古城营一带发掘出大量马骨、铁器、陶器、釜片等，测定年代为秦汉间的遗物，与巨鹿大战所处的时间相吻合。

之后，经过棘原之战，项羽消灭了章邯的秦军主力，扭转了整个战局，为最终灭秦打下了坚实基础。奔腾咆哮的漳河目睹了项羽破釜沉舟的英雄气概，也见证了战争的波诡云谲和血腥残酷。

七

以上几段故事，不过是有关漳河历史文化的冰山一角，漳河作为一条历史文化名河，在她身上发生的故事实在太多了，但这些故事需要深入系统地挖掘、整理、传承和弘扬啊！

需要肯定的是，多年来在漳河流经的地区，不断有官方组织和民间个人在行动，通过资料整编、考古发掘、著书立说、艺术创作等，提交了不少关于漳河文化研究和展示的成果，从不同角度展现了漳河文化蕴含的历史文化价值。不过，由于各种原因，这些成果大多是站在局部、地域的角度，明显缺乏系统性和全面性。为了填补这方面的空白，2017 年以来，由中国水利水电科学研究院水利史所和水利部海委漳河上游管理局联合组成专门班子，经过三年多的努力，完成了《漳河水文化概览》一书。其间，作者不但在文献资料上下了很大的功夫，而且多次亲临现场进行田野调查，一方面对原有的文献资料所记内容进行验证核实，另一方面又广泛收集新的资料和研究成果，加以补充和匡正，为编好这部书奠定了坚实的基础。

该书的一大特点是：内容广泛，包罗宏富。从理论的角度，有水文内涵与外延的阐释，有漳河水文化产生背景的说明。从漳河治理开发的角度，有灌溉文化、减灾文化历程和经验的回顾总结，同时突出了当今漳河生态水网建设对区域经济社会发展的积极影响。从地域文化的角度，有漳河地域水文化的寻踪溯源，有漳河与城镇发展关系的探究，有漳河流域河名、地名与水关系的透视，有水文化景观的彰显，有治水人物事迹和水利文献典籍的介绍，等等。更难得的是，编著者还辟出专门一章写有关“漳河水事纠纷的管控”这一敏感问题，实事求是地记录了新中国成立前后漳河两岸水事纠纷的状况，分析了产生的原因，特别是着重记述了在上级的大力支持下，漳河上游管理局作为专责单位积极调处和管控省际水事矛盾所采取的举措、取得的成效和宝贵经验，给人以启迪和思考。

近年来，各地都在积极学习贯彻习近平总书记关于保护、传承、弘扬江河文化的重要讲话精神，致力于做好“先进水文化”这篇大文章。《漳河水文化概览》的编写正逢其时，意义不凡，值得称之赞之。

是为序。

水利部海委党组成员、纪检组长、一级巡视员
中国水利文协水文化研究会会长
中华水文化专家委员会副主任委员　　　　**靳怀堾**
研究员

2020年12月20日

前言

漳河是海河水系南运河支流，由浊漳河和清漳河合流而成。据《水经注·卷十》记载："浊漳水出上党长子县西发鸠山，漳水出鹿谷山与发鸠连麓而在南。"又："清漳水出上党沾县西北少山大要谷，南过县西，又从县南屈。"浊漳河有三个源头，分别是浊漳南源、浊漳西源和浊漳北源；清漳河有两个源头，分别是清漳东源和清漳西源，浊漳河和清漳河在河北省涉县合漳村汇合后，下游便称漳河。漳河在河北省馆陶县徐万仓与卫河相汇后称卫运河。

漳河从源头到徐万仓，河长为460千米，流域面积为19537平方千米，地跨山西、河南、河北三省。流域属暖温带半湿润半干旱大陆性季风气候，多年平均年降水量为570.4毫米，时空分配极不均匀，汛期（6—9月）降雨量占全年的70%，且经常出现连续丰水或连续枯水现象，其中浊漳河多年平均年地表径流量为8.76亿立方米，最大为49.42亿立方米，最小为1.11亿立方米，极值比达44.5。

漳河流域是我国人类活动较早的地区之一。据考古研究发现，25000年前至约13000年前的旧石器时代，漳河流域已有人类活动。位于现今河南省安阳市北的殷墟遗址是我国商朝后期的都城，古称殷。204年，曹操打败袁绍，攻取邺（今河北临漳县西南），重建邺城，使邺城成为东汉末实际的政治、经济和文化中心；213年，曹操为魏王，定魏国之都于此；220年，曹丕代汉，迁都洛阳，邺仍为陪都，为"五都"之一。之后，又有后赵、冉魏、前燕、东魏、北齐相继在此建都，有"六朝古都"之誉。

漳河流域的水利活动历史悠久，如妇孺皆知的西门豹治邺的故事就是在这里发生的。据《史记·河渠书》记载：战国初期，“西门豹引漳水溉邺，以富魏之河内”。《水经注·卷十》记载：“昔魏文侯以西门豹为邺令也，引漳以溉邺，民赖其用。其后至魏襄王，以史起为邺令，又堰漳水以灌邺田，咸成沃壤，百姓歌之。魏武王又堨漳水，回流东注，号天井堰。二十里中，作十二墱，墱（阶级、层级的意思）相去三百步，令互相灌注，一源分为十二流，皆悬水门。”曹操在攻打邺城时，先将其包围，然后在城周围开壕沟四十里，宽达二丈，引漳水注入，攻下了邺城；魏武帝利用郡国旧水道，引漳水从城西东流，经过铜雀台下，伏流入城东流，称为长明沟。沟水南北两边都是道路，以支流引水灌溉，往东从石窦堰下流出，注入城壕。

历史上，漳河地区十年九旱，下游洪涝频繁。据文献记载，1607—1911年，漳河共发生洪水55次，其中重大洪灾17次。民国时期，发生三次特大洪涝灾、两次大旱灾。新中国成立后，1956年、1963年、1996年遭遇较大洪灾，以1963年最为严重；典型干旱年有1965年、1978—1982年。1963年大水，漳河溃决，安阳北部及东部受淹。1996年，漳河上游普降暴雨，岳城水库入库流量达到8620立方米每秒，下泄流量为1500立方米每秒，下游堤防多处出现险情。新中国成立后加强了对漳河的治理开发，先后建成了大批水利工程，其中大型水库4座，总库容为19.97亿立方米；中小型水库150多座，总库容为5.6亿多立方米；提水工程（包括扬水点）766座，引水工程约490处。水利工程在防洪、灌溉、供水、发电等方面均发挥了重要的作用，促进了两岸社会经济发展。20世纪60年代河南林县开凿的红旗渠，家喻户晓，鼓舞着几代人的成长。

由于漳河跨山西、河北、河南三省，20世纪50年代以来，随着经济社会的快速发展，水资源的短缺和用水量的增加，三省交界地区沿河群众为局部利益，常常引发争水争滩矛盾，成为全国水事矛盾尖锐地区。1993年，国家设立了漳河上游管理局，对漳河晋冀豫三省交界地区的108千米水事纠纷多发河段实行统一管理（国务院国阅〔1992〕132号），以保持该地区水事秩序的持续稳定。

漳河上游管理局成立以来，积极探索省际边界河道治理与管理的新思路、新举措，逐步实现了直管河段的统一规划、统一治理、统一调度、统一管理，走出了一条综合运用行政、工程、经济、科技、法律等措施处理解决省际边界河道水事纠纷的新路子，形成了漳河上游地区邻省地区之间和谐的水事关系，保持了漳河水事秩序持续稳定，促进了区域经济社会的可持续发展。

一方水土养一方人。漳河流域养育了山西、河北、河南沿河的人民，人民也创造了优秀的漳河流域历史和文化。在习近平总书记大力倡导文化强国、坚定文化自信的今天，深入挖掘漳河水文化，努力传承漳河水文化，对于促进漳河流域各项事业发展，弘扬中华优秀传统文化具有重要的现实意义。

本书执笔人员如下：

前　言 吕　娟

第一章 吕　娟

第二章 吕　娟　周　波

第三章 胡凤岐　张伟兵

第四章 刘建刚

第五章 张伟兵　郭恒茂

第六章 张伟兵　胡凤岐

第七章 刘建刚

第八章 周　波　刘艳红

第九章 耿庆斋

第十章 周　波

第十一章 周　波

第十二章 耿庆斋

限于时间、精力有限，书中难免存在疏漏和不足之处，敬请广大读者批评指正。

编者

2020 年 9 月

目 录

第一篇

水文化理论及漳河水文化背景

第一章 文化与水文化

人类从野蛮到文明，靠文化进步；从生物的人到社会的人，靠文化教化；人们千差万别的个性、气质、情操，靠文化培养；人们的欢乐与痛苦、幸福与悲伤、崇高与卑俗、伟大与渺小等情感的表现，靠文化赋予；人们各种各样的世界观、人生观、价值观，靠文化确立。人既是文化的产物和结晶，同时又推动着文化的不断发展和进步。总的来说，文化是人创造的，没有人就谈不上文化。文化从历史走来，文化存在于地球上各个有人类存在的角落。

第一节　古今中外关于文化的定义

据统计，世界上关于文化的定义有260余种。中国古人早在远古时期就对“文化”有着深刻的理解，“人文”“化成”是对文化内涵最简捷的表达。西方的“文化”来自于Culture一词，Culture的词义自19世纪以来不断演进，直至近代，通过日语作为媒介，才与汉语词汇的“文化”对接起来。

一、中国古人对文化的认识

在中国古代典籍中，早就有“文化”的字样。“文”字的本义，是指各色交错的纹理。如《易传·系辞传下》云，“观鸟兽之文与地之宜”。又：“物相杂，故曰文。”《礼记·乐记》云：“五色成文而不乱。”许慎在《说文解字》中追根溯源，认为“文，错画也，象交文”。由此原始之义衍生，“文”遂有文字、文籍、文章、文学之义。《尚书正义·卷一·尚书序》上称伏羲画八卦，造书契，“由是文籍生焉”。进而“文”字有了与“质”“实”相对的精神修养与美善德行之义。《论语·雍也篇》称：“质胜文则野，文胜质则史。文质彬彬，然后君子。”郑玄注《礼记》曰：“文犹美也，善也。”可见，“文”字自其始，便与今日之“文化”一词有着不解之缘。

“化”字本义指事物动态的变化过程。化字源于匕，许慎在《说文解字》中给“匕”加上了人字旁，“化”字曰：化，教行也。朱骏声的《说文通训定声》认为“倒人为匕，死也”，可知，匕初指万物生死之变。后来，匕被后起的化字代替，此即朱氏所说的“经传皆以化为之”。按《说文解字》“教，上所施下所效”的解释，在上施的前提下，下若能效上之所施以行，便是化。段玉裁的《说文解字注》说：“教化当作化，许氏之字指也。今变匕字尽作化，化行而匕废矣。”“化行而匕废”，意味着匕字原有的生死变化义由化字承担，化字遂有了万物生死之化和人类教化两个义项。《庄子·逍遥游》之“化而为鸟，其名为鹏”，《荀子》之“劝教化”“广教化”“礼义教化”“政令教化”，《易传·系辞传下》之“天地絪缊，万物化醇。男女构精，万物化生”，《中庸》之“可以赞天地之化育”，后又延伸出造化、大化等义，并由自然万物（造化）的生成、变易引申出伦理德行的化成。

“文”“化”合用，则见于《易传·彖传上·贲》，“贲，亨，柔来而文刚，故亨；分刚上而文柔，故小利有攸往，天文也”。文明以止，人文也。观乎天文，以察时变。观乎人文，以化成天下。在这里，天文与人文相对，天文是指天道自然，人文是指社会人伦。治国家者必须观察天道自然的运行规律，以明耕作、渔猎之时序；又必须把握现时社会中的人伦秩序，以明君臣、父子、夫妇、兄弟、朋友等等级关系，使人们的行为合乎文明礼仪，并由此而推及天下，以成“大化”。显然，“文”“化”从其最初的联用起便具有明确的文明教化之义。这一用法延至后世，进一步引申出多种义项，分别与自然、神理、朴野（质朴、野蛮）、武功相对举。与“自然”对举，取其人伦、人文之义。如李百药的《北齐书·文苑传序》称：“夫玄象著明，以察时变，天文也；圣达立言，化成天下，人文也。达幽显之情，明天人之际，其在文乎？”与“神理”对举，取其相近的精神教化之义，如南齐王融的《三月三日曲水诗序》记载“设神理以景俗，敷文化以柔远”。与“质朴”“野蛮”对举，取其文明、文雅之义，如前述孔子“文质彬彬，然后君子”之论。又《韩非子·解老》记载：“礼为情貌者也，文为质饰者也……须饰而论质者，其质衰也”，亦同此义。与“武功”对举，取其文治教化之义。文化作为一个固定词汇首次出现于西汉刘向的《说苑·指武》：“圣人之治天下也，先文德而后武力。凡武之兴，为不服也。文化不改，然后加诛。夫下愚不移，纯德之所不能化，而后武力加焉。”又西晋束皙的《补亡诗六首》曰：“文化内辑，武功外悠。”此处的文化，实为上引《易传》之“人文”“化成”意义的组合，指以典籍礼乐、知识德行对人进行教化。中国古代的文化一词，多以此立义。

二、西方社会对文化的认识

在西方，人们对 Culture（文化）的认识以 1871 年英国人类学家爱德华·泰勒的《原始文化》（*Primitive Culture*）为界，分为前后两个阶段。前一个阶段，人们多从词汇和语义的角度谈 Culture；后一个阶段，人们往往把 Culture 作为一门新兴学科的研究对象从学科建构的角度谈 Culture。

19 世纪中叶以前西方人对 Culture 的认识，拉丁语有 Cultura 一词，本义为土地耕耘、植物栽培。后来与拉丁语同属印欧语系的英语、法语，在 Cultura 的基础上衍化出自己的单词 Culture。Culture 大体保留了古老的拉丁语 Cultura 的语义。如法国 1690 年版的《通用词典》把法文 Culture 解释为“人类为使土地肥沃、种植树木和栽培植物所采取的耕耘和改良措施”。英语中则出现了大量的以 Culture 为后缀的词，如 agriculture、horticulture、aquaculture、apiculture，它们分别代表农业、园艺、水产业、养蜂业，它们与土地耕耘、植物栽培或多或少都有联系。

虽然拉丁语 Cultura 所涉及的对象主要是有形物，但无形的东西同样可以耕耘、栽培。古罗马哲学家西塞罗（公元前 106—前 43 年）曾提出耕耘智慧（Cultura mentis）的说法，这是在比喻引申的意义上使用 Cultura，它无疑把人的思想也列入耕耘、栽培之列。这种在比喻引申的意义上使用 Cultura 的做法在英国、法国等国家很晚才出现。如英国，出现 the culture of the arts（工艺的改进）、mental culture（精神耕耘）、intellectual culture（智力耕耘）的词汇搭配，已是 16 世纪；在法国，以 Culture 指代训练和修炼心智、思想的结果、状态，用以形容受过教育的人在风度、文学、艺术、科学等方面取得的实际成就，则到了 18 世纪。总之，19 世纪中叶以前，虽然 Culture 的内涵在跨越其本义的基础上有所扩大，但人们对它的运用仍主要局限于语言学范畴。Culture 作为一门学科的主要研究对象而存在，则是源于文化学的兴起。正是这个原因，Culture 所指有了质的改变。影响所及，中国的学者也开始重新审视自己的“文化”。

1871 年，英国人类学家泰勒把文化学从德语世界引入英语世界，并在其《原始文化》一书中对 Culture 作了系统阐释。他提出：“文化或文明，就其广泛的民族学意义来说，乃是包括知识、信仰、艺术、道德、法律、习俗和任何人作为一名社会成员而获得的能力和习惯在内的复杂整体。”泰勒对 Culture 的认识，在学术界产生了广泛影响。之后，有关 Culture 的各种界说与研究层出不穷。

美国学者克鲁伯和克罗孔在其合著的《文化，关于概念和定义的检讨》（*Culture, A Critical Review of Concepts and Definitions*）中，罗列了从 1871 年到 1951 年间关于 Culture 的至少 164 种解释。较为经典的解释，除了泰勒的之外，还有：

我们所了解的文化是一个人从他的社会所获得的事物之总和。这些事物包含信仰、风俗、艺术形式、食物习惯和手工艺。这些事物并非由他自己的创造活动而来，而系由过去正式或非正式的教育所传递下来的。——洛维（1937 年）

（文化）显然是一个整体。这一个整体包括器用，各种社团法规、人的观念、技艺、信仰和风俗。——墨林洛弗斯奇（1944 年）

一堆学得的和传承的自动反应、习惯、技术、观念和价值，以及由之而导出的行为，乃构成文化的东西。文化是人类所持有者，别的动物没有文化；文化是人类在宇宙间特有的性质……文化同时是社会人的全部产品，而且也是影响社会与个人的巨大力量。——克鲁伯（1948 年）

文化是人类的物质生活及精神生活之任何由社会传衍而来的要素。——萨皮尔（1921 年）

人之所以异于其他动物，系因人有文化。文化乃社会遗产。社会遗产不是借生物遗传的方式经由种质细胞递衍下来的，而是借独立于遗传方式的方式递衍下来的。——雅各布斯、史特（1947 年）

文化是一个社群或部落所遵循的生活方式。文化包含一切标准化的社会程序。一个部落文化乃该部落所遵循的信仰和程序之聚集。——维斯勒（1929 年）

所谓文化乃在历史里为生活而创造出来的一切设计。在这一切设计中，有些是显明的，有些是隐含的，有些是合理知的，有些是反理知的，也有些是非理的。这些设计在任何时候都是人的行为之潜在的指导。——克罗孔、凯利（1945 年）

文化是一切群体的行为模式。我们把这些行为模式叫作“生活方式”。生活方式是一切人群之可观察的特色。“文化”事实乃一切人类所有。这一群体与那一群体各有不同的文化型模。这不同的文化型模将任何社会与所有其他的社会分别开。——班纳特、杜明（1949 年）

文化是任何一群人之物质的和社会的价值。无论是野蛮人或文明人都有文化。——汤玛斯（1937 年）

文化是机械的、心灵的和道德的技术之全部整备。在某一时期，人用这些技术来达到他们的目标。文化系由人借以增进其个人或社会目标的方法构成的。——史莫勒（1905 年）

一个文化是一个相互关联的和相互倚赖的反应习惯型模之系统。——维利（1929 年）

一个文化包含许多发明或文化特征。这些要素整合为一个系统。在这个系统的各部分之间有不同程度的相关。文化之器用的特征和非器用的特征是围绕着满足人的需要而组织起来的。这些特征乃文化的核心。一个文化内部的各种各样的建构互相联结起来形成一个型模，而这个型模是每个社会所独有的。——奥格本、尼门可夫（1940 年）

从一重要的意义来说，文化是社会互动的产品。人的行为在某种程度以内是文化行为。个人的习惯型模是由适应既成的习惯型模而形成的。在这个范围以内，人的行为就是文化行为。这种既成的习惯型模是文化之不可分的一部分。而个人是生长在文化里的。——温斯顿（1933 年）

文化是过去的与现在的文化观念之总全。所谓文化观念，乃保有该一文化者所能借符志来交通的东西。因此，所谓“文化的”，意即“可借符志以行交通”的东西。——布洛门塔勒（1937 年）

受西方文化学的影响，我国学者也开始重新审视固有的“文化”。古代的汉语“文化”一词首先被日语借入，到了近代，“文化”又被日语用来作为英语中 Culture 一词的对译词。再后来，“文化”作为日语借词被现代汉语吸收。这样，以日语为中介，最终实现了汉语词汇“文化”与英语词汇“Culture”的对接。从此，面对内涵发生极大变化的西方“Culture”，汉语中的“文化”一词也开始了自己内涵的衍变。这一衍变经历了古义、新义、交互使用到新义占据主导的过程。

三、近代中国人对文化的认识

清代叶德辉《书林清话》：“然则此种学术，将来且光被东西，裨助文化，岂止儒生占毕之业哉。”“观此知有宋一代文化之盛物力之丰，与其工艺之精，断非元以后所能得其仿佛。”这是在古义上使用。曾朴《孽海花》第三十一回：专门宣传中国文化。这里的文化，已不再是专指与武力相对的文化了。1914—1927年修撰的《清史稿》，亦是如此。一方面，文化的古义犹存，如《选举志一》：“是时天子右文，群臣躬遇休明，翊赞文化，彬彬称极盛矣。”《曾国藩传》：“礼聘名儒为书院山长，其幕府亦极一时之选，江南文化遂比隆盛时。”另一方面，文化又有了古义所不能包含的新义，内涵明显扩大，如《邦交志六》：“九年，日本遣外务权大丞……略曰：‘方今文化大开，交际日盛。’”《戴鸿慈传》：“中国地处亚东，又为数千年文化之古国。”

对于那些熟悉西方 Culture 的 19 世纪末 20 世纪初的学者来说，他们谈及文化，已经有了新意。

蔡元培在《何谓文化》中说：“文化是人生发展的状况。”

梁启超在《中国历史研究法（补编）》中说：“文化是人类思想的结晶。”在《什么是文化》中又说：“文化者，人类的心能所开积出来之有价值的共业也。”

而专门从事文化研究的学者，他们的文化观，已是自觉地建立在西方文化学（Science of Culture）之上。

较早进行东西文化比较研究的学者梁漱溟在《中国文化要义》中说：“我今说文化就是吾人生活所依靠之一切……文化是极其实在的东西。文化之本义，应在经济、政治，乃至一切无所不包。”在《东西文化及其哲学》中又进一步解释：“据我们看，所谓一家文化不过是一个民族生活的种种方面。总括起来，不外三个方面：精神生活方面，如宗教、艺术是偏于情感的，哲学、科学是偏于理智的；社会生活方面，我们对于周围的人、家族、朋友、社会、国家、世界之间的生活方法都属于社会生活的一方面，如社会组织、伦理习惯、政治制度及经济关系是；物质生活方面，如饮食、起居种种享用，人类对于自然界求生存的各种是。”

《现代汉语词典》对文化的三条释义，更是体现出鲜明的文化学特色：① 人类在社会历史发展过程中所创造的物质财富和精神财富的总和，特指精神财富，如文学、艺术、教育、科学等。② 指运用文字的能力及一般知识。③ 考古学用语，指同一个历史时期的不依分布地点为转移的遗迹、遗物的综合体。同样的工具、用具，同样的制造技术等，是同一种文化的特征，如仰韶文化、龙山文化。它代表着与西方 Culture 接轨的当代中国新文化观。

综上，人们对文化的理解不外乎三种倾向：

第一，主张文化是涵盖人类所有文明成果的大文化观。如穆勒来埃尔认为：“文化包括知识、能力、习惯、生活以及物质上与精神上的种种进步与成绩。换句话说，就是人类入世以来所有的努力与结果。”美国文化人类学家维斯拉认为：“历史以及社会科学，把所有人们的种种生活方式称作文化。”

另一位美国人类学家拉尔夫·林顿也持这种观点：“文化指的是任何社会的全部生活方式……没有无文化的社会，甚至没有无文化的个人。每个社会，无论它的文化多么简陋，总有一种文化。从个人跻身于一种或几种文化的意义上看，每个人都是有文化的人”。

我国文化学家梁漱溟认为“文化无所不包”，著名学者钱穆亦在《文化与生活》中指出：“文化即是人类生活的大整体，汇集起人类生活之全体即是‘文化’。”《大英百科全书》则标明“文化”概念应分为两类：第一类是“一般性”的定义，即文化等同于“总体的人类社会遗产”；第二类是多元的相对的文化概念，“文化是一种渊源于历史的生活结构的体系，这种体系往往为集团的成员所共有”，它包括这一集团的“语言、传统、习惯和制度，包括有激励作用的思想、信仰和价值，以及它们在物质工具和制造物中的体现”。这两种定义虽哲学基点不同，但都主张一种涵盖物质文明和精神文明总体的大文化观。

第二，主张文化应主要指人类精神文化方面的创造性成果，而不包括物质生产及其器物性、实体性成果。前述英国文化学家泰勒的文化定义就倾向于文化的精神方面的界说。我国学者多注意到了文化含义的广狭之分，认为广义的文化应包括物质、制度、精神心理等所有范围，狭义的文化则应指精神文化的创造与成果。

第三，缩小了文化的范围，它沿袭了传统和现实生活中人们对文化的直观理解，即将文化理解为以文学、艺术、音乐、戏剧等为主的艺术文化，是人类“更高雅、更令人心旷神怡的那一部分生活方式”，是“弹钢琴谈论勃朗宁的诗”那一类内容。如我国大众所熟知的对我国文化部门所管辖的文化的理解。

可见，人们对文化的理解是多种多样的。广义的大文化观与“文明”概念相接近，涵盖了文化的所有内容。而一般学界所公认的文化观主要指人类的精神形态、观念形态方面的内涵。

尽管不同时代、不同民族、不同学科对文化的理解和界定存在着明显的差异，但有一点是比较明确的，即文化的核心问题是人，文化是由人所创造、为人所特有的东西，一切文化都是属人的，纯粹“自然”的东西不属于文化范畴。文化便是“自然的人化”，是人类创造的“人工世界”及其形式，是人类区别于动物的本质特征，也是人工产品同自然物相区别的根本标志。

马克思指出：共产主义无疑“是人的本质的现实的生成，是人的本质对人说来的真正的实现，是人的本质作为某种现实的东西的实现”。这就是说，作为伴同人类发展全过程的文化，说到底是人的本质的现实生成过程，它只有“对人说来”才是一种真正的实现，同时又外化为某种实在的东西。

人作为社会存在物，既是特殊的现实的个体，同时又是社会的总体。无论是作为对象还是作为主体，人都既是文化的结果，又是文化的起点。文化造就了人，人又创造了文化。没有人，文化既不存在也没有意义；没有文化，人也不成其为人。《马克思恩格斯全集》第 42 卷记载：“……通过人并且为了人而对人的本质的真正占有……它是人与自然界之间，人和人之间的矛盾的真正解决，是存在和本质、对象化和自我确证、自由和必然、个体和类之间的斗争的真正解决。”

文化就是“自然的人化”，自然的文化化，是自然向属人的转化。在马克思看来，自然包含两个部分，一部分是人之外的自然，即不依赖于人而存在的自然界，马克思称之为人的“无机身体”，另一部分则是人自身的自然，即人的“有机身体”。自然的人化一方面包括人类对外在自然的能动的现实的改造，另一方面包括人自身的躯体和全部感觉（内在自然）发生属人的变化。说到底，文化就是人类主体通过社会实践活动，适应、利用、改造自然界实体而逐步满足自身需要，包括肉体和精神（观念）的两种需要的过程。

从外显的文明现实来看，文化是人的社会实践的产物。马克思曾经说过，蜜蜂建造蜂房，使得所有建筑师都为之惊叹不已。但他又深刻指出：最蹩脚的建筑师从一开始就比最灵巧的蜜蜂高明的地方，是他在用蜂蜡建筑蜂房以前，已经在自己的头脑中把它建成了。劳动过程结束时得到的结果，在这个过程开始时就已经在劳动者的表象中存在着，即已经观念地存在着。

人与动物的本质区别，就在于人的活动是有目的的、有意识的活动，在于他能按照人的需要去认识和改造世界。

同时文化还是人的全部社会关系的总和。马克思在《关于费尔巴哈的提纲》中对人的社会本质作了经典概括：“人的本质不是单个所固有的抽象物。在其现实性上，它是一切社会关系的总和。”这实际上揭示了人类文化的基础性质。

人与人之间的社会联系是文化得以产生的基础。马克思认为，人不同于动物，人的自然属性只有在社会中才成为属人的主体性。自然界的人的本质只有对社会的人说来才是存在的；因为只有在社会中，自然界对人来说才是人与人联系的纽带，才是他为他人的存在和他人为自身的存在，才构成了文化——这一人的现实的生活要素。所以，文化是人同自然界的完成了的本质的统一。

从文化的内显的本性来看，文化的这种社会本质又不是一种同单个人相对立的抽象的一般力量，而是每一个单个人的本质，是他自己的活动，他自己的生活，他自己的享受，他自己的财富。因此，上面提到的真正的社会联系并不是由反思产生的，而是“个人生活在积极实现其存在时的直接产物”。文化的内在本性，形成和发展了人的各种感官和能力。人类的全部文化史，说到底就是人的感觉的不断解放、不断人化、不断由自然人走向社会人从而走向审美人的过程。文化作为自然的人化，向内就是人的感觉的文化化。所以，马克思说，不仅五官感觉，而且所谓精神感觉、实践感觉（意志、爱等等），一句话，人的感觉、感觉的人性，都只是由于它的对象的存在，由于人化的自然界，才产生出来的。五官感觉的形成是以往全部世界历史的产物。

文化的无限展开的丰富性，恰恰是人的本质的客观地展开的丰富性，主体的、人的感性的丰富性。它源自人的需要的丰富性，特别是精神需要的丰富性。马克思说：“人离开动物愈远，他们对自然界的作用就愈带有经过思考的、有计划的、向着一定的和事先知道的目标前进的特征。”这就是文化，是人与动物的根本区别之一，是人的本质力量的展开，是人成为社会存在物的标志。“所以社会的人的感觉不同于非社会的人的感觉。只是由于人的本质的客观地展开的丰富性，主体的、人的感性的丰富性，如有音乐感的耳朵、能感受形式美的眼睛，总之，那些能成为人的享受的感觉，即确证自己是人的本质的力量的感觉，才一部分发展起来，一部分产生出来。”

人作为文化创造主体的主观条件成熟了，人的文化意识便在社会实践中产生了，它是人的本质的力量在对象世界实践的肯定方式。

文化在历史中发展，文化即历史，由历史形成的文化模式深刻地影响人们的社会行为方式，但处身于一种文化之中的人们，往往对这一文化业已形成的模式日用而不察。今天我们对传统文化的反思总是在与不同文化的比较中才可见出。人类古代的巴比伦文化、玛雅文化、埃及文化已经远逝于人类文明的地平线，唯中国文化、印度文化、伊斯兰文化和西方文化（古希腊、古罗马、希伯来文化）依了一种哲学或宗教而在漫长的文明进程中延续下来。

文化是人类改造世界的一种巨大力量，可以称之为“文化力”或“文化生产力”，它是与经济、政治相对应的，在文化领域内塑造历史的一种力量，三者相互渗透、影响，又相互对立并转化。

一定的文化总是在一定的文化场中展开的，而文化场是文化领域中各种文化力交相作用形成的。

文化是文化共同体所共同享有的，它绝不仅仅代表某一个人的行为或观念；文化是后天习得的，绝不是先天所固有的。语言是文化的主要载体，不仅如此，语言本身就是文化的重要存在形式。文化不是只有一种，人类文化是多元发展的，各民族各地域的文化有其独特的文化模式，因为各民族的文化都由不同的价值取向和民族精神所主导。但每一种文化模式中，人们的精神和行为却是趋于一致的。

关于文化的分类，金元浦等认为文化包括物质生产文化、制度行为文化与精神心理文化 3 类，认为在人与自然的关系中，人类改造自然、征服自然的活动与成果构成了物质生产文化。在人与社会的关系中，人类建立社会制度和人的行为规范的活动及其成果构成了制度行为文化，在人与自我的关系中，人类主体意识创造活动的过程和成果，构成了精神心理文化。物质生产文化是指人类物质生产过程及其物质生产的实体性、器物性成果；制度行为文化是人类在社会实践中建立的各种规章制度、组织形式，以及在人际交往的历史中形成的风俗习惯；行为文化是在制度文化影响下长期形成的民族的、地域的风俗习惯、行为礼仪、交往方式和节庆典礼等；精神心理文化是由人类社会实践和意识活动长期孕育而成的价值观念、思维方式、道德情操、审美趣味、宗教感情、民族性格等因素构成。

第二节　我国关于水文化定义及专家观点

文化源于历史的沉淀，水文化也是如此，源于水的开发利用史。由于人类离不开水，所以水的开发利用史始终与人类发展史同步。中国水的开发利用始于大禹的传说，兴起于春秋战国时期，发展于历朝历代，但目的都是为统治阶级服务，只有中华人民共和国成立这70年，水开发利用的目的才是让人民受益。有关水利史与水文化的历史挖掘以中国水利水电科学研究院水利史研究所为代表，20世纪80年代，协同各方有热情、有钻研精神的文化自觉者，推出了一批声名海内外的水文化遗产，并促进其保护，如都江堰、郑国渠、灵渠、芍陂、它山堰、通济堰等，也将水文化研究成果用于指导城市建设，如20世纪90年代末就将水文化理念融入城市建设的浙江省绍兴市。

一、水文化概念的提出

20世纪80年代是文化学和文化研究滥觞的时期，各行各业都在研究各自的文化，由于水利有五千年的文化积淀，水文化研究也应运而生。

“水文化”一词首次出现在1988年10月25日淮河流域宣传工作会议上。时任淮河水利委员会宣传教育处长的李宗新先生在《加强治淮宣传工作，推进治淮事业发展》的讲话中提出：“现在有人提出要开展水文化的研究，要研究水事、水政、水利的发展历史和彼此关系；研究水文化与人类文明、社会发展的密切关系；研究水利事业的共同价值观念等。我们认为这种研究是很有意义的，应成为我们宣传工作的重要内容。”

据知网文献检索，有关水文化的文章第一次出现在1989年5月，是李宗新在《治淮》杂志第4期上发表的《应该开展对水文化的研究》，认为“水利事业，作为一个产业或一种行业，应该有具有自身特点的文化，才能真正成为完全意义上的产业和行业……我们提出开展对水文化的研究也是有其客观必要性的”“什么是水文化？它应该包括一些什么内容？研究水文化的意义和方法是什么？如此等等的问题都有待进一步探讨”。文章还对水文化概念进行了初步阐释：“什么是水文化，目前还不能准确地给它下一个定义，但从一般的意义上说，我们可以把水文化理解为人们在从事水事活动中必须共同遵循的价值标准、道德标准、行为取向等一系列共有观念的总和。或者说，是从事水事活动的人们所共有的向心力、凝聚力、归宿感、荣誉感等精神力量的总和。”

1989年10月，时任淮河水利委员会宣教处副处长的吴宗越先生在《水利天地》第5期发表了《漫谈水文化》。同年11月5日，由《中国水利报》淮河记者站和《治淮》杂志编辑部联合发出了《关于召开水文化研讨会的倡议》，并印发了《水文化讨论参考提纲》。倡议认为：“水是生命之源，也是人类社会的文化和文明之源……人与水的关系状况如何，极大地影响着人们思想观念、意识形态的形成和发展，从而形成了具有水行业特点的价值观念、社会心态、生活方式等文化形态。”又：“水文化源远流长，丰富多彩，内涵厚实。然而，我们对它还缺乏深划的认识和系统的研究，甚至有人漠视水文化的存在。”根据以上认识，提出4点倡议：① 凡有志于对水文化研究的仁人志士，立即行动起来，开展对水文化的研究和探讨。② 当前研讨建议有水文化的概念、内容、研究的意义和方法。水对社会政治、对社会经济发展、对军事、对文学艺术、对人们心态习俗和道德的影响以水为内容的科学技术和宗教、神话传说、民间故事、民谚民俗等及其他有关问题的研究。③ 为加强联系，交流成果，拟在1990年上半年召开讨论会，商定成立研究会。④ 凡响应倡议者，请将论文或提纲于1989年年底寄给淮委李宗新、吴宗越。

此后，1990—1999年，以《治淮》《水利天地》《中国水利》等杂志为首的多家杂志及诸多专家对水文化概念及相关外延展开了讨论。2000—2019年，有更多的专家参与了讨论，“水文化”一词逐渐深入人心，相关文章日益增多，对“水文化”概念展开诸多阐释和争论，相关著作也陆续面世。

二、各方专家观点

兴利（1990）认为“第一、水与社会生活关系密切”“第二、水与人们思想观念关系密切”“第三、水与社会组织机构、社会制度、法制建设关系密切”。

范有林（1990）认为，所谓“水文化”，是指水利界根据本民族的传统和本行业的实际，长期形成的共同文化观念，传统习惯，价值准则，道德规范，生活信念和进取目标。水文化的内容和含义是十分丰富的，它的基础和核心是水行业的价值观和信念，这是水文化的特点之一。特点之二，水文化有类型之分，以采用的治水管理理论和行为形成不同的派别。特点之三，水文化与其它行业文化一样，有它的生长期、发育期、展望期。特点之四，水文化的追求很明显。

冯广宏（1994）认为，水文化不能全部覆盖整个水利科学原理和工程技术，以及水利经济、政治、法律等方面的学理，也不能与自然科学、社会科学中的水分支相混淆；而应侧重于人类开发、利用、保护、控制、管理水资源的过程中产生出的精神文明方面。它包括：逐步认识自然水的过程中形成的知识总结；借水为喻的种种哲理；与水接触所遗存的历史轨迹；与水接触所传播的生活习俗与信仰；受水环境感染而产生的美学表现等。

冉连起（1995）认为，研究水文化说穿了就是研究人与水的关系。“水文化是人的生存、发展与水关系的总和。这里指的人，是社会意义的人，是具有创造文明能力的人。这里指的水，是人化自然的一部分，人化的水，也就是进入人认识、实践范畴的水。人与水的关系是相当复杂的，具有广泛的联系，这种联系既有横向的，又有纵向的。横向的如人们利用水，要抵御洪灾、旱灾、治理污水、工业、农业、生活都要用水；纵向的如这一时代与上一时代、下一时代治水的接续性，同一水源的开发、利用和再生水的利用……人与水的关系在永恒的运动、发展之中，人与水在普遍的联系纠葛之中。辩证法揭示着世间万物的关系，也为我们找到了认识人与水关系的钥匙，即用科学的方法认识水文化。

李可可（1998）认为，在学术领域，应该更多地使用“水利文化”一词。“水利文化”的定义应该沿袭广义文化的概念，是指人类社会在除水害兴水利及与此有关的历史实践活动中所创造出来的物质文化与精神文化（诸如制度、技术和知识、思想与价值、艺术、风俗习惯等）的总和。水利文化既源于水利，那么它的内容无疑均与水利相涉，所以水利文化不可避免地包含着水利科学与技术的内容，尤指水利科技中所隐含的思想、精神、价值等，这也许是它有别于其他文化的一个特点。

汪德华（2000）认为，所谓水文化，即是人类社会历史发展过程中积累起来的关于如何认识水、治理水、利用水、爱护水、欣赏水的物质和精神财富的总和。

李宗新在2002年对水文化概念再次进行了界定：水文化，是一种反映水与人类、社会、政治、经济、文化等关系的水行业文化。对水文化的初步界定是：水文化是人们在从事水务活动中创造的以水为载体的各种文化现象的总和，是民族文化中以水为轴心的文化集合体。其包括以下几个方面的认识：① 水务活动是水文化的源泉；② 水文化是人们对水务活动的理性思考；③ 水文化是反映水务活动的社会意识；④ 水文化是民族文化中以水为轴心的文化集合体。水文化首先是一种社会文化，水文化是民族文化的重要组成部分；水文化同时又是一种行业文化，是水行业的思想精神旗帜；水文化是一门历史特别悠久、生命力极强的人文科学，它与人类社会的发展有着密切联系。

陈杰（2003）认为：水文化有广义和狭义之分。广义的水文化是大文化概念，即城市水利在形成和发展过程中创造的精神财富和物质财富的总和。狭义的水文化是指河湖等水景观以及河湖等所发生的各种现象对人的感官发生刺激，人们对这种刺激会产生感受和联想，通过各种文化载体所表现出来的作品和活动。

袁志明（2005）认为，水文化是人们在与水打交道的过程中创造的一种文化成果，其中最重要的内容是水精神或者说水利精神，它是水给人们的某种启示、感悟或体验，或者说是人们赋给水的某种灵气，其实质是一个国家、一个区域人民的优良传统、优秀品德在水事活动中的体现，也是人们在与水打交道的实践中对人们世界观、人生观、价值观、道德观及审美情趣等方面的影响。

杨大年（2005）认为，水文化是指自然界中的水在人类社会历史发展过程中所发生的各种变化及其运动发展规律。

周魁一（2007）认为，文化是无法割断的，任何新文化都是传统文化的延续。

孟亚明、于开宁（2008）认为，水事活动是水文化的源泉、水文化是人们对水事活动的理性思考、水文化是反映水事活动的社会意识、水利文化是水文化的主体、水文化是民族文化的重要组成部分。在社会性上，水文化是中华民族文化的重要组成部分，也就是说它首先是一种社会文化；在行业性上，水文化是水行业的思想精神旗帜，也就是说它同时又是一种水行业文化；在科学性上，水文化是一门历史悠久、生命力极强的人文科学，就是说它与人类社会的发展有着十分密切关系的科学。

杜建明等（2008）认为，广义的水文化是指人类在社会历史发展的水事活动过程中所创造的物质财富和精神财富的总和。其内涵可分为 3 个方面：一是精神文化，是以心理、观念、理论形态存在的文化；二是制度文化，是人们为反映和确定一定的社会关系并对这些关系进行整合和调控而建立的一整套规范体系等；三是物质文化，是指人们在物质生产活动中所创造的全部物质产品，以及创造这些物品的手段、工艺、方法等。精神文化、制度文化、物质文化三者相互关联、相互作用，密不可分，构成一个有机统一的整体。精神文化是灵魂，制度文化是保障，物质文化是载体。

赵爱国（2008）认为，水文化，主要是指作为群体的人的水事活动方式（这种方式通常是以制度规范和人们的水事行为表现出来的），以及为人类的水事活动所创造出的精神产品。首先，水利精神文化，这是深层文化，也称精神层或心理观念层文化。它是水文化的核心和灵魂，是形成水文化的物质层和制度层的基础和原因。它主要包括行业精神、行业理念、行业价值观、行业道德及社会水生态价值理念等5个方面要素。其次，水利制度文化，这是中层文化，也称制度层或行为文化。这一层次是水文化的核心层与物质表层之间的中介，是水利物质文化与精神文化连接的纽带。其主要包括行业素质、行业行为、行业制度等3个方面要素。第三，水利物质文化是作为水利行业组织哲学、价值观、精神、道德等的外在表现，社会公众和水利职工对水利行业的整体印象和服务的评价。

梁述杰、渠性英（2010）认为，水文化是水利行业人员所秉持的思想方式、生活方式、行为方式。

梅芸、韩春玲（2010）认为，水利文化是指人类社会在兴水利、除水害、保护水资源及与此有关的历史实践活动中所创造出来的物质文化与精神文化的总和。水利文化不仅包含文化的精神层面更由其物质层面来彰显。谈水利文化一定离不开水利，包含着水利科学与技术的内容和水利科技中所隐含的思想、精神与价值。

彦橹（2013）认为，水文化建设框架的两大主干体系是水利行业文化体系和水生态文化体系。设置两大主干体系是根据水文化的3个属性匹配（管理属性、亚文化属性、生态属性）而来的。水利行业文化，主要指向行业内人与人、人与组织、人与行业及行业与社会的关系；水生态文化，主要指向人与水、社会与水的关系。从实践上来看，绝大部分行业一般只要建设行业文化就可以了。但作为建设生态文明的核心组成部分和基础保障，具有公益事业性质的水利行业，则不但需要建设行业文化，还要构建相应的水生态文化。这由水文化的三重属性决定。

郑晓云（2013）认为，水文化是存在于不同民族、地区和国家中关于水的相关文化，简言之，水文化是人类认识水、利用水、治理水的相关文化。它包括了人们对水的认识与感受、关于水的观念；管理水的方式、社会规范、法律；对待水的社会行为、治理水和改造水环境的文化结果等。水文化可以通过认同、宗教、文学艺术、制度、社会行为、物质建设等方面得以表达。水文化的一般性理论结构由精神层面、制度层面、人类行为层面、物质文化层面 4 个层面构成。

邱志荣（2014）认为，水文化是一种广义文化，是人类创造的对水及与水有关的生产、生活、科学、人文等方面的物质与精神文化财富的综合与延伸。

靳怀堾（2016）认为，水文化是指人类在与水打交道过程中所创造的物质财富和精神财富的总和，是人类认识水、开发水、利用水、治理水、保护水、鉴赏水的产物。水文化的实质是人与水的关系，以及人水关系影响下人与人之间、人与社会之间的关系。人水关系不但伴随着人类发展的始终，而且涉及社会生活的几乎各个方面，举凡经济、政治、科学、文学、艺术、宗教、民俗、军事、体育等各个领域，无不蕴含着丰富的水文化因子，因而水文化具有深厚的内涵和广阔的外延。广义的水文化是人类在与水打交道过程中所创造的物质财富和精神财富的总和。狭义的水文化则是指精神层面而言，是指人类在与水打交道的过程中创造的精神成果，包括与水相关的思维方式、价值观念、文学艺术、宗教信仰、科学技术、伦理道德、风俗习惯等。

另外，由中国水利文学艺术协会编撰的《中华水文化概论》，2008 年 2 月正式出版。该书对水文化的概念进行了界定，认为水文化是指有关水的文化或是人与水关系的文化。水文化是人们在水事活动中，以水为载体创造的各种文化现象的总和，或是说民族文化中以水为轴心的文化集合体。对水文化的界定：广义的水文化是人们在水事活动中创造物质财富和精神财富的能力与成果的总和；狭义的水文化是指观念形态的文化，主要包括与水有密切关系的思想意识、价值观念、精神成果等。它包括以下几个方面：

第一，对文化的一般认识。所谓文化，一般都是指作为观念形态的文化。毛泽东在《新民主主义论》中说："一定的文化（当做观念形态的文化）是一定社会的政治和经济的反映，又给予伟大影响和作用于一定社会的政治和经济；而经济是基础，政治则是经济的集中表现。这是我们对于文化和政治、经济的关系及政治和经济关系的基本观点。"本书探讨的水文化既有广义的文化内容，也有狭义的文化内容，但侧重点是从意识形态的角度进行探讨。

第二，水事活动是水文化创造的源泉。水事活动即人与水打交道的行为过程，包括用水、治水、管水、护水、乐水等实践行为，也包括人们对本的认识、反应、表现等精神活动。人是创造文化的主体，没有人就谈不到文化。但是单独的个人是不可能创造文化的，必须在人与人的交往中，即在社会实践活动中才会产生语言、文字，形成文化。所以社会交往是产生文化的前提条件。水给了人类衣食之源，也给了人类洪荒之祸。人类为了生存和发展，要从事各种水事活动。除水害、兴水利便是一项很重要的社会生产实践活动。在这些活动中，一方面建成了大量的水工程，为社会创造了巨大的物质财富；另一方面也促进了相互间的交往，积累了经验，汇聚了智慧，形成了具有行业特点的思维方式和工作方式。同时，这些水事活动还影响着人们的思想观念和情感，留下了众多与水有关的神话传说、民间故事、诗词歌赋、绘画摄影、曲艺戏剧、科学著述等。因此，无论是从物质财富上还是从精神财富上来讲，水与文化的关系都十分密切，人们在水事活动中创造了水文化。

第三，水文化是人们对水事活动的理性思考。人们对水事活动的认识都有一个从感性到理性的认识过程。水文化就是人们对各种水事活动理性思考的结晶。这种理性思考的成果集中表现在对治水、管水、用水、保护水的经验总结和规律性的认识，表现为水事能力的不断提高，表现为水利工作的方针、政策法规、条例、办法和工作思路等。

第四，水文化是反映水事活动的社会意识。水事活动是一种客观的社会存在，人们对水事活动理性的思考，必然形成与之相适应的社会意识。这种社会意识主要表现为水行业的文化教育、科学技术；表现为与水相关人员的思想道德、价值观念、行为规范和以水为题材创作的文学艺术等社会意识形态。这些都是人类精神财富宝库中的灿烂明珠，都是反映水事活动的社会意识。

第五，水利文化是水文化的主体。水文化与水利文化是既相联系又有区别的两个概念。水利文化是人们在开发水利、防治水害活动中创造的具有水行业特征的水文化，具有很显著的行业性。水文化泛指一切与水有关的文化，它的内涵与外延都比水利文化要宽泛得多。而以除害兴利为主要内容的水利文化对社会的进步和经济发展影响深远，因此在水文化中居主体地位。

2009 年 10 月，首届中国水文化论坛在山东济南召开，时任水利部党组书记、部长陈雷为《首届中国水文化论坛优秀论文集》作了题为“弘扬和发展先进水文化 促进传统水利向现代水利转变”的序。序中对水文化概念进行了定义，认为：“水文化有广义与狭义之分。广义的水文化是指人类在社会发展进程中，通过人类与水密不可分的生产生活活动中所创造的物质和精神成果的总和。它主要由三个层面的文化要素构成：一是物质形态的文化，如被改造的、具有人文烙印的水利工程、水工技术、治水工具等；二是制度形态的文化，如以水为载体的风俗习惯、宗教仪式、社会关系及社会组织、法律法规等；三是精神形态的文化，如对水的认识、有关水的价值观念、与水有关的文化心理等。狭义的水文化应是人类水事活动的观念、心理、方式及其所创造的精神产品，包括与水有密切关系的思想意识、价值观念、行业精神、行为准则、政策法规、文学艺术等。水事观念和水事心理是水文化最基础、最核心的内容，它制约着人类在生存实践中与水相关的一切选择、一切愿望以及行为的方法和目标，从而调节和指导着人们具体的水事行为。水事活动方式是水事观念、心理认知的外在表现。”

综上，关于水文化概念，专家认识中有“共同文化观念，传统习惯，价值准则，道德规范，生活信念和进取目标”之说，有“精神文明”之说，有“人水关系”之说，有“水利文化”之说，有“以水为载体的各种文化现象的总和”之说，有“广义、狭义”之说，有“水精神或者说水利精神”之说，有“社会文化、行业文化、人文科学”之说，有“精神文化、制度文化、物质文化”之说，有“思想方式、生活方式、行为方式”之说，有“水在人类社会历史发展过程中所发生的各种变化及其运动发展规律”之说，有“水利行业文化体系和水生态文化体系”之说，有“对水的认识与感受、关于水的观念；管理水的方式、社会规范、法律；对待水的社会行为、治理水和改造水环境的文化结果”之说，有“物质财富和精神财富总和”之说，可谓百花齐放、百家争鸣。

第三节　本书对水文化概念的界定

为了厘清水文化的内涵与外延，本文首先对文化的内涵与外延进行了梳理，作为水文化理论体系建立的依据。

文化的内涵源于思想意识。笔者认为，文化产生于某一特定时期、特定地域或团体的特定人群并作用于这一特定地域或团体的后代人群，因此，文化具有时代特征、区域特征和社会特征。特定时期可以是某个朝代、某个年代或某段时间；特定地域可以是国别，省别或市、县、乡、村，或区域、流域等；特定团体可以是行业、企业、社团等；特定人群可以是家族、民族、种族等。由此可以看出人或人群是文化的附着体，没有人或人群就谈不上文化，有人或人群就一定有文化。既然文化与人或人群有关，那么人或人群有什么？人或人群既有意识又有行为，而行为又受意识控制。因此，在特定时期、特定地域的特定人或人群，一旦有了共同的意识或行为，就成为了文化。所以，文化的概念可以概括为特定时期、特定地域的人或人群共同的思想意识或行为方式。人或人群的行为方式，对于生活来说就是生活方式或思维方式、生活习惯，对于生产来说就是生产方式或生产习惯。那么人或人群共同的思想意识或行为方式从哪里来？一是从先辈传承而来；二是通过制度或规矩的长期约束而来。在人或人群的思想意识或行为方式指引下形成的外在表现，可称为文化现象或文化成果。而文化现象或文化成果具有重要历史、艺术和科学价值的，可称为文化遗产。思想意识类文化现象或文化成果可称为非物质文化遗产，物质类文化成果可称为物质文化遗产。

文化是有层次之分的。文化可分为精神文化、制度文化、物质文化三个层次。精神文化是文化的核心，是物质文化的基础，是文化间的差异所在。物质文化是精神文化的外在表现。而那些经过制度约束而形成的文化，则制度也成为了文化，称为制度文化，介于精神文化和物质文化之间。精神文化一旦形成就难以改变，但可以发展；制度文化会随时代变化及统治阶层的需求而改变；物质文化不会随着时间的推移有大改变。精神文化不可复制，但可以传承发展；制度文化可以复制，也可以传承发展；物质文化不可复制，但可以传承发展。

文化可以从不同角度进行分类。按层次分，可分为意识形态类文化、行为规范类文化、物质形态类文化，简称精神文化、制度文化、物质文化；按地域分，可分为中国文化、外国文化或区域文化、流域文化；按民族分，可分为汉族文化、少数民族文化；按团体分，可分为行业文化、企业文化、宗教文化等。

综上，文化的结构是由精神文化、制度文化和物质文化三个层次组成。文化的构成要素包括人或人群、时间和空间。

水文化与文化一脉相承，文化的内涵与外延同样适用于水文化，但水文化比文化增加了水的维度，即特定人或人群与水的关系，亦即人—水关系。因此，水文化的构成要素为人或人群、水（即人—水关系）、时间、空间 4 个维度，水文化的结构由意识形态类水文化、行为规范类水文化、物质形态类水文化 3 个层次组成。

基于作者对文化概念的分析，对水文化作如下界定：水文化产生于某一特定时期、特定地域或团体的特定人群的“人—水关系”并作用于这一特定地域或团体的后代人群的“人—水关系”。特定时期可以是某个朝代、某个年代或某段时间；特定地域可以是国别，省别或市、县、乡、村，或区域、流域等；特定团体可以是行业、企业、社团等；特定人群可以是家族、民族、种族等，人或人群是水文化的附着体，“人—水关系”是水文化的内涵，没有“人—水关系”就谈不上水文化，有“人—水关系”就一定有水文化。所以，**水文化的概念可以概括为特定时期、特定地域的人或人群认识水、对待水、利用水、治理水、管理水的共同思想意识或行为方式，行为方式包括人或人群与水有关的生活方式（生活习惯或思维方式）和生产方式（生产习惯）**。其中，治水过程产生的文化即水利文化，是水文化的主体。水文化现象或水文化成果具有重要历史、艺术和科学价值的，可称为水文化遗产。思想意识类水文化现象或水文化成果可称为非物质水文化遗产，物质水文化成果可称为物质水文化遗产。

“人—水关系”是十分复杂而微妙的，人们为了利用水，需择水而居；人们为了躲避水，又要择丘陵而处之，兴利除害是“人—水关系”永恒的主题。在利用水方面，人们需要水给予生命保障、粮食保障、水运保障、环境保障，如通过修建工程获取生活用水、灌溉用水、运输用水、景观用水、动力用水等；但时而水多、时而水少的大自然，又常常造成干旱缺水、洪涝灾害、风暴潮、水土流失等，给人类带来严重灾难，如人口死亡、粮食短缺、水运中断、环境恶化等，所以人们必须采取措施防旱防潮、防洪防涝。在数千年的治水实践中，我国已经形成了完整的兴利除害的科学技术体系，如思想体系、理论体系、规划体系、工程体系、技术体系。如今，国家提倡节约用水、合理配置水资源、给洪水以出路、水质达标、水环境优美，人水关系日趋和谐。人—水关系及中国古代水利科学技术体系构架分别见图 1-1 和图 1-2。

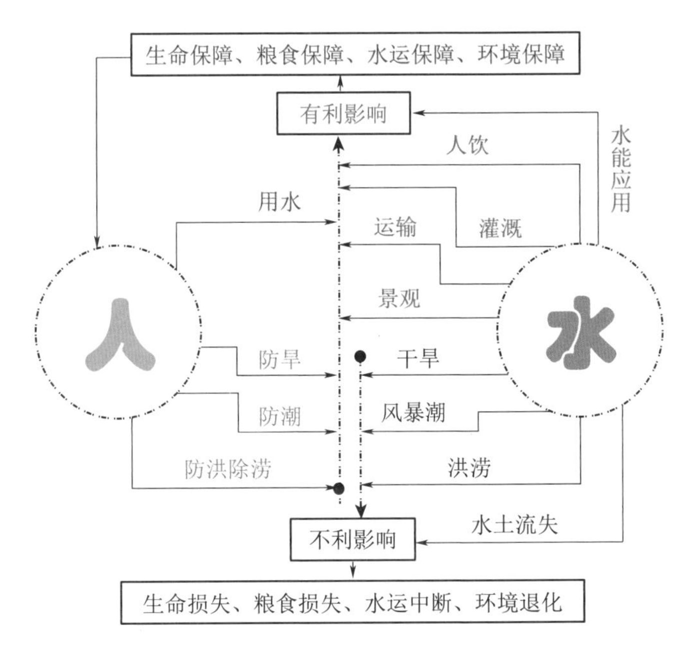

图 1-1　人—水关系图

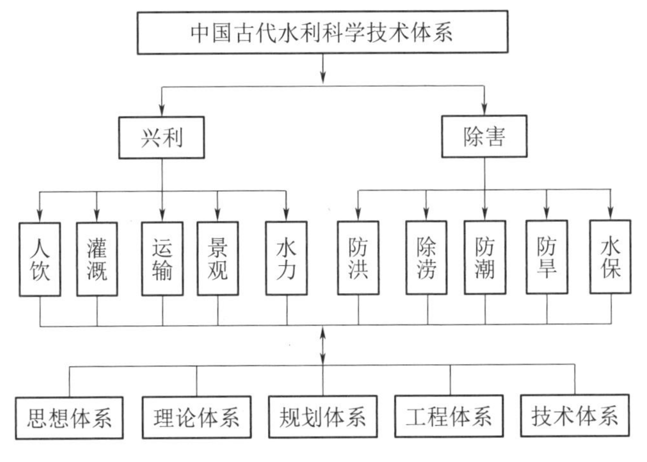

图 1-2　中国古代水利科学技术体系构架图

第四节　水文化的结构与分类

水文化按层次分，可分为意识形态类水文化、行为规范类水文化、物质形态类水文化；按地域分，可分为中国水文化、外国水文化，区域水文化、流域水文化；按民族分，可分为汉族水文化、少数民族水文化；按团体分，可分为行业水文化、企业水文化、宗教水文化等。

一、水文化的结构

文化的构成要素包括人或人群、水（人—水关系）、时间、空间。水文化可分为意识形态类水文化（也称精神水文化）、行为规范类水文化（也称制度水文化）和物质形态类水文化（也称物质水文化）。水文化的结构由内核到外延可分为精神水文化、制度水文化、物质水文化3个层次。水文化的结构和构成要素示意图，见图1-3。

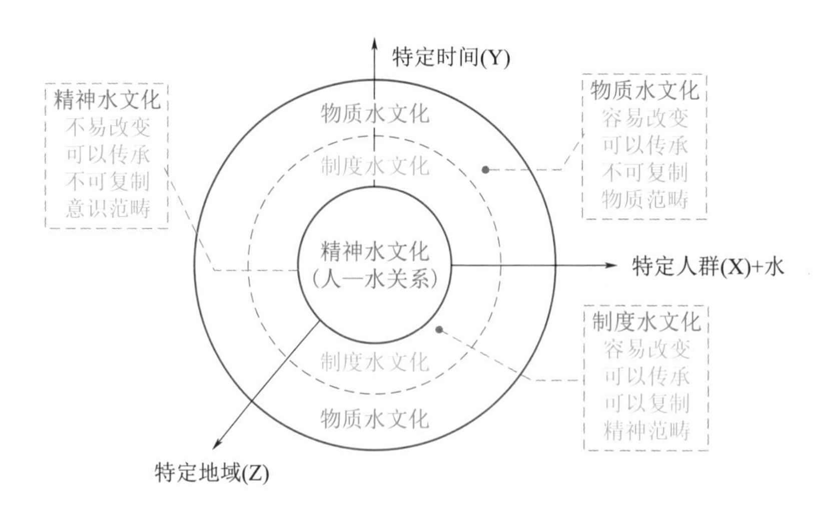

图1-3　水文化的结构和构成要素示意图

第一层次，意识形态类水文化，又称精神水文化。意识形态类水文化包括3类：纯意识类水文化，如对待水的心理、心态、观念、道德、伦理、信仰、价值观、认知方式等；文学艺术类水文化，如有关水的美学、音乐、诗歌、文学、绘画等；治水科学类水文化，如治水哲学、治水思想、治水理论、治水技术等。

第二层次，行为规范类水文化，又称制度水文化，包括两类：与水有关的乡规民约，如风俗习惯、宗教仪式；治水法律法规、生产管理条例等。

第三层次，物质形态类水文化，又称物质水文化。包括两类：与水有关的作品，如与水有关的书画，与治水有关的文献等；治水建筑物、器具等，如堤坝、闸、水车等。

意识形态类水文化是水文化的核心，是物质形态类水文化的基础，是水文化间的差异所在。物质形态类水文化是意识形态类水文化的外在表现。而那些经过行为规范约束而形成的水文化，则行为规范也成为了文化，称为行为规范类水文化。行为规范类水文化介于意识形态类水文化和物质形态类水文化类之间。

当意识形态类水文化和行为规范类水文化具有一定的历史、艺术和科学价值时，则成为非物质水文化遗产；当物质形态类水文化具有一定的历史、艺术和科学价值时，则成为物质水文化遗产。

意识形态类水文化一旦形成就难以改变，但可以发展；行为规范类水文化会随时代变化及国家的需求而改变；物质形态类水文化不会随着时间的推移而有大的改变。意识形态类水文化不可复制，但可以传承发展；行为规范类水文化可以传承发展，也可以复制；物质形态类水文化不可复制，但可以传承发展。

二、按地域分类

中国境内高山、丘陵、高原、平原、盆地、江河、湖泊纵横交错，在广袤的幅员中，南北冷热、东西干湿差异很大，天然植被从东南向西北呈现森林、草原及荒漠三个地带，复杂的地形、土壤、气候和水文环境，构成了千姿百态的中华民族文化区域特色。中华民族文化既包括作为其主体的农业文化，又包括丰富多彩的游牧文化，因此，中国文化地理专家将中国文化按地理进行了分区，一级笼统分区为东部农业文化大区与西部游牧文化大区。在东部农业文化大区和西部游牧文化大区内，还可以细分为不同的文化区。东部农业文化大区位于我国东部季风区，水分和热量比较充裕，而且地形比较坦荡，土壤肥沃，自古以来就是中华文化的主体部分。该区地跨热带、亚热带、暖温带和亚寒带气候带，农业耕作的制度和类型南北各异，地理景观的风貌各地不同，至于人们的衣食住行、风土人情、艺术风格、欣赏情趣等更各具特色，各有风味。按照历史发展过程、文化传统和当下的情况，可以对东部农业文化大区和西部游牧文化大区进行二级分区。东部农业文化大区二级分区为东北文化区、燕赵文化区、黄土高原文化区、中原文化区、齐鲁文化区、淮河流域文化区、巴蜀文化区、荆湘文化区、鄱阳文化区、吴越文化区、闽台文化区、岭南文化区、云贵高原文化区共 13 个区，前面 12 个区全是以汉族文化为主体，最后一个区则是民族成分异常复杂的文化区。西部游牧文化大区虽然没有农业文化区复杂，但其内部仍有较大差异，按其总体特征，可以将二级分区细分为内蒙古文化区、北疆文化区、南疆文化区、青藏高原文化区。因此，中国文化地理分区共可以划分为 17 个二级分区，即东北文化区、燕赵文化区、黄土高原文化区、中原文化区、齐鲁文化区、淮河流域文化区、巴蜀文化区、荆湘文化区、鄱阳文化区、吴越文化区、闽台文化区、岭南文化区、云贵高原文化区、内蒙古文化区、北疆文化区、南疆文化区、青藏高原文化区。

笔者发现，以上中国文化地理分区与中国大河流域上中下游高度重叠，因此可以将中国文化地理分区套以流域，即为中国水文化分区，17 个水文化分区如下：东北松辽流域水文化区、燕赵海河流域水文化区、黄土高原黄河上游水文化区、中原黄河中游水文化区、齐鲁黄河下游水文化区、豫皖苏淮河流域水文化区、巴蜀长江上游水文化区、荆湘长江中游水文化区、赣皖长江下游水文化区、吴越太湖流域水文化区、闽台闽江水文化区、岭南珠江流域水文化区、云贵高原珠江上游水文化区、甘蒙内流河水文化区、北疆内流河水文化区、南疆内流河水文化区、青藏高原内流河水文化区。如漳河属海河水系南运河支流，因此漳河水文化可归属燕赵海河流域水文化区。这17个水文化分区还可以细分，如燕赵海河流域水文化区永定河水文化区等，有待今后继续深入研究。

三、按民族分类

中国现有56个民族，每个民族都有自己的水信仰、水技术、水习俗。所以，民族水文化可分为56类。举例如下。

在水信仰方面，如傣族，民间谚语说“先有沟后有田”“建寨需有林与箐，建勐需有沟与河”“树美因有叶，地肥靠有水”。傣族认为井里有水神，井泉之水源于神赐，清洁甘甜，神人共享。水井在傣语中称为“喃磨”，傣族谚语有“挖水井，死后得升天”“挖水井，盖凉亭，做人之善心”。傣族建寨时开挖井泉，习惯于其上盖简易亭子，一来保护水井，二来表示对水神的崇敬。这些水亭远看像佛塔，有的像干栏式傣族民居，表面不仅鲜艳装饰，有的还在亭内壁刻上敬水、爱水、惜水等谚语。在傣族村寨中，井泉被认为是一个重要而神圣的空间，人们不仅从井里汲取日常生产生活用水，同时也作为各种祭祀、佛事活动的洁净水源。在傣族看来，挖水井是一种积功德的行为，村民每年自发组织洗水井，也是一种善行。傣族村寨必须对水井与水神进行祭祀，妇女不允在水井边洗浴，严禁人们在旁大、小便。又如彝族，由于基于“逐水而徙”的传统生计方式，彝族自古孕育出丰富的水神话，相应地形成了各种神秘的水崇拜习俗。彝族古老的水神话及其仪式，其内涵主要有创世和灭世两大母题，其间贯穿着作为文化主体的人祖、彝祖诞生、毁灭和再生的母题循环，融塑为彝族传统水文化的源流及内核。彝族自古有“人从水中出”“人源于水”的说法。彝族崇拜龙，不仅因龙神司雨水、管农作丰沛，更重要的是，彝族认为“人祖水中出”，自视为“龙族”。

在水技术方面，少数民族为生产生活，掌握了掘井（泉）、挖渠、坝塘及利用水车、水碾、水磨等取水、输水、用水等技能、技巧。如哈尼族的寨神林（昂玛）一般位于村落上方的密林之中，建寨仪式中，哈尼族往往在密林之中开掘泉眼取水，以供村民日常生产及生活使用。壮族聚居区往往遍布竹林，人们就地取材，用竹筒分水技术解决远距离输水问题。

在水习俗方面，如每年农历二月首个属牛日，滇中南玉溪、峨山、新平、元江、石屏等地彝族，必举行民间咪嘎哈节祭。这是一个以村寨为单位进行的大型祭祀仪式，其祭祀神祇为主司村庄、山林、农耕、生育的高位神——咪嘎神。咪嘎神的象征物为当地称为“万年青”的榕树。彝族寨老们在毕摩带领下，择吉日到本村水源地选择一棵高大标直、长势茂盛的榕树为“咪嘎神树”，神树及周围大小林木严禁砍伐、攀折、锯铲。以神树为中心的整个林地则被称为“咪嘎神林”，平日严禁任何人进入，违者必罚。所以，滇中南彝村村头寨尾总育有一片郁郁葱葱的密林，它不仅是咪嘎哈祭祀的空间和载体，也是其水源林、风水林所在地域，树林可循环大气，涵养水源，从而调节整个村落的自然生态系统，关乎着全村人的福祉。饭稻羹鱼的壮族，其生产生活对水的依赖更大，他们不仅发明创造了先进的用水、治水技术，更是制定出了严苛的水法、水规。

四、按团体分类

团体水文化包括行业水文化、企业水文化、宗教水文化等。如行业（企业）水文化是指涉水行业内企业和员工共同遵守的科学的、可持续发展的、能够保障人水和谐相处的行业规范。行业（企业）水文化具有凝聚、导向、约束、激励、协调、教化、维系、优化、增誉等功能。如漳河上游管理局，作为水利部海河水利委员会下属事业单位，主要功能是协调漳河上下游、左右岸的用水矛盾，对山西、河北、河南3省交界地区的108千米水事纠纷多发河段实行统一管理，以保持该地区水事秩序的持续稳定。漳河上游管理局成立以来，通过对直管河段的统一规划、统一治理、统一调度、统一管理，并综合运用行政、经济、法律、工程措施处理解决省际边界河道水事纠纷，形成了漳河上游地区相邻省、市、县之间和谐的水事关系，保持了漳河水事秩序持续稳定，促进了区域经济社会的可持续发展。

第五节 本书关于水文化的作用

党的十八大报告提到："文化是民族的血脉，是人民的精神家园。全面建成小康社会，实现中华民族的伟大复兴，必须推动社会主义文化大发展大繁荣，兴起社会主义文化建设新高潮，提高国家文化软实力，发挥文化引领风尚、教育人民、服务社会、推动发展的作用。"党的十九大报告提到："文化是一个国家、一个民族的灵魂。文化兴国运兴，文化强民族强。没有高度的文化自信，没有文化的繁荣兴盛，就没有中华民族伟大复兴。要坚持中国特色社会主义文化发展道路，激发全民族文化创新创造活力，建设社会主义文化强国。"历史实践表明，中华民族能够一次次从低谷走出，并向繁荣和昌盛迈进，都是中华文化的力量。18世纪中叶，西方的商工文明蓬勃兴起，并从1840年开始冲击中国，中国的农耕文明受到了前所未有的挑战。在博弈与抗争中，中国人民选择了适合自己的生存方式和发展道路——社会主义。

习近平总书记指出："中国传统文化博大精深，学习和掌握其中的各种思想精华，对树立正确的世界观、人生观、价值观很有益处。"文化的本质是一种社会精神力量，它可以通过人们的社会实践活动转化为物质力量，对人和社会（民族、国家）产生影响。文化有进步与落后、崇高与庸俗、优秀与腐朽之分，这种双重性使文化对人及对社会发挥着积极和消极双重作用。而我们所提倡的文化当然是进步的、崇高的和优秀的，是对人和社会发挥积极作用的。进步的、崇高的和优秀的文化是维系一个民族生存和发展的精神纽带，是一个民族的精神家园。对于社会，经济和政治促进文化形成，文化反过来促进经济、政治的发展，文化与经济、政治相互交融；对于具体对象，文化能塑造人生，对人产生重要影响，人能“化文”，文可“化人”。

水是生命之源、生产之要、生态之基。兴水利、除水害，事关人类生存、经济发展、社会进步，历来是兴国安邦的大事。水也是人类文明的源泉。从一定意义上来讲，中华民族悠久的文明史就是一部兴水利、除水害的历史。在长期的治水实践中，中华民族不仅创造了巨大的物质财富，也创造了宝贵的精神财富，形成了独特而丰富的水文化。水文化是中华文化和民族精神的重要组成部分。传承、保护和弘扬优秀的传统中华水文化，创新建设现代水文化，不仅是国家发展的需要，也是广大人民群众的需要。水文化具有存史记录、提高认知、传承传播、资治教化、凝聚人心、维护秩序 6 项功能。

一、存史记录功能

文化从被人类所创造的第一天起，就起着记录的作用。当文字还没有出现时，人们就通过口头语言，将经验、知识、观念口耳授受，代代相传。如大禹治水的传说，史书上并无确切的记载，是通过口口相传，又经司马迁《史记》的推崇才传播至今。《史记》被称为中国历史上第一部纪传体通史，开篇《五帝本纪》和第二篇《夏本纪》都记载了大禹治水的故事，大禹因治水有功，建立了中国第一个王朝——夏朝。大禹治水的故事至今为仍为世人所称道，并一直激励着中国人民奋勇向前。

二、提高认知功能

人们通过水文化，可以不断地积累经验，改进自己的思维方式，提高自己的认知能力，从而逐渐地认识水的习性、水的特点、水的利用和水的治理方法，并不断改进已有的取水、用水、治水生产工具和生产方式，从而创造出新的物质形成水文化，进一步使自己的认知能力不断扩大和深入，质量不断提高，速度不断加快。

三、传播传承功能

任何一种文化现象都是社会现象，它在社会交往中产生和发展，自然就会在社会交往中得到传播。水文化和其他文化一样可以世代流传，古人将优秀的水文化遗产留给我们，我们也会创造优秀的水文化成果留给后人。修建于战国时期的都江堰，古往今来一直声名远播，就是因为它采用了科学的、可持续发展的人水和谐的治水理念，通过设置分水鱼嘴、宝瓶口、飞沙堰和“深淘滩、低作堰”岁修理念，解决了春季灌溉、夏季分洪的功能，完全是顺应自然规律，使之能够至今仍正常运行，因而被世人所崇敬。自都江堰后，全国各地的大小工程，都参照这一理念建设，许多工程还自诩为小都江堰，可见其影响力。

四、资治教化功能

文化不仅自觉教化人，而且更多的是潜移默化地教化着人，使之社会化，使之成为社会的人。可使人们的思维方式、行为习惯、价值观念、审美趣味也随之变化。水文化形成以后，必然成为人们生活环境中的有机组成部分。这种区别于自然界环境的人文环境一旦产生，就会反过来影响人，塑造人，发挥其资治、教化功能。水文化可以引领人们向着正确的用水、治水、管水方向去努力，进而形成更多、更优秀的水文化成果。

五、凝聚人心功能

文化可使一个社会群体中的人们，在同一文化类型或模式中得到教化，从而产生相同的思维方式、价值观念、行为习惯，而紧紧团结在一起，产生巨大的认同抗异力量。水文化具有历史价值、艺术价值、科技价值、经济价值和水利功能价值，体现了我国古代劳动人民的聪明才智，崇高、进步和优秀的水文化，不仅可以增强民族自豪感，还可以坚定人们对新时期水利建设的信心与决心。

六、维护秩序功能

任何一个社会群体，为了共同的生存和发展，在实践过程中，自然会要求其成员必须遵守某一行为准则和道德标准，形成一定的社会规范，使人们明是非、辨善恶，共同趋向某种价值观、审美观等，以保证社会在一定秩序中运行发展。水文化成果一旦被认可，就意味着新的水利建设行为规范被人们所遵从，进而形成一定的社会秩序，水文化是维持、维护这种秩序的纽带。

第六节　小　　结

水文化的多维性可以造就无数个独具个性的水文化现象和水文化成果，这些独特的水文化现象或水文化成果或许已经消失，或许已经成为遗产，或许还在传承利用，但无论如何它都记载着中华民族与水打交道的历史，闪耀着中华民族智慧的光辉。挖掘、保护和传承水文化，应该研究某一时期、某一地域、某一人群与水的关系是否和谐，是否科学，凡是和谐、科学的，并曾经或正在发挥作用的，就是我们需要传承和保护的。

由于水文化具有存史记录、提高认知、传承传播、资治教化、凝聚人心、维护秩序等功能，对于一个人来说，水文化可以使其形成与水打交道的思维方式，改变其与水打交道的思想观念，影响其与水打交道的行为方式；对于一个行业或团体来说，水文化可以影响其治水规划、治水政策的制定，影响其治水行动的开展，优秀的水文化可以使其朝着人水和谐、可持续发展的方向前行。因此，应该重视水文化研究和水文化建设，让社会人—水关系更加和谐，让经济社会更加可持续发展。在大力倡导文化强国、坚定文化自信的今天，深入挖掘中华水文化，努力传承中华水文化，对于促进我国水利事业发展，支撑文化强国战略具有积极的促进作用。

第二章 漳河水文化产生的背景

文化是多元的，漳河水文化是多维的。从文化的时空特性来看，在空间上，漳河水文化既有流域水系的自然特性，同时又受地理区域文化的影响；在时间上，漳河水文化既有深厚历史文化发展延续的烙印，同时又具有鲜明的现实特性。这种变化中的时间与空间相互交织，共同构成了一个动态的漳河水文化体系，呈现出文化的多元性和复杂性。本章重点从自然和社会文化角度，就漳河水文化产生的背景进行阐述。

第一节 自 然 地 理

地理环境对文化有着明显的影响，漳河水文化的产生和发展，也受漳河流域自然地理环境的影响。从流域水系的角度来看，漳河是海河流域南部漳卫河水系的主要河流，发源于山西省太行山腹地，东邻滏阳河，南界丹河与卫河，西接沁河，北连冶河及潇河，涉及山西、河北、河南3省。

一、地形地貌

漳河流域以山区地貌为主，流域地势自西北向东南倾斜，太行山脉南北向贯穿流域中部，将流域分为太行山以西、以东两个自然地理特性不同的区域。西区包括浊漳河辛安以上及清漳河西支，流域面积约 11000 平方千米。该区四面环山，中部的长治、襄垣、黎城盆地为黄土丘陵区，其他边缘地区为土石山区，地形陡峻，水土流失严重，为漳河流域泥沙主要来源。东区包括辛安以下浊漳河干流、清漳河大部（除西支）及漳河干流，流域面积约 7000 平方千米，绝大部分为石质山区，山高谷深，岩石裸露，局部地区有石灰岩分布。该区地处太行山东麓，对东南方向来的暖湿气流有明显的抬升作用，易产生大暴雨，加之下垫面产汇流条件好，是漳河流域产生大洪水的主要地区。

二、气象水文

受气候、地形因素影响，漳河流域降水量地带差异明显，年内变化、年际变化都比较大。该地区多年（1956—2000 年）平均降水量为 568.6 毫米，降水量总的分布趋势是南部大于北部，迎风坡多于背风坡和盆地中心，年内分布很不均匀，70% 左右集中在汛期（6—9 月），年际变化也比较大，常常出现连续丰水年或连续枯水年。

漳河流域水资源以地表径流为主，漳河上游多年（1956—2000 年）平均天然径流量为 13.83 亿立方米。受降水的影响，河川径流量呈现 3 个显著特点：① 径流量年内分布不均匀。年内分布主要集中在汛期，特别是每年的 7—8 月。② 径流量年际变化大。如 1963 年观台站天然径流量为 47.4 亿立方米，1979 年仅有 6.93 亿立方米，相差 6.84 倍。③ 河道天然来水与下游灌区需水时段错位。每年下游地区的灌溉高峰季节（3—6 月、11 月），恰恰是年内河道径流枯水月份，水资源供需矛盾突出，致使沿河相邻省份地区之间多次产生争水矛盾，甚至演化成水事纠纷。

漳河流域多年（1980—2000 年）平均地下水资源量为 9.23 亿立方米。流域水资源总量为 16.74 亿立方米，折合成面平均径流深为 91.6 毫米。

岳城水库以上的漳河穿行于太行山的崇山峻岭之中，河道纵坡平均为 1/260，水性湍而悍，急流以高屋建瓴之势，穿峡谷、越断崖，奔腾而下，“漳水洪涛声闻数里”（《畿辅安澜志》）。洪流挟带大量泥沙，据《漳卫南运河志》统计，漳河观台站多年平均含沙量为 12.9 千克每立方米；多年平均输沙量为 2240 万吨；多年平均产沙量约为 2366 万吨，约占海河流域山区年产沙量的 13%。“漳水之浊虽减于黄而易淤于黄”，故漳河素有“小黄河”之称。在海河流域，漳河的输沙量仅次于永定河，居第二位。

三、河流水系

漳河属漳卫河系的一级支流，漳河上游有清漳河和浊漳河两条主要支流，均发源于山西省太行山区。清漳河、浊漳河在合漳汇合后始称漳河，于观台水文站进入岳城水库。清漳河、浊漳河交汇处见图 2-1。出岳城水库下游为平原，至徐万仓与卫河汇流入卫运河，过四女寺枢纽经南运河或漳卫新河入海。

图 2-1　清漳河、浊漳河交汇处

其中，清漳河属漳河两大支流的北支，流域总面积为 5142 平方千米，干流河道长为 103.44 千米。图 2-2 为清漳河掠影。清漳河上游主要有东西两源，清漳东源发源于山西省昔阳县西寨乡沾岭山，清漳西源发源于山西省和顺县八赋岭，东西两源至下交漳村汇流后称清漳河。清漳河干流经下交漳村入峡谷地段，河道窄而曲折，继续向东南经黎城县下清泉村出山西省进河北省，经刘家庄、涉县县城、匡门口至合漳村与浊漳河汇合为漳河干流。

图 2-2　清漳河掠影

浊漳河是漳河两大支流的南支，流域总面积为 12034 平方千米，干流河道长为 118 千米。图 2-3 为太行山乡的浊漳河河谷。浊漳河上游有浊漳北源、浊漳西源和浊漳南源三大支流。北源发源于山西省榆社县，西源发源于山西省沁县，南源发源于山西省长子县。南源由南向北，西源由西北向东南，两源汇合于襄垣县甘村，然后流向西北与北源汇合于襄垣县小蛟村，三源合流后为浊漳河干流，由西北向东南流经黎城、潞城、平顺 3 县流出山西省，在三省桥以下为河南省、河北省界河，至河北省涉县合漳村与清漳河汇合为漳河干流。山西省黎城、潞城、平顺 3 县（区）交界地带有辛安泉出露，是浊漳河枯季径流的主要来源。

图 2-3　太行山乡的浊漳河河谷

漳河流域的自然地理特性，决定了流域容易形成春季干旱、夏季集中暴雨洪水，水旱灾害频繁的局面。随着经济社会的发展，造成水资源供需矛盾突出，沿河相邻省份地区之间争水问题严重，并多次演变成水事纠纷。

四、河道迁徙与水系归属

古代漳河是黄河中下游最大的一条支流。《禹贡》中所指的衡漳和降水都是漳河。后来黄河南徙，漳河脱离黄河，汇流入海河水系。漳河古称“衡漳”。《禹贡》载：“覃怀底绩，至于衡漳。”衡者，横也，意指古代漳河迁徙无常，散漫而不可制约的特征，素以“善淤、善决、善徙”著称。

历史上，漳河迁徙无常，散漫不可制约，仅明初（1368 年）至 1942 年，漳河干流于馆陶入卫河的 575 年中，大的改道不下 50 余次，平均十年左右改道一次，其改道范围北夺滏阳河，南侵卫河。古称“南不过御，北不过滏”。

漳河上游发源于山西土质疏松的黄土高原，是海河水系中的多沙河道。上游山区河床坡陡流急，河道出山口后，地势平坦，河床高仰，多为地上河或半地上河，河道泄水自上而下逐渐减少，河道基本处于自然状态，因此极易决口改道。

历史上漳河下游有多股河道，多则三支，少则一支，河道变迁频繁复杂，最南端可达安阳河，最北端可达滏阳河及其前身衡水，长芦或葫芦河所能迁徙之道，遵循着“南不过御，北不过滏”的摆动规律，其变动顶点是在出山后邺镇（古邺都）之西，即三台口。至清康熙以后，漳河全由今馆陶归卫河，大致形成了今日漳河的走势（靳花娜，2012；胡刚，2015）。

（一）黄河支流

先秦时期，黄河流经海河平原。自远古时期到西汉末东汉初黄河改道东流前，黄河行北道，漳河由西向东汇入黄河，这一时期，漳河是黄河的支流。《山海经·北山经》记载“发鸠之山，其上多柘木……漳水出焉，东流注于河”，文中漳水即今天的漳河。

战国时期的《禹贡》中记载大禹治水的路线，自积石山导河，曲折到山西、陕西的龙门，南到华山的北面，再向东便到了三门峡砥柱山、孟津及洛水入河处，然后经河南省浚县东南大伾山，东北汇合降水（今漳河），向北流入河北的古大陆泽，就此开始分为“九河”，称禹贡河或者禹河。《尚书·禹贡》中有“覃怀底绩，至于衡漳”的记载，《汉书·地理志》也详细记载：“鹿谷山，浊漳水所出，东至邺入清漳，……沾，大黾谷，清漳水所出，东北至邑成入大河。”可见浊漳水向东流，在邺汇入清漳水，清漳水又向东北流，在邑成汇入黄河。

（二）独流入海

东汉初年至隋代末年为漳河独流入海时期。王莽始建国三年（公元 11 年），黄河南徙，漳河归属清河支流。东汉建安十八年（213 年），曹操组织修建利漕渠，引漳水入白沟，沟通了漳、卫水系。这一时期，漳河水汇合滹沱河、清河独流入海。魏晋时期，据《水经注》记载，浊漳水发源于上党长子县西南发鸠山，东过县南，又从县东北流出，过邺县西，又东北过平舒县南，向东入海。

（三）海河支流

隋末至五代，为漳河入海河时期。隋炀帝开永济渠后，出于引漳济运的需要，漳河由今南运河流入海河，从此成为海河的一个分支。唐代以来，漳河变迁改道在海河水系中比较频繁，大致有南、中、北道之分。其中漳河南行与卫河合流称“南道”，漳河自临漳、魏县经大名至馆陶一线以南并在馆陶以上入卫河，大体与现在漳河所走路线相近；北道大体自临漳经广平至邱县，经威县西北至新河县一线以西的故道；中道介于两者之间，大体走肥乡、广平东北流到冀县附近与滹沱河合流后，再北流至河间等地直达天津。

据《元和郡县志》《新唐书・地理志》及有关县志的记载，唐、五代时期的漳河河道至少有两支，多则有三支。唐开元二十九年（741年），漳河出山后东北流，从成安分为两支，北支行经肥乡、鸡泽、巨鹿、新河、衡水、武强、交河，于沧州南汇入永济渠；南支为主流，从成安东北流，经广宗、邱县、威县、故城、景县，于东光汇入永济渠。永济渠开通后，稳定的海河水系格局基本形成。

（四）重入黄河

北宋时期的漳河河道基本同唐代。据《宋史・河渠书五》记载：漳河源于西山，由磁、洺州南入冀州新河镇，与胡卢河合流，其后变徙，入于大河。北宋庆历八年（1048年），黄河第三次大改道，形成北流与东流并存的局面。北流经今滏阳河与南运河之间，至今天津入海。由于黄河改道，其北支一徙入海河平原，并夺占了一部分漳河河道，因而使漳河又变成了黄河支流，入河口也较唐时靠西。北宋政和元年（1111年）漳河从成安分为两支后，北支仍遁唐北支河道，入河口在武强；中支仍为唐中支河道，入河口为丘县城南的丘城。据《元丰九域志》记载，大约北宋末期，漳河曾有一支行过南道。

（五）再汇海河

南宋建炎二年（1128 年）：黄河再次改道，以南流为主，东流为辅，不再走北道。因此，南宋以来，漳河不再汇入黄河，而继续汇入海河，成为海河水系的一部分。

金代漳河在其以前的故道中行经，河流仍摆动无常，据《金史·地理志》记载，漳水或者漳河流经的县有临漳、滏阳、邯郸、永年、鸡泽、平乡、巨鹿、武邑、阜城、景县、东光；衡漳或衡水流经的县有束鹿、静安（今深州市）、武强、阜城。其中漳水或漳河为当时的主流，其余皆为支流。金大定二十九年（1189 年），漳河分为两支，北支仍行宋时北道，至武强入滹沱河；中支仍行宋时中道，只是在威县至景县间河道稍有变动，到东光入御河（即永济渠，今南运河）。

元时，漳河仍分为两支，但分支点较金代靠西。至顺元年（1330 年），北支从临漳向东北，经成安、肥乡、曲周、广宗、巨鹿、新河、衡水，至武强入滹沱河；南支从临漳往东，经魏县，至馆陶南合于御河。

明永乐九年至正统十三年（1411—1448 年）：主行北路。由于漳河以北流为主，当时北面的滹沱河也以南流为主，所以滹沱河、漳河、滏阳河三条大河在宁晋或冀州汇流，使洪水下泄非常困难。冀州、衡水首当其冲，受害最重，因此北路地区要求疏通南路减杀水势的呼声日益高涨。永乐九年（1411 年），明成祖迁都北京以后，为了解决南粮北运，开始大力整治漕运，但卫运河缺少水源，决定“引漳济卫”。

正统十三年（1448 年）至万历初年：引漳济运，南流为主。1448 年，正式施行引漳济运，在广平大留村（今广平东南大留村）开凿了一条人工河道与漳河故道相通，因为部分故道旧迹尚存，只要稍加疏通即可，不久“漳水遂通于卫”，实现了“分其水以济漕”的初衷，此后漳河又逐渐开始主行南路。漳河南路恢复，此后虽然南路逐渐成为主流，但是经历了由南、北、中三路并行到以南流为主的过渡阶段，一直延续到万历元年（1573 年）。

明万历元年至康熙三十六年（1573—1697 年）：北流为主。明万历初，漳河开始北徙入滏阳河，正统十三年（1448 年）导漳入卫，本意是为了增加水源，接济漕运。万历初，因漳河北徙，不再入卫，运河已有浅涩不通的危险，所以不断有人呼吁恢复漳河南流故道。但此前频受漳河泛滥之苦的南路大名、魏县等境，因漳河离去，漳患好不容易平息，极力反对漳河恢复南流。加上当时明朝廷已进入衰落时期，无力修整漕运。再者南方的淮安、徐州两个粮仓已经粒米无存，输往京师的粮食每年仅有一百三十八万余石（另有一部分折银上交），大运河已呈半瘫痪状态，引漳济卫终成泡影，漳河在明代不再走南路，一直在北路范围内纵横游荡。

清初，漳河以北流为主。不过北路由于长期行水，泥沙淤积，河床日渐高仰，河道已开始有了南徙的趋势。顺治九年（1652 年），漳水在邱县分为北、中两路。顺治十二年（1655 年）开始，漳河北路逐渐南徙，虽然总体仍在北路范围之内，但变迁的趋势不断往南移，永年境内渐无漳水，以后几百年内永年境内也基本没有漳水为患。康熙二十三年（1684 年），漳河分成三支，南支在馆陶入卫；中支称老漳河，至青县入卫；北支至宁晋与滏阳河合流，称新漳河。自此漳河又开始北、中、南三路并行。以后，逐渐南迁。

康熙三十六年（1697 年）至今：由分流至引漳全流归运。康熙三十六年，漳水在馆陶与卫河会合。此后，北流渐微。康熙三十六年，漳水改道后，李光地奉命视察漳河，查得当时漳河分为四支。康熙四十三年（1704 年），漳河多支分流的散漫状态逐渐结束而集中到南道。据《大名县志》记载，康熙四十三年，漳河南徙入支流，支流即经广平、元城（今大名西北）、馆陶境入御河。康熙四十五年（1706 年），因卫河水弱，馆陶县疏浚，漳河由此归南运河。康熙四十七年（1708 年），就实现了全漳入卫。自此，北路与中路断塞，只是遇到秋水暴涨，或从故道北流横溢四处。康熙五十四年（1715年），又在馆陶筑堤，使水不能北流，更为保证日后漳河水全部接济运河提供了保障。至雍正年间，漳河北路与中路干涸，南路支流与汊道纵横。乾隆二十七年（1762年），漳河于成安建坝筑堤，自此这一支成为漳河主流而基本定局。以后历经嘉庆、道光、同治、光绪等朝代，漳河又多次决口和改道，均在南道范围之内。为了保证漕运水源，康乾时期兴修了一系列水事工程，如开支流、挖引河、修河堤等。嘉道年间虽然仍有兴建，但一般只是小疏小浚、建闸设坝、堵塞决口而已，很少修筑大规模的水事工程。清末，漕运逐渐荒废，加之国家面临列强侵略，危机四伏，也就无暇再顾修缮运河。但漳河一直保持在南路范围内泛决改道，未再出现大方向的变化。

第二节　经　济　社　会

一、社会经济

根据2018年行政区划，漳河流域涉及山西省（长治市、晋中市）、河北省（邯郸市）、河南省（安阳市）3省22县（市），其中山西省涉及长治市区（含潞州区、上党区、屯留区、潞城区）、长子县、壶关县、沁县、襄垣县、榆社县、武乡县、黎城县、平顺县、和顺县、左权县14个县（区），河北省涉及涉县、磁县、临漳县、魏县、大名县、馆陶县6县，河南省涉及安阳市殷都区、林州市2市（区）。

截至2018年年底，漳河流域（以上地区合计）国内生产总值为3089亿元，占全国的0.34%；人口为890万人，占全国的0.64%；公共预算收入为221亿元，占全国的0.12%；人均可支配收入为20162元，比全国平均少4169元。

二、水旱灾害

漳河流域的洪涝灾害，早在商代即有记载。商代帝王为躲避洪涝灾害，曾四次迁都。

汉代至南宋，受黄河侵扰影响，漳河河道变迁频繁。南宋初年，黄河夺淮入海以后，在华北平原留下了高出地面的黄河故道，加之漳河含沙量大，将淀泊淤成平陆，河水盛涨，泄水受阻，致使漳河经常泛滥成灾。

明清时期，漳河河道变迁频繁，洪涝灾害频发。有史料可考的河流改道近 80 次，平均 6 ～ 7 年就会发生一次变迁。清顺治九年（1652 年）至光绪二十年（1894 年）的 243 年间，漳河泛滥成灾 40 次，平均约 6 年一次。时人称之为“桀骜不驯的漳河”。据《临漳县志》记载：“明嘉靖四十三年（1564 年）七月，（漳河）渍曲周城西门；天启六年（1626 年），水抵城下深丈余；崇祯三年（1630 年）夏决南堤，后几岁以为常。”据《元城县志》记载：“嘉靖三十六年（1557 年），漳卫横流，泛滥于大名、南乐、魏、清、内黄等县境，人有构巢而栖者。”

漳河宽，漳水长，滔滔洪水似虎狼；
年年淹没千顷地，妻离子散弃家乡。

这凄婉的歌谣充分说明了漳河的水患史就是当地人民的血泪史。

这一时期较大的洪涝灾害有：

明洪武二十四年（1391 年），漳卫并溢，坏大名府城。

明正统十三年（1448 年）六月，大名河决，淹三百余里，坏庐舍二万余，溺千余人。

明嘉靖三十年（1551 年）大水、民饥，当时漳、卫并决，平地水深数尺，魏县、大名县二县尤甚，溺死者无数。

明嘉靖三十六年（1557 年）秋，漳、卫水决为灾。漳河决于回隆镇，遂至艾家口（今大名城），经大名县南分流汗漫，东至岔道村（今顺道店村），始合旧河。二水横溢，盘旋于大名、元城、魏县、南乐、浚县、内黄诸县，二三百里间溢为巨浸，民有攀栖木杪者。

明隆庆三年（1569 年），漳河观台站调查洪峰流量 16000 立方米每秒。史籍载，闰六月，大霖雨，四旬乃止。漳卫并溢，冲塌大名县城一面，漂没庐舍几尽。秋复雨，河决坏田舍。

明万历三十五年（1607 年），临漳大水，河西徙民遭漂溺。元城大水平地行舟。大名六月溃堤冲城。

清顺治五年（1648 年），临漳五月漳河泛滥，水淹县城。

清雍正四年（1726 年）四月，漳水骤发，（魏县）十余村被淹。

清乾隆元年（1736 年）七月，漳河水势骤长，石槽村民堤漫漾五六丈。

清乾隆二十年（1755 年）五月，漳水冲陷魏县城。

清道光三年（1823 年），临漳河决商家村，大名被淹。

清同治三年（1864 年）至十一年（1872 年），大名、元城连年皆水。同治九年（1870 年）六月，漳卫支河决口，涨溢异常，水深数尺，东北境田舍多被淹没。

清光绪二十年（1894 年）秋，漳卫河并泛溢，平地有深至四五尺，七八尺者，船行至南乐、东昌，田舍淹没，人民失所。

明清时期频繁的洪涝灾害，还引起部分县治治所的搬迁。明洪武十八年（1385 年），漳水冲毁临漳县城（今杜村乡小庄）。洪武二十七年（1394 年），临漳县治被迫迁至理王村（今临漳县城所在地）。临漳下游的魏县，建于北宋熙宁六年（1073 年），原治所在洹水镇（今旧魏县村），明洪武三年（1370 年）受洪水侵袭，被迫迁于五姓店（今魏城镇）；到清代，乾隆二十二年（1757 年）新城再次毁于水灾，“平地水深数丈，官署民房多被尖侵，居民多上城躲避”，被裁并入大名、元城二县，其中漳河南北 306 村并入大名县、县境东北 31 村并入元城县，直至民国 28 年（1939 年）复置。位于魏县下游的大名，历史上因其为大名府驻地，故有大名府、大名县两个层级的治所，也都发生因漳河水患搬迁治所的情况。其中，大名府于明建文三年（1401 年），因“漳卫漫溢城圮于水”，治所由今大名县大街村一带，迁至今大名县城；大名县治所先于明永乐九年（1411 年）从府城迁至南乐镇，至清乾隆二十二年（1757 年）遭大水毁坏，“漳河、御河再次决口，大水由堤口漫入，而堤仍如故，居民走避堤上，全活甚众”。次年（1758 年）无奈再次迁回大名府城，大名县治遂一直在府城直到今天。

近代，漳河流域较大洪涝灾害有民国 6 年（1917 年）、民国 13 年（1924 年）和民国 28 年（1939 年）。其中，1939 年漳河大水，观台站 7 月 14 日调查洪峰流量为 5620 立方米每秒，冲毁漳河京汉铁路桥，大部分洪水漫流于滏阳河、南运河之间的广大地区，汇入贾口洼。河南安阳、淇县、内黄等地“河决，陆也行舟”。

20 世纪 50 年代以来，漳河流域发生较大洪涝灾害的年份主要有 1956 年、1963 年和 1996 年。1956 年 7—8 月，漳河流域普降大雨，主要雨区在清漳河的松烟镇、涉县及浊漳河石梁及石城、寺头、观台等三角地带，雨量均在 200 毫米以上。8 月 4 日 1 时，观台站出现最大洪峰流量为 9200 立方米每秒，相当于河道保证流量的 3 倍，其中 6000 立方米每秒以上的时间达 15 小时之久。当时为确保漳河左岸安全，于 8 月 4 日在漳河右岸二分庄扒口分洪，因洪水过大，沿线出现多处决口。其中，漳河右岸临漳、魏县、大名境内决口 74 处；左岸魏县决口 4 处，并在下游馆陶漳河左堤红花堤 15 千米堤段出现全面漫溢，造成严重损失。据统计，受灾严重的魏县，全县 448 个村有 392 个受灾，淹没耕地 6.4 万公顷，受灾人口 29.5 万人，死亡 75 人，倒塌房屋 9.2 万间。

1963 年 8 月，漳河发生流域性大洪水。从 8 月 2—9 日，8 天连续降雨 480 ～ 600 毫米，魏县平地水深 1 米左右。8 月 7 日，岳城水库下泄流量达 3000 立方米每秒，超过漳河保证流量近 1 倍。为保证漳河左堤安全，先后在临漳县三宗庙、二分庄、后佛屯分洪，并在魏县东王村实施了扒口分洪，大量洪水破堤入大名泛区。8 月 10 日，洪水在大名县阎桥漫过漳河左堤，堤上过水 1 米多，漫溢洪量达 13 亿立方米，淹没黑龙港地区土地约 50 万公顷，漳河南堤决口达 80 余处。

1996 年 8 月，受 8 号强台风影响，8 月 2 日夜间至 5 日凌晨，漳卫河流域普降特大暴雨。匡门口站最大 1 小时雨量为 101 毫米，为漳河流域有记载以来最大值。受这次降雨影响，漳河各站水位从 8 月 3 日开始上涨。其中，漳河干流观台站 8 月 4 日 18 时 30 分出现第二次洪峰，流量为 7240 立方米每秒，超过“63・8”洪水的洪峰记录（5470 立方米每秒）。这次洪水给漳河中下游造成严重影响，大名、魏县两县在漳河河滩内的 77 个村庄被淹，27 万亩农作物绝收，房屋倒塌 6.2 万间，伤亡大牲畜 5 万余头，冲走和泡毁粮食 11.5 万吨，损毁机井 2932 眼，交通、电力、通信设施遭受严重破坏，乡镇企业厂房、设备、成品、半成品及原材料损失严重，行洪区内的学校和卫生医疗单位也均遭受严重破坏，共计经济损失达 19.2 亿元。

漳河流域的旱灾记录，最早也可以追溯至商汤时期。距今 3700 多年前的商汤时期，即有“汤有七年大旱”的记载。而后，关于旱灾的记录屡有不绝。

两汉至元，较典型干旱灾害有：

北魏孝文帝延兴三年（473 年），州镇十一大旱，相州（今安阳市）民饿死者两千八百四十五人。

宋太祖建隆三年（962 年），河北、河南大旱，孟津、濮、郓、滑等州并春夏不雨。

宋神宗熙宁七年（1074 年），自春及夏，河北、河东、京东西诸路久旱。九月诸路夏旱。豫北区去岁秋冬不雨，是岁春继旱，有蝗灾。

元顺帝至正十二年（1352 年），大名路六月旱、蝗，饥民七十余万。

明清时期，漳河流域发生的典型旱灾有：1483—1487 年大旱、1527—1528 年大旱、1585—1590 年大旱、1608—1609 年大旱、1638—1641 年大旱、1689—1692 年大旱、1784—1785 年大旱和 1876—

1878 年大旱。这一时期的旱灾具有受旱时间长、波及范围广和季节性强等特点。其中，尤以明末崇祯年间和清末光绪初年发生的旱灾最为严重。

据《大名县志》（1994 年版）记载：明嘉靖五年（1526 年）至七年（1528 年），连年大旱，素地枯槁，诏免田租十之八。明万历十三年（1585 年）至十六年（1588 年），连年大旱，田禾干死，民饥大疫，升米值钱两百无市者，人死强半。明崇祯十三年（1640 年）旱蝗，大饥疫，斗粟值一千四百钱，鬻妻卖子者相属，人相食。清顺治十三年（1656 年）六月，元城、大名旱，春禾槁死，免其租。清光绪四年（1878 年）春夏旱，无麦，民有饿死者。

民国年间，漳河流域典型旱灾年份有民国 9 年（1920 年）、民国 17—19 年（1928—1930 年）、民国 21 年（1932 年）。1920 年，冀、晋、豫、鲁、陕 5 省同时发生旱灾，漳河流域灾情严重。邯郸“自春徂秋无雨，大旱成灾”。大名“大旱自上年八月迄至今年八月始雨，麦收全无，贫民就食外方者甚多”。磁县“大旱十三个月，点雨未获，赤地千里，是年贫民乏食，互均富者食粮，秩序大乱，幸京汉路贯境，饥民攀搭火车就食他方，目以万计”。安阳“自春徂秋，滴雨未见，父老传闻，数百年来未有如此灾情之重者”。

1942 年大旱是在 1940 年和 1941 年干旱的基础上发展起来的，一些地区持续大旱到 1943 年，漳河流域灾情严重。冀南一带，1942 年干旱，1943 年入春以后，严重旱灾又持续发展直至 8 月 5 日，全区有 59 万公顷耕地未播种。灾民普遍以糠菜树叶为食，除松柏以外，几乎所有树木叶子、树皮被剥光，大批灾民饿死或逃亡。大名、元城（今大名）大旱，夏秋无收，农村贫民外出逃荒，卖儿卖女者不计其数。仅元城县逃亡、饿死者有 6 万多人，占元城县人口的一半。大名县小潭口村群众病饿死亡者 1/4。大名、元城两县均出现了“村村丧事急，日日添新坟”的惨景。据资料统计，这次大旱，冀南地区饿死 20 万～30 万人，逃亡 100 万人，占全区人数的 20%。晋东南长治、潞城夏秋大旱，禾死甚众，大部不收。平顺、黎城、襄垣、武乡等县春旱，夏秋收成不到五分。

中华人民共和国成立以来，漳河流域发生的典型旱灾年有：1965年、1978—1982年。

1965年，漳河流域山区降雨量较多年平均降雨量少44.3%，平原少45.3%。河北省魏县沿漳河地区8月仅降雨1毫米，河南豫北地区降雨量比常年偏少4～5成。河北省邯郸地区受灾严重，该地12万公顷春播作物有8万公顷叶子干枯，26.7万公顷夏播作物有13万公顷大量死苗，有100多个村8万多人、3000多头牲畜缺水吃，有30多个村2万多人、1000多头牲畜靠汽车及毛驴车由外来运水吃。河南省豫北地区受灾53万公顷，成灾37.7万公顷，分别占耕地的41.7%和33.6%。

1978—1982年，漳河流域连年大旱。1978年岳城水库以上漳河地区降水较常年偏少一成，1979年至1982年6月底以前，岳城水库以上地区降水连续比常年偏少二成以上。加上上游渠道引水和水库拦蓄，使岳城水库入库水量大大减少。漳河沿河农田灌溉用水、城市生活及工业用水十分紧缺。1981年5月后，邯郸市一直实行限量用水。1982年，邯郸地区3.3万公顷旱地麦绝收。河南省豫北地区1978—1982年持续大旱。1978年降雨比常年偏少四五成（安阳和内黄270.4毫米），春旱、夏旱连秋旱，农业成灾25.6万公顷。1979年6—9月雨量继续偏少，安阳地区125座中小型水库，水位都降低到死库容以下，地下水普遍下降1～3米，抗旱种上的小麦有1/3缺苗断垄。1980年雨量又偏少二三成，豫北沿太行山麓广大地区，因三年连旱，河水断流，山泉干枯，50多万人缺水吃。1981年雨量普遍少三四成，部分地区少五六成，旱情继续发展。常年干旱造成土壤水分急剧下降，地表20厘米以内土层含水率降到10%以下，中小型水库基本枯竭，中小河道基本断流。安阳地区8万眼机、电井，有2万眼抽不上水来，4万眼时有时无。1982年春是持续大旱的第5个年头，地下水因连年超采而大幅度下降，安阳地下水位1982年比1976年平均下降5～6米。

第三节 区 域 文 化

一方水土养一方人，同样，一方水土也养育一方文化。古代先民逐水而居，生活在漳河流域的先民在长期生产生活实践活动中，不仅创造了灿烂的古代文明，还孕育了上党文化、赵文化、中原文化和建安文化。这些文明，不仅成为华夏文明的发祥地之一，也是漳河水文化产生的文化背景。

一、上党文化

上党位于山西省东南部，是对古潞、泽、辽、沁四州一带的雅称。《释名》有“党，所也。在山上其所最高，故曰上党也”。方志中有“居太行之巅，地形最高，与天为党”之说。上党地势险要，自古为兵家战略要地，素有“得上党可望得中原”之说。上党地区地貌见图 2-4。上党盆地为太行、太岳两大山脉环绕，自然风光秀美，历史文化悠久。近代以来，还是红色中国的肇始之地。

上党地区表里山河，气候宜人，冬无严寒，夏无酷暑，年平均气温只有 9.5 摄氏度，森林覆盖率达 30% 以上，被誉为“北方的南方、南方的北方”。长治市周边有老顶山国家森林公园、漳泽湖湿地，面积均达 60 平方千米以上。在东山西水的润泽下，长治城市空气清新，山川秀美，生态良好，有“东山西水、南秀北美、清凉之都、高山盆景”的美誉。境内壶关太行山大峡谷，是中国十大绝美峡谷之一，被誉为“八百里太行最壮美的一段”；其他如灵空山、通天峡、仙堂山、太行红山等著名自然景观，是人们旅游观光的好去处。

上党也是神话的故乡、华夏文明的发祥地之一。神农尝百草、精卫填海、女娲补天、羿射九日、愚公移山等有古老的神话传说，都发端于这里。长治建城有 2300 多年历史，历朝历代一直都是郡、州、府所

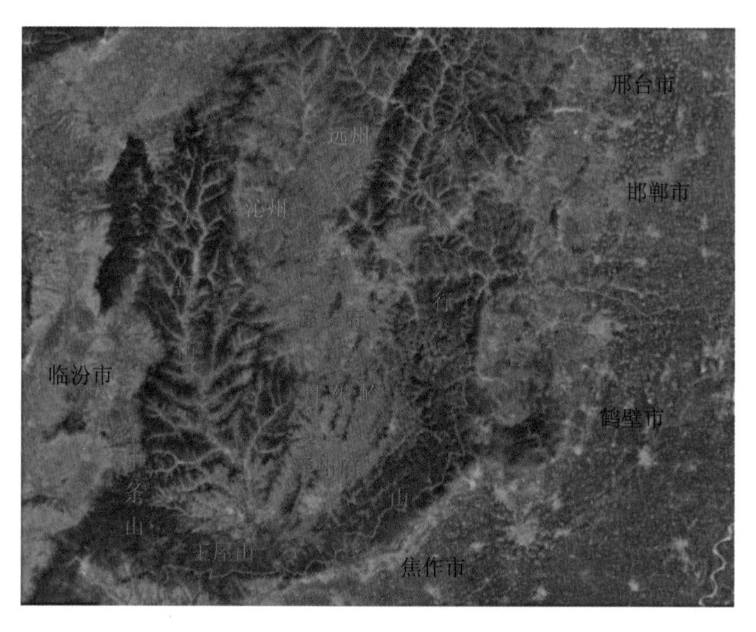

图 2-4　上党地区地貌图

在地。殷商时期为古黎国；春秋时期为潞子婴儿国；秦设上党郡，为秦三十六郡之一；唐代改上党郡为潞州。明嘉靖八年（1529 年）升潞州为潞安府，增设长治县和平顺县，取“长治久安、平平顺顺”之意，“长治”之名由此而来。

上党也是红色之乡。抗日战争时期，八路军总部和中共中央北方局长期在这里驻扎，朱德、彭德怀、刘伯承、邓小平等老一辈无产阶级革命家曾长期在这里生活和战斗，孕育了伟大的太行精神。新的历史时期，长治人民艰苦奋斗，锐意进取，形成了以全国唯一的第一届至第十三届全国人大代表申纪兰为代表的“纪兰精神”。

得天独厚的地理条件和悠久的历史文化，造就了上党地区物华天宝，人杰地灵。在《关于重庆谈判》中，毛主席说：太行山、太岳山、中条山的中间，有一个脚盆，就是上党区。在那个脚盆里，有鱼有肉，形象道出了上党丰饶的物产。号称“中国第一米”的沁州黄，就产自这里。当地流传谚话：“金珠子，金珠王，金珠不换沁州黄。”上党也被称为“古文化和古建筑博物馆”，不完全统计，境内有 6000 多处不同时期的历史文化遗迹，全国重点文物保护单位60余处，著名的如展现上党府衙文化的上党门、潞安府、城隍庙等。

二、赵文化

赵文化是以邯郸为核心区域，以胡服骑射、荀子为代表的一种地域文化。它滥觞于春秋，兴盛于战国，延续至两汉，在历史的长河中流淌至今，形成了自己独特的风韵。赵文化是一种以汉民族为主体的中原华夏文化和北方草原游牧文化交汇融合、升华的产物，反映了北方地区诸民族冲突与融合的过程，其基本内涵是开放、进取、包容。

历史上，邯郸曾作为赵国都城150余年，历经8代君王。这里产生了发达的冶铁、制铜、制陶等手工业，形成了繁荣的城市商业贸易，孕育了荀子、公孙龙、慎到等一代学术大师，涌现出赵武灵王、廉颇、蔺相如、赵奢等一批慷慨悲歌的英雄人物。赵武灵王曾在邯郸城提出“着胡服”“习骑射”的主张，决心取胡人之长补中原之短，富国强兵，在历史上影响深远。胡服骑射现已成为古城邯郸的实景地标（见图2-5）。这里民俗古朴厚重，更近于古。宋人吴曾说：“南北方的风俗，大抵北胜于南。”北方人更看重亲族关系，《南史》中说：“北土重同姓，谓之骨肉，有远来相投者，莫不竭力赡助。”南北方的这一差别甚至从人名上也可以反映出来。先秦两汉古人称谓都直呼其名，到南朝时南方人则往往各取别号雅号。先秦两汉人名多用贱字，到南朝时南方人崇尚机巧，取名多用好字。而北方人性情纯真，仍旧在相见时直呼其名，取名也仍用贱字。凡此种种，看似笨拙，其实近古。

邯郸历史文化资源丰富。武灵丛台是邯郸的象征，战国赵王的宫城赵王城是中国保存最为完好的唯一战国城址；磁山文化遗址距今约7500年，它的发现，填补了我国新石器早期文化考古的空白，把仰韶文化的考古年代上溯了1000余年；涉县娲皇宫是中国最大的女娲庙，至今有1400多年的历史；磁县有蔺相如墓、廉颇墓、北朝墓葬群。

图 2-5 邯郸实景地标——胡服骑射

三、中原文化

中原文化是对中原地区河南省的物质文化和精神文化的总称，是中华文化的母体和主干。中原文化以河南省为核心，以黄河中下游地区为腹地，影响延及海内外。中原地区是中华文明的摇篮，是中华文化的重要源头和核心组成部分。历史上，中原地区以特殊的地理环境、历史地位和人文精神，使中原文化长期居于正统主流地位，一定程度上代表着中国传统文化。中原文化分布广泛，又分为汴梁文化、洛阳文化、怀庆文化、宋文化等多种亚文化。每种文化都呈现出鲜明的地域特色。

漳河流域范围内的安阳，位于怀庆文化区域内。安阳素有“七朝古都”之称，先后有商、北魏、后赵、冉魏、前燕、东魏和北齐七个朝代在此建都，城市史长达 3300 多年，古都史长达 370 多年，是我国七大古都之一。安阳历史文化悠久，主要文化资源有：世界文化遗产殷墟、大运河卫河（永济渠）滑县段；全国重点文物保护单位羑里城遗址、天宁寺塔、岳飞庙、曹操高陵、邺城遗址（安阳区）、红旗渠等；国家 AAAAA 级旅游景区太行大峡谷，以及中国文字博物馆、殷墟博物馆、安阳市博物馆等。

四、建安文化

位于邯郸临漳县西南的古邺城遗址是东汉末年至魏晋时期中国北方政治、经济、军事、文化的中心。在东汉末年至隋统一的400年间，为北方著名的古都，曹魏、后赵、冉魏、前燕、东魏、北齐相继在此建都。东汉末年，政治大权完全操纵在曹操手里。曹操以邺城铜雀台为依托，聚集了以曹氏父子和建安七子为主体的“邺下文人集团”，辞赋慷慨，谈诗论文，开一代风格刚健、情调激越之文风，留下了大量的辞赋文论作品，在中国文化宝库中占有极其重要的地位。因建安是东汉末年汉献帝的年号，遂称这一文化为建安文化。

临漳历史文化资源丰富，散布在漳河之滨的百余座东魏北齐皇陵和众多的寺庙遗址，书写着它曾经的辉煌。古都邺城（见图2-6）的建筑格局，对隋唐长安都城、元大都城（今北京市）、日本奈良城乃至后世的都城建筑都产生过重大影响。以邺城为依托的建安文化，更是建安文学的摇篮，民族融合的结晶，中国文化史的奇现。

图2-6　邺城三台遗址

第三章

漳河水事机构

文化是由人创造的，流域水事机构是流域水文化产生和发展的主体，对流域水文化有着重要影响。历史上，漳河流域的水利相关事项由地方管理，并没有统一的流域管理机构。20 世纪 50 年代，为了统一管理漳卫南运河灌溉防洪工程，水电部、农业部于 1958 年决定成立漳卫南运河管理局，负责统一管理漳河、卫河、南运河河北、山东、河南 3 省边界水事问题。此后，岳城水库、漳河河道堤防等也相继划归漳卫南运河管理局负责，流域管理事项不断增多。1993 年，为加强对漳河上游地区水资源的统一管理，水利部在河北省邯郸市设立漳河上游管理局，形成流域管理和区域管理相结合的管理体制。

第一节　流域水事机构

漳河流域水事管理机构主要有漳河上游管理局、漳卫南运河管理局、岳城水库管理局，以及邯郸河务局。

一、漳河上游管理局

漳河上游管理局成立于1993年3月，隶属水利部海河水利委员会，为正地师级事业单位，机关设在河北省邯郸市。主要职责是：对浊漳河侯壁水电站以下、清漳河匡门口水文站以下至漳河干流观台水文站以上的108千米水事纠纷多发河段实行统一规划、统一治理、统一调度、统一管理，行使河道主管机关职责；按照国务院批准的《漳河水量分配方案》对漳河水资源进行优化调度，合理分配；依法协调山西、河北、河南3省省际漳河水事纠纷，在管辖范围内实施水政监察；组织实施水利部批准的《漳河侯壁、匡门口至观台河段治理规划》。目前直接管理7座渠首工程、21座分水工程、71段河道控导工程、4座国家基本水文站和10座专用水文站。漳河上游局机关内设7个处室，在山西、河北、河南3省相应市县下设4个河道管理处，局属有2个事业单位、2个公司。漳河上游管理局成立以来，荣获“全国调处水事纠纷创建平安边界先进集体”“全国水政工作先进集体”“全国水利系统水资源工作先进集体”“全国水利文明单位”“河北省文明单位”等多项荣誉称号。漳河上游管理局机关大楼见图3-1。

图3-1　漳河上游管理局机关大楼

二、漳卫南运河管理局

漳卫南运河管理局成立于1958年，原名农业部水利电力部漳卫南运河管理局。1970年，漳卫南运河管理局由水利电力部第十三工程局革命委员会接管。1980年，水利部海河水利委员会成立，漳卫南运河管理局隶属于水利部海河水利委员会。漳卫南运河管理局为正地师级事业单位，由海河水利委员会授权在其管辖范围内行使水行政主管职责，局机关驻山东省德州市（见图3-2）。涉及漳河事项的局属单位主要是岳城水库管理局和邯郸河务局。

图3-2　漳卫南运河管理局办公楼

岳城水库管理局前身是岳城水库管理处，成立于1970年，初期由水利电力部和河北省双重领导，1980年后划归漳卫南运河管理局管理。2001年更名为岳城水库管理局。该局荣获水利部“全国水利安全监督先进单位”“河北省文明单位”、天津市总工会“五一劳动奖状”等多项荣誉。

邯郸河务局前身是1965年设立的漳卫南运河管理局邯郸专区修防管理处，位于河北邯郸市。主要负责岳城水库以下漳河、卫河、卫运河的河道管理、堤防工程建设与维护、防洪抢险、水行政执法等工作。曾荣获“河北省文明单位”“漳卫南局先进单位”等荣誉称号。

第二节 地方水事机构

地方水事机构主要是漳河流域范围内山西、河北、河南3省的4个市的地市水利局和区县水利局，以及省水利厅直辖的大型工程管理单位。

一、长治市水利局

长治市水利局是长治市人民政府主管水行政的职能部门，位于山西省长治市，主要负责全市水利建设、水资源管理、防汛抗旱、水土保持、水电水产的组织管理任务。2019年统计，局机关内设9个职能科室，局属单位16个。其主要职能包括：

负责保障全市水资源的合理开发利用。拟定全市水利战略规划和政策，起草有关地方性法规、规章草案，组织编制全市水资源战略规划、市确定的重要河湖流域综合规划、防洪规划等重大水利规划。

负责生活、生产经营和生态环境用水的统筹和保障。组织实施最严格水资源管理制度，实施全市水资源的统一监督管理，拟定全市和跨县水中长期供求规划、水量分配方案并监督实施。负责全市重要流域、区域及重大调水工程的水资源调度。组织实施取水许可、水资源论证和防洪论证制度，指导开展水资源有偿使用工作。指导全市水利行业供水和乡镇供水工作。

按规定制定全市水利工程建设有关制度并组织实施，负责提出全市水利固定资产投资规模、方向、安排意见，并组织指导实施。按市政府规定权限审核、审批规划内和年度计划规模内固定资产投资项目。提出全市水利资金安排建议并负责项目实施的监督管理。

指导全市水资源保护工作。组织编制并实施全市水资源保护规划。指导全市饮用水水源保护有关工作，指导全市地下水开发利用、地下水资源管理保护。组织指导全市地下水超采区综合治理。

负责全市节约用水工作。拟定节约用水政策，组织编制全市节约用水规划并监督实施，组织制定节约用水相关标准。组织实施用水总量控制等管理制度，指导和推动节水型社会建设工作。

负责全市水资源监测工作。对市内河湖库和地下水实施监测，发布全市水文水资源信息、情报预报和全市水资源公报。按规定组织开展水能资源调查评价和水资源承载能力监测预警工作。

指导水利设施、水域及其岸线的管理、保护与综合利用。负责组织指导河长制工作。组织指导水利基础设施网络建设。指导全市重要河湖及河口、河岸滩涂的治理、开发和保护。指导全市河湖水生态保护与修复、河湖生态流量水量管理及河湖水系连通工作。

指导监督全市水利工程建设与运行管理。组织实施具有控制性的和跨县跨流域的重要水利工程建设与运行管理。指导大水网骨干工程及县域小水网工程建设及运行管理。组织指导水利工程验收有关工作。组织指导水利建设市场的监督管理和水利建设市场信用体系建设。

负责水土保持工作。拟定全市水土保持规划并监督实施，组织实施全市水土流失的综合防治、监测预报并定期公告。负责建设项目水土保持监督管理工作，指导全市重点水土保持建设项目的实施。

指导农村水利水电工作。组织开展全市大中型灌排工程建设与改造。指导全市农村饮水安全工程建设管理及节水灌溉工作。协调牧区水利工作。指导全市农村水利改革创新和社会化服务体系建设。指导全市农村水能资源开发、小水电改造和水电农村电气化工作。

指导全市水利工程移民管理工作。拟定全市水利水电工程移民有关政策并监督实施，组织实施水利水电工程移民安置验收、监督评估等制度。指导监督水库移民后期扶持政策的实施工作。

负责全市重大涉水违法事件的查处，协调跨县水事纠纷，指导全市水政监察和水行政执法。监督水利重大政策、决策部署和重点工作的贯彻落实。组织实施全市水利工程质量和安全监督。依法负责全市水利行业安全生产工作，组织指导全市水库、水电站大坝、农村水电站的安全监管。

开展水利科技和外事工作。组织开展全市水利行业质量技术监督工作。拟定全市水利行业的技术标准、规程规范并监督实施。指导水利信息化建设管理，组织水利信息化建设项目的审查并监督实施，办理有关水利涉外事务。

负责落实综合防灾减灾规划相关要求，组织编制全市洪水干旱灾害防治规划和防护标准并指导实施。承担水情旱情监测预警工作。组织编制全市重要河湖和重要水工程的防御洪水抗御旱灾调度及应急水量调度方案，按程序报批并组织实施。承担防御洪水应急抢险的技术支撑工作。

此外，完成长治市委市政府交办的其他任务。

二、晋中市水利局

晋中市水利局是晋中市人民政府主管水行政的职能部门，位于山西省晋中市。其主要负责保障全市水资源的合理开发利用、防治水旱灾害、节约用水、防治水土流失、指导农村水利等工作。其主要职能包括：

负责保障全市水资源的合理开发利用。拟定全市水利战略规划和政策，起草有关地方性法规、规章草案，组织编制全市水资源战略规划、市确定的重要河流流域综合规划、防洪规划等重大水利规划。

负责生活、生产经营和生态环境用水的统筹和保障。组织实施最严格水资源管理制度，实施全市水资源的统一监督管理，拟定全市和跨县（市、区）水中长期供求规划、水量分配方案并监督实施。负责全市重要流域、区域及重大调水工程的水资源调度。指导开展水资源有偿使用工作。发布全市水资源公报。按规定开展水资源承载能力监测预警工作。指导全市水利行业供水和乡镇供水工作。

按规定制定全市水利工程建设有关制度并组织实施，负责提出全市水利固定资产投资规模、方向、安排意见，并组织指导实施。按市政府规定权限审核、审批规划内和年度计划规模内固定资产投资项目。提出全市水利资金安排建议并负责项目实施的监督管理。

指导全市水资源保护工作。组织编制并实施全市水资源保护规划。参与全市饮用水水源保护有关工作，指导全市地下水开发利用、地下水水资源管理保护。组织指导全市地下水超采区综合治理。

负责全市节约用水工作。拟定节约用水政策，组织编制全市节约用水规划并监督实施，贯彻执行省级节约用水有关标准，根据需要制定市级配套标准。组织实施用水总量控制等管理制度，指导和推动节水型社会建设工作。

指导水利设施、水域及其岸线的管理、保护与综合利用。负责组织指导河长制工作。组织指导全市水利基础设施网络建设。指导全市重要河流及河口、河岸滩涂的治理、开发和保护。指导全市河流生态保护与修复、河流生态流量水量管理及河流水系连通工作。

指导监督全市水利工程建设与运行管理。组织实施具有控制性的和跨县（市、区）跨流域的重要水利工程建设与运行管理。指导县域小水网建设及运行管理。指导水利工程验收有关工作。指导水利建设市场的监督管理和水利建设市场信用体系建设。

负责水土保持工作。拟定全市水土保持规划并监督实施，组织实施全市水土流失的综合防治、监测预报并定期公告。负责建设项目水土保持监督管理工作，指导全市重点水土保持建设项目的实施。

指导农村水利水电工作。组织开展全市大中型灌排工程建设与改造。指导全市农村饮水安全工程建设管理及节水灌溉工作。指导全市农村水利改革创新和社会化服务体系建设。指导全市农村水能资源开发、小水电改造和水电农村电气化等工作。

指导全市水利工程移民管理工作。拟定全市水利水电工程移民有关政策并监督实施，组织实施水利水电工程移民安置验收、监督评估等制度。指导监督水库移民后期扶持政策的实施工作。

负责全市重大涉水违法事件的查处，协调跨县（市、区）水事纠纷，指导全市水政监察和水行政执法。监督水利重大政策、决策部署和重点工作的贯彻落实。组织实施全市水利工程质量和安全监督。负责全市水利行业安全生产工作，指导监督全市水库、水电站大坝、水利设施（水电站及配套电网）、水域及其岸线、河道采砂和地下水开采、水土保持建设项目、农村饮水、节水灌溉等的安全监督管理。

开展水利科技和外事工作。组织开展全市水利行业质量技术监督工作。监督实施水利行业技术标准、规程规范。指导水利信息化建设管理，组织水利信息化建设项目的审查并监督实施。办理有关水利涉外事务。

负责落实综合防灾减灾规划相关要求和洪水干旱灾害防治规划、防护标准；承担日常水情旱情防治和监测预警工作；组织编制全市重要河流和重要水工程的防御洪水抗御旱灾调度和应急水量调度方案，按程序报批并组织实施；承担防御洪水应急抢险的技术支撑工作。

此外，完成晋中市委市政府交办的其他任务。

三、邯郸市水利局

邯郸市水利局是主管邯郸市水行政的职能部门，主要负责统一管理全市水资源、组织指导水政监察和水行政执法、组织指导主要河道的治理和开发、指导全市农村水利工作，以及水土保持、防汛抗旱等方面的工作。其主要职能包括：

负责保障水资源的合理开发利用。拟定水利战略规划和政策，起草有关地方性法规、政府规章草案，组织编制全市水资源战略规划、重要流域综合规划、防洪规划等重大水利规划。

负责生活、生产经营和生态环境用水的统筹兼顾和保障。组织实施最严格水资源管理制度，实施水资源的统一监督管理，拟定全市和跨县（市、区）水中长期供求规划、水量分配方案并监督实施，负责重要流域、区域及重大调水工程的水资源调度。负责对取水项目、水资源论证和防洪论证有关工作的技术指导和监督管理，指导开展水资源有偿使用工作；指导河道采砂监督管理工作；指导水利行业供水和乡镇供水工作。

按规定制定水利工程建设有关制度并组织实施；负责提出市级水利固定资产投资规模、方向、具体安排建议并组织指导实施，按规定权限审查、审核市规划内和年度计划规模内固定资产的投资项目；提出市级水利建设投资安排建议，负责指导项目实施。

指导水资源保护工作。组织编制并实施水资源保护规划，指导饮用水水源保护有关工作，指导地下水开发利用和地下水资源管理保护，组织指导地下水超采区综合治理。

负责节约用水工作。拟定节约用水政策，织编制节约用水规划并监督实施，组织实施有关标准，组织实施用水总量控制等管理制度，指导和推动节水型社会建设工作。

按规定对江河湖库和地下水实施监测，组织开展水资源评价工作，组织开展水能资源调查评价工作，发布水资源公报。

指导水利设施、水域及其岸线的管理、保护与综合利用。组织指导水利基础设施网络建设。指导重要江河湖泊的治理、开发和保护。指导河湖水生态保护与修复、河湖生态流量水量管理及河湖水系连通工作。

指导监督协调水利工程建设与运行管理，组织实施具有控制性的和跨区域的重要水利工程建设与运行管理，协调落实南水北调配套工程运行和后续工程建设的有关政策，监督配合工程安全运行，配合工程验收有关工作。

负责水土保持工作。拟定水土保持规划并监督实施，组织实施水土流失的综合防治，监测预报负责建设项目水土保持监督管理工作，指导重点水土保持建设项目的实施。

指导农村水利工作。组织开展大中型灌排工程建设与改造，组织指导农村饮水安全工程建设与管理工作，指导节水灌溉有关工作。指导农村水利改革创新和社会化服务体系建设。指导农村水能资源开发，小水电改造和水电农村电气化工作。负责制定全市水能资源的开发利用规划，指导水电行业的运行管理及安全生产，负责水电建设和改造项目的审批、上报工作。

指导水库、水电工程移民管理工作。拟定水库、水电工程移民有关政策并监督实施，监督检查水库，水电工程移民安置工作。指导监督水库移民后期扶持政策的实施。

负责重大涉水违法事件的查处，协调、仲裁跨部门、跨县（市、区）水事纠纷，指导水政和水行政法。依法负责水利行业安全生产工作，组织指导水、水电站大坝、农村水电站的安全监管。指导水利建设市场的监督管理，组织实施水利工程建设的监督，负责水利水电工程施工三级资质初审。

组织开展水利行业质量监督工作。拟定水利行业的地方技术标准、规程规范的配套政策并监督实施：组织重大水利科学研究、技术引进和科技推广，开展国际交流与合作。

负责落实水旱灾害防灾减灾规划、标准及相关水情旱情监测预警工作，组织编制重要江河湖库和重要水利工程的防御洪水抗御旱灾调度及应急水量调度方案，按程序上报并组织实施，承担防御洪水应急抢险的技术支撑工作，承担台风防御期间重要水工程调度工作。

负责管理部分县（市、区）农村电气化工作：研究制定农电发展战略规划和年度计划，并组织实施；对农电企业经营、安全生产及队伍建设实行监督、管理；利用农电发展基金和专项基金，有计划地建设农网骨干工程。

此外，完成邯郸市委市政府交办的其他任务。

四、安阳市水利局

安阳市水利局是安阳市政府组成部门，主要职责包括：

贯彻执行国家和省有关水利工作方针政策，负责全市水资源的统一管理和监督工作。

负责保障水资源的合理开发利用。拟定全市水利战略规划，起草有关全市水利行业管理办法和规定并监督实施，组织编制、审查、申报水利综合规划、专业规划、专项规划。

负责生活、生产经营和生态环境用水的统筹和保障。组织实施最严格水资源管理制度，拟定全市和跨县（市、区）水中长期供求规划、水量分配方案并监督实施；负责江河湖库和重要水工程的水资源调度；组织实施取水许可、水资源有偿使用制度和水资源论证、防洪论证制度；指导水利行业供水和乡镇供水工作。

按规定制定水利工程建设有关制度并组织实施，负责提出中央、省下达的和市级水利固定资产投资规模、方向、具体安排建议，并组织实施；按市政府规定权限审批、核准规划内和年度计划规模内固定资产投资项目，提出中央、省下达的和市级水利资金安排建议并负责项目实施的监督管理；组织编制、审查、申报全市大中型水利基本建设项目建议书、可行性研究报告和初步设计；负责审批水利基本建设项目初步设计文件工作。

负责水资源管理保护工作。组织编制并实施水资源保护规划，组织开展河湖水生态保护与修复，指导河湖生态流量水量管理及河湖水系连通工作；指导饮用水水源保护有关工作；开展重要江河湖泊健康评估，指导地下水开发利用和地下水资源管理保护；组织指导地下水超采区综合治理；指导水文工作，组织编制并发布水资源公报和信息，开展水资源评价和水资源承载能力监测预警工作，承担水能资源调查工作。

负责节约用水工作。拟定全市节约用水政策，组织编制节约用水规划、节水行动方案并监督实施；制定有关用水、节水标准；组织实施用水总量控制、用水效率控制、计划用水和定额管理等制度，组织、管理、监督节约用水工作，指导和推动节水型社会建设工作。

负责全市水利设施、水域及其岸线的管理、保护与综合利用。组织指导水利基础设施网络建设，指导江河湖库及滩地的治理、开发和保护；指导水利工程建设与运行管理，负责水利工程质量监督检查工作；承担水利工程造价管理工作；组织实施具有控制性的或跨地区的重要水利工程建设、验收与运行管理工作，负责重要河流和重要水工程的调度工作，负责全市河道采砂的行业管理和监督检查工作；负责水利工程施工扬尘污染防控工作；组织指导并监督检查全面推行河长制工作。

负责安阳市南水北调工程建设与运行管理工作。协调落实工程运行和后续工程建设有关重大政策和措施，制定安阳市南水北调工程供用水政策和相关规定；拟订年度供水计划、水量调度计划并组织实施，负责配套工程运行管理、水费收缴、管理和使用，组织开展后续工程建设管理工作。

负责水土保持工作。组织开展全市水土保持法律、法规宣传教育工作，拟定全市水土保持规划并监督实施，组织实施水土流失综合防治、监测预报工作，负责生产建设项目水土保持监督管理工作，指导全市水土保持重点建设项目实施。

负责农村水利工作。组织开展大中型灌排工程建设与改造，指导农村饮水安全、节水灌溉等工程建设与管理工作；指导农村水利改革创新和社会化服务体系建设；指导水利扶贫工作；负责农村水能资源开发，指导小水电改造、小水电代燃料和农村电气化工作。

负责水利工程移民管理工作。拟定全市水利水电工程征地移民地方性法规、规章草案和政策，编制移民规划、计划；组织、指导移民搬迁、安置验收、监督评估和后期扶持工作；管理和监督移民资金的使用；负责监督全市水利水电工程征地移民工作。

负责重大涉水违法事件查处工作。指导全市水政监察和水行政执法，协调、仲裁并处理跨县（市、区）水事纠纷；依法负责水利行业安全生产工作，组织指导水库、水电站大坝、农村水电站的安全监督管理；指导水利建设市场的监督管理工作，组织开展水利工程建设监督和稽查工作。

开展全市水利科技和外事工作。组织开展水利行业质量监督工作，承担水利统计工作；负责水利科学研究、技术推广和创新服务工作；指导水利系统对外交流、引进国（境）外智力等工作。

负责落实全市综合防灾减灾规划相关要求，组织编制洪水干旱灾害防治规划和防护标准并指导实施。承担水情旱情预警工作，组织编制重要河流和重要水工程的防御洪水、抗御旱灾调度和应急水量调度方案，按程序报批并组织实施；承担防御洪水应急抢险的技术支撑工作；承担台风防御期间重要水工程调度工作。

此外，完成安阳市委市政府交办的其他任务，以及自然灾害防救、水资源保护与水污染防治和河道采砂管理的职责分工。

五、漳泽水库管理局

漳泽水库管理局位于山西省长治市北郊，成立于1960年，为山西省大型水库——漳泽水库的管理单位，隶属于山西省水利厅，为县处级建制的自收自支事业单位。其主要职责是：负责漳泽水库的管理和工程效益的发挥，承担浊漳河流域内防洪、抗旱、工农业及城市用水、灌溉及水产养殖及发展旅游等工作。内设19个职能科室，多次受到国家及山西省的表彰，多次被国家人事部、水利部授予“全国水利系统先进集体”“全国水利系统水利管理先进单位”“全国五一劳动奖状”“山西省十佳单位”“省直文明单位标兵”等荣誉称号。漳泽水库建成以来，对促进长治地区的工农业生产、解决城市人民和山区人畜吃水、保障下游人民生命财产安全，发挥了重要作用。目前，漳泽水库向位于长治市郊区的漳泽发电厂、首钢长治钢铁集团有限公司及位于潞城区的王曲发电厂等6家企业供水，年供水总量近5000万立方米。

第三节　其他管理机构

一、红旗渠灌区管理处

红旗渠灌区管理处的前身是林县漳河库渠管理所，1965 年成立林县红旗渠管理所；1966 年更名为林县红旗渠管理处；1990 年更名为林县红旗渠灌区管理局；2002 年机构改革，更名为红旗渠灌区管理处，由林州市水务局代管。

红旗渠灌区管理处是林州市红旗渠灌区的专门管理机构。2016 年前是自收自支事业单位，主要负责红旗渠的引供水管理和灌区两个乡镇以上共享渠道的日常管理维护，分水岭、红英汇流电站的日常管理，红旗渠景区的开发建设管理等。2016 年改制，核减景区开发建设管理职能，将管理处所有在编人员和运行经费纳入林州市财政全供渠道。

多年来，红旗渠先后被评为“全国科学大会科技成果奖”“全国重点文物保护单位”“百年百项杰出土木工程”；红旗渠灌区和红旗渠风景区先后被评为“全国水利战线标兵”“水利科技工作先进单位”“全国水利管理先进单位”“全国先进灌区”“全国爱国主义教育示范基地”“国家水情教育基地”“国家水利风景区”“全国廉政教育基地”“国家 AAAAA 级旅游景区”“全国红色旅游经典景区”“全国研学旅游示范基地”“全国中小学生研学实践教育基地”等多项荣誉称号。

二、邯郸市跃峰渠管理处

邯郸市跃峰渠管理处成立于 1976 年 9 月，原隶属于邯郸地区行政公署水利局；1993 年 7 月，邯郸地市合并之后，更名为邯郸市跃峰渠管理处，隶属于邯郸市农电水利局；1997 年 10 月，升格为副县级单位，隶属于邯郸市水利局。

邯郸市跃峰渠管理处是跃峰渠灌区的专门管理机构，为自收自支事业单位，主要负责渠道日常维护和调水供水灌溉管理。多年来，被评为“省级园林式单位”“省级文明单位”“市级文明单位”，荣获“漳河上游团结治水先进单位”“市级先进基层党组织”“市爱国卫生先进单位”“市绿色庭院单位”“市三星级平安单位”等多项荣誉称号。

三、跃进渠灌区管理局

跃进渠灌区管理局的前身是安阳县跃进渠管理处，是由工程施工指挥管理机构演化而来的。1958 年春，跃进渠动工之初，成立安阳县跃进渠工程指挥部；1968 年，跃进渠第三次复工时更名为安阳县跃进渠施工领导小组；1969 年，恢复安阳县跃进渠工程指挥部名称；1984 年更名为安阳县跃进渠管理处；1991 年更名为跃进渠灌区管理局，名称沿用至今。

跃进渠灌区管理局是跃进渠灌区的专门管理机构，为财政全供事业单位，原隶属于安阳县人民政府，2017 年行政区划调整后隶属于安阳市殷都区水务局，主要负责跃进渠渠道维修养护和引供水管理。

多年来，跃进渠工程先后被评为“河南省重大科技成果奖”“河南省重点文物保护单位”；跃进渠灌区以其独特的山水风光、人文景观和红色教育资源，先后获得“河南省文明单位”“安阳市廉政教育基地”“河南省水情教育基地”“安阳市干部党性教育基地”“安阳市爱国主义教育示范基地”“安阳市职工道德建设十佳单位”等多项荣誉称号。

四、磁县跃峰渠管理处

磁县跃峰渠管理处是由磁县跃峰渠工程施工指挥管理机构演化而来的。1957 年 11 月，磁县人民政府水利委员会成立磁县跃峰渠施工指挥所；1958 年春，更名为磁县跃峰渠施工指挥部；1967 年冬，成立磁县跃峰渠管理委员会；1969 年 12 月，成立磁县跃峰渠管理处，正式接管渠道。

磁县跃峰渠管理处是磁县跃峰渠灌区的专门管理单位，隶属于磁县水利局，负责渠道日常维护和供水灌溉管理。多年来，荣获“河北省灌区管理先进单位”“邯郸地区渠道管理先进单位”“邯郸市应急引供水工作先进单位”“先进职工之家”“模范职工之家”“7・19 抗洪抢险先进集体”等荣誉称号。

第二篇

漳河的水利文化

第四章 灌溉文化

漳河水润泽山西、河北、河南三省多市县，孕育着不同年代的、大量的漳河灌溉工程，丰富了漳河流域的灌溉文化。

第一节 灌 溉 简 史

历史上，漳河水旱灾害频发，为了生存发展，历代沿漳人民兴水利、除水害，同大自然进行长期的抗争。早在战国时期，西门豹即在邺（今河北省临漳县西南一带）修建了我国历史上有文字记载以来最早的大型引水渠系工程——引漳十二渠（又称漳水渠），此后历代皆有引漳灌溉传承。三国时期曹操取邺后，在原引漳十二渠的基础上，修筑了天井堰。东魏天平二年（535 年），改建为天平渠，成为单一渠。唐代，修复天平渠，并开金凤、万金、菊花、利物等支渠，形成大型灌区。北宋，王安石变法时期，曾利用漳河泥沙含量较多的特性，在此实行淤灌，并采取分段筑堤，按片淤田的方法，在一定程度上起到了滞洪缓淀（减轻河道淤积）减轻洪涝灾害的作用。清代，这一地区旧有引漳灌溉渠道时有修复利用。民国时期，漳河两岸有三民渠、裕华渠等引漳渠道，并出现了薄利灌田公司和裕华水利股份有限公司等现代水利股份制企业。

中华人民共和国成立后，漳河上先后修建了漳泽水库、岳城水库、红旗渠等大型水利工程，在流域农业生产和治理洪涝旱灾方面发挥了重要作用。其中举世闻名的大型引水工程红旗渠，被称之为“人造天河”，是现代水利发展之壮举。在长期与水旱灾害做斗争的过程中，漳河流域积淀了大量的治水实践，也孕育了丰厚的灌溉文化。

第二节　引漳十二渠的传承与发展

引漳十二渠是中国北方最早的引水灌溉大型渠系工程。它以漳河为水源，始建于战国前期，位于当时战国七雄之一魏国的邺地。因工程修建有 12 条从漳河引水的灌溉水渠而得名。古邺地属境大致相当于今河北省临漳县、磁县及河南省安阳县北部，治所遗址在今河北省临漳县西南的邺镇。说起邺地，人们自然会想到西门豹治邺的故事。魏文侯二十五年（公元前 421 年），西门豹任邺令。据《史记》记载，西门豹担任邺令期间，为邺地经济发展和社会安定做了两件大事：一是破除了为河伯娶妇的陋习，二是发动民众修建了引漳十二渠。

漳水是战国时期邺地的主要河流，它发源于太行山，流经黄土高原，自邺城以西出山后，形成冲积扇。邺城以西为冲积扇上部，河道稳定，河床纵比降大，引水容易，适宜于修建渠首工程；邺城以东为冲积扇下部，漳水游荡不定，加上其暴涨暴落的特性，易泛滥成灾，古代人们抵御洪水的能力有限，每逢洪水泛滥，往往求助于神灵保佑。因此迷信之风盛行。河伯相传是古代的河神，西门豹初任邺令时，邺地有为河伯娶妇的陋习。地方官吏豪强勾结巫觋，借水灾敛财分肥，强夺相貌娇好的女子溺死河里，称其是为河伯娶妇。当地百姓怕女儿受害或苦于水灾，大量逃往外地，致使邺城人口锐减，经济发展和社会稳定受到严重影响。西门豹了解情况后，决定破除迷信，为百姓造福。他在新一年的河伯娶妇仪式上，以请君入瓮的办法严惩了巫觋和贪官豪绅，革除了陋习，安定了民心。

在揭穿“河伯娶亲”的骗局后，西门豹发动当地人民，修建了引漳十二渠。渠首在邺西十八里，渠首以下约十二里河段内有拦河溢流堰 12 道，于南岸各开引水口，设引水闸，形成 12 条干渠，称“引漳十二渠”，灌溉面积约十万亩。引漳十二渠遗址见图 4-1。漳水浑浊多泥沙，引灌后可以落淤肥田，不仅提高了肥力，而且改良了盐碱地，农业产量大大提高，邺城遂成富庶之区。汉代有说法：亩产量较修渠前提高 8 倍以上，达六石四斗，邺地因此富饶。《史记》称赞道：“故西门豹为邺令，名闻天下，泽流后世，无绝已时，几可谓非贤大夫哉！”

图 4-1 引漳十二渠遗址

在西门豹后 100 多年的魏襄王时，史起为邺令，在西门豹旧迹基础上改建后进行灌溉，民大受利。《吕氏春秋·乐成》记载，当时民歌曰：“邺有贤令兮为史公，决漳水兮灌邺旁，络古舄卤兮生稻粱。”西晋文学家左思作《魏都赋》，亦云："西门溉其前，史起灌其后。"

东汉时曾维修，曹操以邺为根据地时，整修渠堰，称天井堰，十二堰称为十二磴（台阶），维持原来形式。灌溉邺城南一带，大约在今安阳北，临漳、魏县的西南及南部。

三国时，曹操在邺城西筑漳渠堰，引水入邺城东，通利漕渠，南通洹水（今安阳河），属于集城市供水、灌溉、航运等为一体的综合利用渠道。东魏天平二年（535 年）改建为单一渠首，称天平渠。天平渠后称万金渠，渠首在今安阳市北的漳河南岸，流经邺城附近，不仅有供水、灌溉、航运之利，还"凿渠引漳水，周流城郭，造治水碾硙"，兼有灌溉、供水、水力等多功能之利。天井堰及天平渠渠首位置示意见图 4-2。隋唐以后，这一带形成了以漳、洹二水为源的灌区。唐咸亨三年（672 年）复修天平渠，并扩建分支，灌溉面积达千顷以上。分支有邺县南五里的金凤渠、自邺至临漳长三十里的菊花渠、邺县北三十里自滏阳（今磁县）到成安县的利物渠等。自安阳西至安阳东，还有引洹（古洹水即今安阳河）的高平渠，后又称千金渠或万金渠。自唐代至清代，漳、洹灌区屡有兴废。清雍正十三年（1735 年）曾开天平渠七十里通洹水，民国时有修治记载，至今仍在发挥灌溉作用。

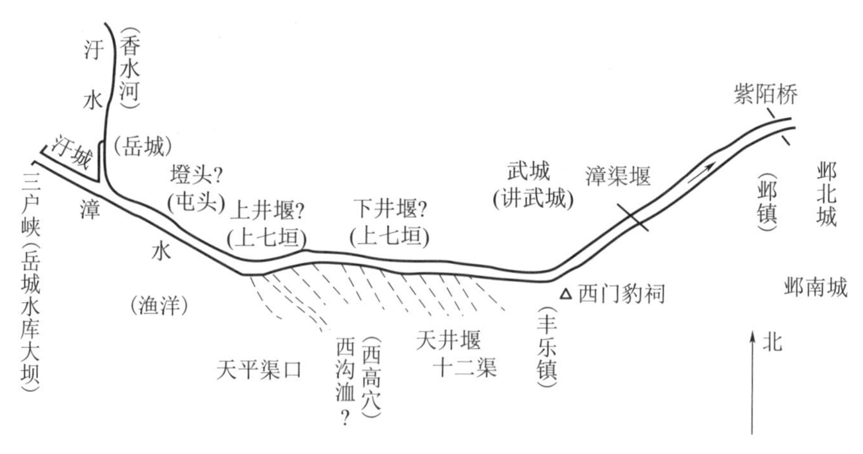

图 4-2 天井堰及天平渠渠首位置示意图

（姚汉源，2003）

1959年，修漳河岳城水库，自库区引水，北岸开民有渠，南岸开幸福渠，灌田数百万亩。自此，现代工程代替了古灌渠。

第三节　历代灌溉工程遗产

引漳十二渠后，漳河流域先后涌现过诸如羊令渠、通利渠、任公渠、柴公渠等一些灌溉工程，但该时段属于漳河流域频繁改道时期，大多数工程已经变成遗址。

一、羊令渠

唐延载元年（694年），衡水县令羊元圭主持开凿，“引漳水（当时漳河流经于此，其走向大致为今滏阳河河道）北流贯注城隍，多所利赖，后思恩知名为羊令渠，祀名宦”（《衡水县志》）。羊令旧渠为衡水县古八景之一。羊令渠遗址位于今衡水旧城村西南方，河渠轮廓依稀可见。

二、通利渠

唐延载中开凿，“在（南宫）县西五十九里……盖引漳水（时漳河流经于此，其走向大致为今滏阳河河道）以资灌溉”（《读史方舆纪要》）。该渠与羊令渠同为唐代武则天时期冀州境内引漳水灌溉的渠道。主持修建人及渠道走向不详。

三、任公渠

明万历四十一年（1613年），涉县知县任澄清主持开凿，“由七原山前引漳水入渠，山前地颇高，疏浚深广，渐至平畴。凡灌田三十余顷，至今赖之。其余派引之北关入城，穿半池入县衙。从南门西出，故道尚存。清嘉庆三年（1798年），知县戚学标重挑挖”（《涉县志》）。

四、柴公渠

清康熙年间（1662—1722 年），涉县知县柴胜任主持开凿，位于（清）漳河南岸，“利与任公渠略相等。所谓南北二渠也”（《涉县志》）。

五、涉县漳南渠

涉县漳南渠位于河北省涉县西南部清漳河右岸，是以清漳河为水源的中型灌区工程。民国 31 年（1942 年）初，晋冀鲁豫边区政府和一二九师司令部领导，为解决王堡、赤岸等 8 村饮水、灌溉困难，决定兴建漳南渠，并贷款 160 万元，作为修渠费用。同年与涉县共同组成开渠筹委会。渠道勘测由边区政府负责。同时在河南店召开王堡至河南店各村长、生产主任、农会主席会议，部署修渠事宜。组织 8 村群众按受益地亩出工，采用以工代赈的形式，于 2 月 14 日正式开工。

修建过程中，曾受到刘伯承、邓小平、杨秀峰等领导同志的亲切关怀。民国 33 年（1944 年）4 月 5 日，漳南渠建成通水。首起下温村，尾至茨村，全长 13.5 千米，渠首宽 2.3 米，深 2.6 米，引水量为 3.0 立方米每秒，沿线有 14 个放水口，可浇地 2000 公顷。总用工 12 万个，资金 166 万元，用粮 19 万斤。建成通水后，解决了当时漳南 8 村 3118 户，两万余百姓的人畜饮水困难，使 7625 亩靠天吃饭的旱地变成旱涝保收的水田，被当时百姓亲切地称为“将军渠”“救命渠”。

1949 年后，漳南渠历经初级社、高级社等特殊历史阶段。至 1958 年人民公社化后，在党和政府领导下，经历了由 8 村渠委会到漳南渠灌溉管理委员会再到如今的漳南渠灌区管理处的转变，进行了多次续建、扩建，形成了现首起索堡镇下温村外清漳河畔，尾至固新镇固新村，覆盖 3 个乡镇 17 个行政村，有效灌溉面积为 1.12 万亩，并担负着 3.6 万人畜饮水，集防洪、排涝、灌溉、人畜饮水及旅游于一体的中型灌区。

1984 年，共青团涉县委员会在一二九师司令部附近的将军岭上修建了“漳南大渠”纪念碑，由曾担任晋冀鲁豫边区政府副主席的薄一波同志亲自题写碑名，以纪念当年八路军为民造福的事迹。

八路军一二九师司令部旧址（见图 4-3）。位于河北省涉县赤岸村，现为全国重点文物保护单位。

图 4-3　位于河北省涉县赤岸村的一二九师司令部旧址

六、黎城漳南渠

山西黎城县也有一条漳南渠，修建于抗战期间。1942 年太行山区大旱，加之日寇扫荡等，黎城县遭遇严重灾荒。为帮助人民群众度过灾荒，新成立的晋冀鲁豫边区政府决定在浊漳河两岸修渠引水。规划中的漳南渠从浊漳河南岸黎城县的峧口村引水，经上遥、西社、正社、东社 4 个村庄，全长 25 里。该工程于 1943 年 4 月正式开工，至 7 月上遥村段的渠道挖成通水，灌溉田地 500 多亩。后因日寇扫荡以及隔离封锁被迫停工。直至 1952 年，黎城县人民政府决定重新修建这一渠道，将全线贯通，灌溉田地 2000 余亩（1 亩≈666.7 平方米，下同）。

20 世纪 60 年代，为彻底改变黎城县十年九旱的贫困面貌，黎城县决定进一步扩建漳南渠。扩建工程从襄垣县北底乡东宁静村引水，引水流量为 2 立方米每秒，上遥村以下为 1 立方米每秒，干渠总长 64 里，控制受益面积为 1.2 万亩。扩建工程于 1966 年 2 月 7 日动工，至 1973 年 8 月 1 日全线竣工通水，历经 7 年之久。

扩建工程是修建于漳河南岸半山腰最高渠线高于河面 50 多米的一条盘山大石渠，全渠先后劈掉 72 座大小山头，跨越 100 多条大小河谷深沟，筑起 9 条石坝，架设砌筑 13 座渡槽，凿通了长度为 3500 多米的土石隧洞 28 个，穿过了 7 处百米以上的悬崖绝壁。修建路桥、水闸等建筑物 42 处，建设电灌站 15 处，电站 1 座，总投工 196 万个，完成土石工程总量为 139 万立方米。工程非常艰巨，最险要艰巨工程 10 余处。其中的阎王鼻峭壁工程，长 300 余米，高 40 余米，是扩建工程遇到的第一项艰巨工程。历史上曾经流传着这样一首民谣："阎王鼻，阎王鼻，自古以来动不得，谁要动动阎王鼻，阎王簿上把名立。"阎王鼻上面是刀削峭壁，下面是滔滔漳水，渠道要从悬崖陡壁上通过，困难非常大。1966 年 2 月，建渠民工在"阎王鼻"上打眼点炮，经过 50 天的苦战，终于削掉了"阎王鼻"，胜利地完成了这一工程。还有琉璃坪滑崖工程，地处黎襄交界处，是一处长 800 余米、高 40 米的石板陡坡，坡度达 70 多度。这里上靠陡壁峭壁，下临河谷深沟、石板光滑，地势险要，一不小心就有掉下去的危险。当地有民谣说："琉璃坪，鬼见愁，滑倒犵狳摔死猴。"在这陡石板上建渠，打钢钎立不住脚，点炮躲不开身，给施工带来很大困难。修渠工人腰系大绳，凌空作业，经过 40 多天的艰苦奋战，投工 2800 个，开石 3000 立方米，使渠道顺利通过了琉璃坪。此外，还有麻崖山石崖工程、柏树坡砂卵隧洞、黄岩山陡崖工程，以及素有漳南"天险"之称的高崖山绝壁工程、漳南渠上最长的一个岩石隧洞"八一隧洞"，也是漳南渠的咽喉工程等，都极为艰险。

漳南渠由抗战时期的边区政府设计修建，新中国成立后先后完成了全线贯通和扩建工程建设，是中国共产党为广大人民谋利益、谋幸福的历史见证。当地人民为铭记一二九师师长刘伯承和当年修渠牺牲的民工程省贤，分别将涧沟渡槽和东社渡槽命名为“伯承桥”（见图 4-4）和“省贤桥”。1943 年曾在五尖山下立修渠纪念碑，1952 年重修了漳南纪念碑。2005 年纪念抗战 60 周年之际，当地政府在伯承桥头修建了漳南渠纪念亭，亭内立“四桥”纪念碑一块，以铭记为造福一方百姓做出贡献的革命先辈。

图 4-4　伯承桥

第四节　现代大型灌溉工程

漳河流域规模在 30 万亩以上的大型灌区有 6 个，主要集中在漳河河南、河北两省边界河段，漳河右岸有漳南灌区、红旗渠灌区、跃进渠灌区，在河南省安阳市境内；漳河左岸有民有渠灌区、大跃峰灌区、小跃峰灌区，在河北省邯郸市境内。6 大灌区中，漳南、民有两灌区位于岳城水库下游，历史悠久，在修建岳城水库以前就引用漳河水灌溉，其余 4 个灌区的引水口均在岳城水库上游，是修建岳城水库以后陆续兴建的。这 6 大灌区为漳河两岸经济社会发展提供了重要支撑。

一、漳南灌区

漳南灌区位于河南省北部、太行东麓，是豫北漳河著名的三大灌区之一，隶属于安阳市。灌区始建于1966年，由幸福、万金、洹南、洹东、汤河5个分灌区组成。其中幸福、万金灌区分别建于战国和唐代，历史悠久。1956年利用幸福渠退水建洹南渠；1957年建汤河渠。岳城水库建成后，1966年修建漳南总干渠及洹东渠。按照当时安阳地区专员公署的规划，把漳河、安阳河连通，彰武水库、汤河水库连通，加上各小水库，形成长藤结瓜，互相调剂，将幸福、万金、洹南、洹东、汤河等几个灌区连在一起，规划灌溉面积270.3万亩。1975年漳南灌区管理局对灌区规划进行了修订，对各分灌区的灌溉面积进行了调整。

漳南灌区北依漳河，南界淤泥河、永通河，西起彰武、汤河水库，东至卫河，东西长68千米，南北宽40千米，控制范围1450平方千米。其包括安阳市区、安阳县、汤阴县、内黄县，灌溉面积120万亩，总人口约150万人，取水水源主要为引用漳河岳城水库水源和井灌。据《安阳市水利志》（2005年版）资料，灌区内有总干渠一条，长约28千米；干渠15条，总长约210千米；支渠91条，总长420余千米；斗渠1294条，总长1258千米；斗渠以上建筑物10996座。排水系统由干排、支排、斗排组成，通过洹河、汤河，汇入卫河。其中干排26条，总长190千米；支排42条，总长310余千米；斗排98条，总长186千米。机井3050眼，并全部配套。

灌区粮食作物主要有小麦、玉米、大豆、谷子等，经济作物主要有棉花、花生、芝麻、蔬菜等，复种指数1.8。目前灌区小麦平均亩产430千克，玉米450千克。

二、红旗渠灌区

红旗渠灌区位于河南省西北部林州市境内，西连太行山主脉东缘，北隔漳河与河北省涉县相望（见图4-5），东与河南省安阳市、鹤壁市毗邻，南与林州市淇河灌区接壤，南北长 71 千米，东西宽 28 千米，灌区控制灌溉面积 1374 平方千米，涉及人口 100 余万人，人均耕地不到 1 亩，是一个人口集中、劳务充裕的地区。灌区工程为无调节引水方式，灌溉面积 54 万亩，作物复种指数为 1.75。灌区兴建以来，对改善林州生态环境，维护农村社会稳定，促进地区经济发展起到了不可替代的巨大作用。

图 4-5　红旗渠盘绕太行山图

红旗渠于 1960 年 2 月开工兴建，1965 年通水，1979 年完成支斗渠系配套，原名“引漳入林”工程，包括总干渠、干渠、分干渠、支渠。红旗渠以浊漳河为源，渠首（见图 4-6）位于山西省平顺县石城镇侯壁断下。1960 年开始，林县人民在太行山悬崖峭壁上盘山开凿，修建了总长 1500 余千米的红旗渠，从山西省平顺县侯壁断下引漳河水入林县，沿漳河南岸绕悬崖、越峡谷，逢山开洞，遇河架桥，开凿长达 70.6 千米的总干渠，渠高 4.3 米，宽 8 米，纵坡为 1 ∶ 8000（见图 4-7）。在分水岭分为三条干渠延伸至林县腹地，第一干渠长 39.7 千米，第二干渠长 47.6 千米，第三干渠长 10.9 千米。红旗灌区设计灌溉面积为 80 万亩，目前，实灌面积为 54 万亩，其中引漳灌溉面积为

图 4-6　红旗渠渠首

图 4-7　人工天河红旗渠——劈开太行山漳河穿山来

47.2 万亩。该灌区地表水源有三处：一是从山西境内浊漳河干流引水（即红旗渠），渠首设计引水流量为 20 立方米每秒，加大可达 23 立方米每秒；二是从浊漳河支流露水河南谷洞水库引水，南谷洞水库总库容为 0.77 亿立方米，兴利库容为 0.28 亿立方米，1971 年开始蓄水，1973—1979 年年平均蓄水量为 0.53 亿立方米，调节水量为 0.44 亿立方米，很少弃水入浊漳河；三是从淇河上游淅河弓上水库引水，该库 1960 年建成，总库容为 0.32 亿立方米，兴利库容为 0.14 亿立方米，年径流均值为 0.93 亿立方米，供英雄渠和淅南渠用水。

红旗渠的修建，克服了我国国民经济暂时困难时期的粮食短缺、物资匮乏、技术薄弱等难题，削平 1250 个山头，架设 152 个渡槽，凿通 211 个隧洞，修建各种建筑物 12408 座，挖砌土石 1515.82 万立方米。红旗渠灌区共有干渠、分干渠 10 条，长 304.1 千米；支渠 51 条，长 524.2 千米；斗渠 290 条，长 697.3 千米，合计总长 1525.6 千米。沿渠还建有长藤结瓜式的一、二类小型水库 48 座，塘堰 346 座，提水站 45 座，小型水力发电站 45 座。

红旗渠被世人称为“人工天河”，在国际上被誉为“世界第八大奇迹”。人工天河——红旗渠是人类改造自然，利用自然的史无前例的一大杰作；是新中国林州人民勤劳与智慧的结晶，它不仅是一笔巨大的物质财富，而且是一笔巨大的精神财富。在此工程中，林州人民体现出的“自力更生，艰苦创业，团结协作，无私奉献”的优良传统美德和感人精神，得到了党和国家领导人充分肯定和赞扬，也受到了世人的称赞而广为传颂。周恩来总理曾自豪地告诉国际友人，“新中国有两大奇迹，一个是南京长江大桥，一个是林县（现名林州）红旗渠”。江泽民总书记 1996 年 6 月 1 日到红旗渠视察时，亲笔题词“发扬自力更生，艰苦创业的红旗渠精神”。时任河南省委书记李长春把红旗渠精神称之为“中华魂”“民族魂”。红旗渠于 1997 年被命名为爱国主义教育示范基地。2006 年，被列为“全国重点文物保护单位”。

红旗渠精神的内容：自力更生、艰苦创业、团结协作、无私奉献。红旗渠不是依赖国家、向上伸手的产物，而是坚持自力更生为主、国家扶持为辅的原则，主要依靠林县人民的人力、物力和财力修建而成的。因此红旗渠工程的兴建，就突出表现了自力更生的精神；红旗渠工程十分艰巨，又是在三年困难时期上马，在粮食紧张、物资短缺、设备技术条件落后的情况下，历经艰辛修建而成的，这就使艰苦创业精神表现得十分明显；红旗渠工程规模较大，参加施工人员众多，如果不是全县各个地方、各个单位都以大局为重，相互支持，相互配合，特别是各级水利部门及工程技术人员，就难以保证工程的顺利进展。所以，修建红旗渠过程中，同样突出表现了团结协作精神；红旗渠修建过程中，无论受益地区还是非受益地区都不计局部利益得失，为红旗渠建设贡献力量，其中 80 位同志为红旗渠建设献出了宝贵生命，这集中表现出了无私奉献的可贵品质。

当代红旗渠精神：难而不惧、富而不惑、自强不已、奋斗不息。

难而不惧，在理想召唤下排除千难万险；

富而不惑，在物质大潮中坚守精神家园；

自强不已，在激烈竞争中壮大发展，不断超越；

奋斗不息，在复兴道路上奋力拼搏，永不停步。

三、跃进渠灌区

跃进渠灌区位于河南省安阳市殷都区西部山区，渠首在林州市古城村西的浊漳河右岸，该渠1958年开工，1960年停工，1968年复工，1972年总干渠及东干渠上段竣工通水；1977年总体工程全部竣工。总干渠长40千米；下接东干、南干两干渠，渠长分别为35千米、72千米，合计总长147千米；支斗渠260条，长480千米。各类渠系建筑物1476座，并建成小水库78座，蓄水池300座，蓄水总库容4745万立方米，其中兴利库容1633万立方米。

渠首（见图4-8）设计引水流量为15立方米每秒，引漳灌溉面积为30.5万亩，灌区尾水退入安阳河及彰武水库。

图4-8 跃进渠渠首

据统计，1974—1995 年共引浊漳河水 17.22 亿立方米（自渠首计量），平均年引水量 0.79 亿立方米，其中 1974 年引水量最大，为 1.68 亿立方米；1995 年引水量最小，为 0.18 亿立方米；1996—2012 年共引浊漳河水 8.13 亿立方米（自渠首计量），平均年引水量 0.48 亿立方米，其中 1996 年引水量最大，为 1.12 亿立方米；2000 年引水量最小，为 0.11 亿立方米。

四、民有渠灌区

民有渠灌区位于河北省邯郸市东南部，渠首位于磁县岳城镇西乐毅冢附近，灌区西部与太行山东麓丘陵高地接壤，东至卫运河，南至漳河，北至滏阳河。灌区分布于京广铁路两侧，控制面积为 2773 平方千米，跨越漳卫河、子牙河、黑龙港三大流域，涉及磁县、临漳、成安、肥乡、魏县、广平、曲周、大名、馆陶 9 个县 105 个乡镇，实际灌溉面积为 200 公顷。

民有渠灌区历史悠久。据《磁县南区裕华渠道开凿经营纪要》记载，民有渠开凿于清康熙年间，位于磁县岳城镇西乐毅冢附近，名曰“公益渠”，实浇面积为 20 公顷，到 20 世纪 50 年代最大实灌面积达 1.8 万公顷。1958 年后经多次扩建、改建及配套等工程，到 20 世纪 70 年代，灌区已具相当规模，形成了以岳城水库为水源，控制面积为 21.33 万公顷的大型灌区。其建有总干渠 1 条（自岳城进水闸至齐固退水入卫运河），全长 103 千米；干渠共 3 条，全长 126 千米；分干渠 1 条，长 23 千米；支渠 102 条，总长 616 千米；斗渠 349 条，总长 597 千米，各类建筑物总计 2317 座。

民有渠灌区地处漳河北岸，在长期的历史发展过程中，留下了许多美丽的诗文与传说。既有历代碑祠散记，又有反映当代工程建设者的诗篇，艺术地再现了历代人民建设灌区造福一方的雄心壮志和奋斗精神。如明正德《临漳县志》记载有《漳水洪涛》，其中写道：“二源浩荡接天流，云影浮光漾小舟。多赖神功成大治，息波此日济中州。”1958年扩建工程工地上，也留有许多诗作。如《夯歌》：“民有渠修不好哇，麦子喝不饱呀！民有渠修好了哇，咱的麦子打了保证条呀（丰收）！”《工地壮语》歌则唱道：“苦干、巧干，修不好民有渠不回还。猛干、大干，黑夜当白天。三天任务两天完，当天任务上午完”“小雨不停工，大雨去练兵。昼夜加油干，五日任务三天成。午觉不歇晌，吃饭在工上。努力加油干，争取早完成”。

五、大跃峰灌区

大跃峰灌区即邯郸市跃峰渠（见图4-9）灌区，位于河北省邯郸市西部，太行山东麓中低山区与华北平原交接处，横跨漳卫河系和子牙河系。灌区西起涉县浊漳河天桥断，东至京广铁路，南起漳河，北至洺河，控制面积为1009平方千米，控制灌溉面积为60余万亩，有效灌溉面积为30余万亩。行政区划包括邯郸市峰峰矿区全部及涉县、磁县、武安市及邯郸县一部分，共涉及邯郸5个县（市、区）。

图4-9　邯郸市跃峰渠

灌区以清漳河和浊漳河为主要水源，为有坝引水的自流式灌区，复种指数为1.6。

大跃峰渠修建于1975年3月，1977年9月主体工程正式通水，包括引渠、总干渠、主干渠和五条分干渠，渠道全长为244.98千米，其中总干渠长为83.5千米；五条分干渠，总长为113.6千米；159条支渠，总长为397千米。渠首（见图4-10）在涉县郃庄村附近清漳河左岸，设计引水能力30立方米每秒，有坝引水。拦河坝长为195米，坝顶高程为297.7米（黄海，下同），总干渠进水闸3孔。流经涉县、磁县、武安市、峰峰矿区、邯郸县3县1市1区。引渠为民间渠道改造而成，以浊漳河为源，渠首位于天桥断，引浊漳河水入总干渠渠首，增加总干渠水量。

图4-10　大跃峰渠渠首

大跃峰渠的修建克服了资金、物资、施工机械短缺等困难，在无路、无水、无电的险恶环境中，凭着“战天斗地、艰苦奋斗、无私奉献、协作攻坚”的跃峰精神，投资5410万元，完成工程量1325.39万立方米，建成各种渠系建筑物1500多个，其中较大的建筑物683个。它的建成，解决了当时46个乡镇325个村庄70多万人畜饮水困难，还使沿线60多万亩农田丰产丰收。大跃峰总干渠末尾有索井、老吊沟两座泄水闸向东武仕水库退水。20世纪80年代中期开始，相继在沿渠梯级建成了老刁沟、海乐山、飞跃3座水电站，总装机容量为9385千瓦。

多年年均从漳河引水量为2亿立方米，向邯郸市输水量为1.2亿立方米。

大跃峰渠是一个大型跨流域调水的省际边界工程，是邯郸市工业用水、城市居民生活用水和渠道沿线贫困山区农业生产用水的水源供给工程。灌区投入运行以来，大大缓解了邯郸市工业、生活用水危机，改善了灌区人民的生产生活条件，对促进邯郸市工农业发展、保障城市居民生活用水起到了积极作用。

六、小跃峰灌区

小跃峰灌区即磁县跃峰渠灌区，位于河北省磁县西南部，该渠1957年12月动工，1960年停工，至1969年全线通水，1974年干渠衬砌，1977年完成全线扩建工程。渠首（见图4-11）在磁县五合乡海螺山附近漳河干流左岸（距观台水文站13千米），设计引水能力为25立方米每秒，实际最大引水流量为17立方米每秒。渠系由1288条各类渠道组成，总干渠长为57千米；4条分干渠总长为41.7千米；支渠28条，长为97.8千米；斗渠1255条，长为234.2千米。渠系建筑物共841座，其中：水闸99座，隧洞、涵洞89座，倒虹、渡槽、陡坡跌水176座，桥梁337座，支斗渠口门140座。

图4-11　小跃峰渠渠首

灌区引漳灌溉面积为35万亩。1965—2012年共引漳河水量为50.94亿立方米（自观台断面计量），平均年引水量为1.08亿立方米，其中1973年最大引水量为2.82亿立方米，该渠尾水可退入东武仕水库。

第五章

减灾文化

受气候和地理条件的影响，历史上漳河流域旱涝频繁。古代漳河迁徙无常（见图 5-1）。散漫而无制约，有“常逾数年而决，而逾数十年而徙”之说。自明洪武元年（1368 年）至 1942 年，漳河改道 50 余次，平均 10 年左右改道一次，在北道、南道、中道之间变迁（北道：漳河北决与滏阳河合流。南道：漳河南行与卫河合流。中道：介于北道与南道之间）。据统计，1607—1911 年，漳河共发生洪水 55 次，其中重大洪灾 17 次。民国时期，漳河流域曾于民国 6 年（1917 年）、民国 13 年（1924 年）和民国 28 年（1939 年）年发生 3 次特大洪涝灾害，民国 9 年（1920 年）、民国 17—19 年（1928—1930 年）、民国 21 年（1932 年）发生 3 次大旱灾。中华人民共和国成立后，1956 年、1963 年、1996 年遭遇大洪灾，以 1963 年最为严重，该年大水，漳河溃决，淹安阳北部及东部。

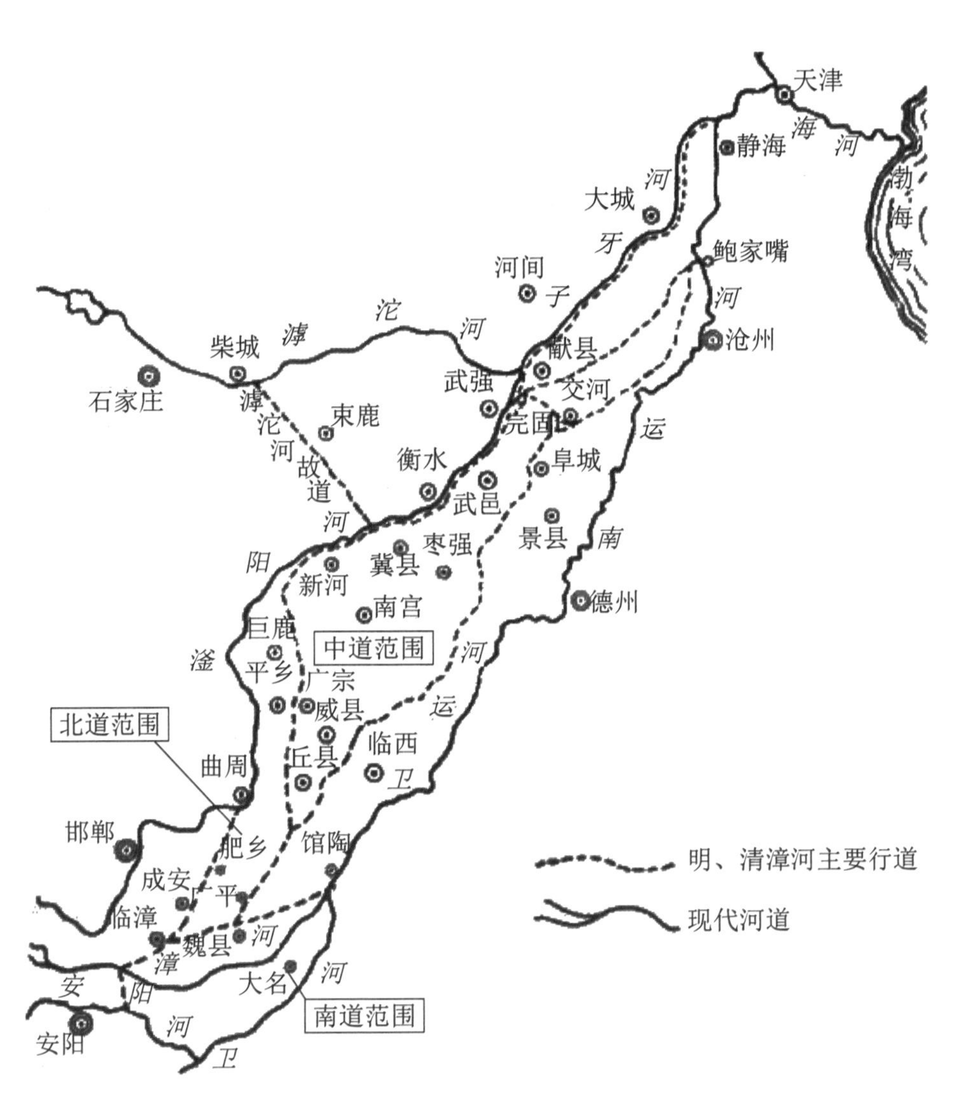

图 5-1　明清漳河改道示意图

（《漳卫南运河志》，第 40 页）

第一节 古 代 防 洪

由于漳河水患频仍，波及范围大，影响深重。早在唐代，漳河沿岸就有修筑堤防、治理水患的记载。《新唐书·地理志》载，“洺州鸡泽县有洺南堤，永徽五年（654 年）筑”“南宫西五十九里，有浊漳堤，显庆元年（656 年）筑”“武邑北三十里有衡漳右堤，显庆元年筑”。《新唐书·循吏传》记：“韦昌骏……肥乡县令。县北频漳，连年泛滥，人苦之。旧防迫漕渠，虽峭岸，随即坏决。昌骏相地势，益南千步，因高筑堤障水，至堤址辄止。”

及至明代，漳河堤防规模已大，且多为护城堤。《魏县志》记载：“明洪武三年（1370 年），创立县治。于五姓店环治设防，堆土堤三里而已。弘治四年（1491 年）知县魏琦又为土堤备障水。万历二十一年（1593 年），知县田大年特筑长堤五十五里，西自临漳县界起至县境王儿庄止，捍卫县城。”后世的各种文献记载也反映修筑堤防，防治洪水侵扰，是应对漳河洪水灾害的主流途径。如《读史方舆纪要》载：“魏县旧有漳河堤。在县南，其南岸起自临漳，延袤八十里，北岸起自成安，延袤五十里，俱由县境抵元城县界。明永乐八年（1410 年），县令杨文亨创筑后，屡增修之。”清康熙《平乡县志》载：“明弘治十四年（1501 年）复大滥，县令唐泽大修堤障，环绕邑境。”清咸丰《大名府志》载：“附城堤环县治，以卫漳水。正德年间（1506—1521 年），知县吴拯筑之。植柳千株，故名吴公柳堤。在大名县城外即柳城堤也。嘉靖四十五年（1566 年），知县朱湘重修。隆庆四年（1570 年）知县李本意再修。万历三十八年（1610 年）知县赵一鹤復植柳堤外。”又：“贺公堤在大名县西。明万历中，知县贺万元筑，后废。”乾隆《衡水县志》载：“堤环隍外，高五尺，基广七尺，上有垣。明嘉靖二十年（1541 年）知县李完重筑，三十年（1551 年）知县严修继筑。今圮。旧城堤环城，而南抵冀州，绵亘三十余里，高五、六尺不等。今亦多圮。”

清代，沿漳筑堤秉承延续的同时，社会上同时出现一种应对漳河洪水灾害的认识。他们认为，漳河水患严重，每年修筑长堤占用耕地、劳民伤财，且抵御不了水患。而每次漳河洪灾过后，泥沙淤积会使土地肥力增加，有利于农业收成的提高，因此面对漳河洪涝灾害，应该不治而治，清代临漳人吕游、魏县人崔述皆持这种观点。

吕游在其《漳滨筑堤论》中提到，修筑堤防占用民田，且筑堤、守堤均需耗费民力，“出筑堤之费以赈被灾之民，则贫民可以转而为富户，此可以济一时之急；亦若出筑堤之费多开沟渠以分杀水怒，则可以成数十年之利”。清乾隆年间的著名辨伪学者崔述，在其《漳河水道记》中曾提到，不修筑堤防的另外一个好处在于，漳河比较浑浊，每次决口泛滥，十里之内会使土地淤积厚厚的泥沙“不粪而肥”，对农业收成有好处。十里之外，河水便是清水，对农业生产有害无益。由此产生了近漳村落往往不怕淹，距离漳河较远的村落反而怕淹的怪现象。

近代以来，基于漳河泥沙能够淤肥土地的特性，沿漳地区尤其是沿浊漳河地区的人们，常常利用漳河泛滥挟带的泥沙以淤肥土地。具体做法是，先期工作是在河滩上修建方向不同的两种坝：一种是顺水坝，顺着河流的方向延伸；另一种是淤地坝，修建在顺水坝隔阻出的滩涂上，方向垂直于顺水坝，淤地坝作用是用来拦截洪水，在距离地面约 2/3 的高度处留有排水洞。通常情况是秋收之后，一个村子的劳动力在生产队的统一组织下，到河滩里开始打坝。在集体化时代以前，村中也有以家庭为单位或者是以家族分支联合起来的几个家庭的打坝淤地行为，由于规模较小，河滩里的乱石足够作为建筑材料。当全村劳动力都投入到这项行动中后，对材料的需求加大，就需要用炸药开山取石了。打坝活动一般自秋收一直持续到第二年春耕开始之前。夏秋季节，如果有山洪暴发，挟带大量的泥沙的洪水漫过顺水坝，上层较为清澈的河水顺着淤地坝上部的排水洞流走，下层较重的泥沙就被拦在坝内。洪水消退后，淤地坝与顺水坝围成的区域内，原有的碎石块与砂烁就被泥土覆盖了。淤地需要一个长期的过程，在降雨稀少、不发洪水的情况下，淤地就无从谈起。即便有洪水，一次洪水过后留下来的土层通常也很薄，不够作物生长需要的厚度。通常要在几次洪水之后，才能形成一块可以用于耕种的土地。

这种做法是北宋王安石淤灌之法的延续，切合了山区洪灾威胁大、土地贫瘠的实际，不仅起到了削减洪水冲击力、降低洪水威胁，同时也有效利用了漳河泥沙肥力较大的特性，将泥沙留在坝内，提高土地肥力，增加土地使用价值，是变洪害为洪利的极大变通。

第二节 现 代 防 洪

中华人民共和国成立以来，面对频繁严重的水旱灾害，沿漳地区广大群众为了生存和发展，兴水利、除水害，与大自然进行了长期的抗争。通过修建水库、整治河道堤防等工程措施，以及编制流域规划、健全组织建设等，防洪抗旱减灾能力得到极大提升。

一、工程措施

漳河流域的工程措施主要有水库建设、堤防建设、河道整治及蓄滞洪区建设等。

（一）水库建设

中华人民共和国成立以来，尤其是“63·8”大洪水以后，按照“上蓄、中疏、下排、适当的滞”的防洪方针，为起到蓄水、削洪等作用，在漳河上游修建了大量水库。1959—1970年，在漳河出山口处修建了岳城水库，保证 30 ～ 50 年一遇洪水控泄 3000 立方米每秒，起到了削减洪峰 70% 的作用；同时，在岳城水库以上漳河上游山区修建了大中小型水库 100 余座，总库容达 13.11 亿立方米。其中，在漳河上建成了漳泽、后湾、关河 3 座大型水库，总库容为 6.98 亿立方米；石匣等 12 座中型水库，总库容为 4.53 亿立方米；141 座小型水库，总库容为 1.60 亿立方米。

漳泽水库，位于山西省长治市郊，是浊漳河南源干流上的一座以工业、城市供水、灌溉、防洪为主的大（2）型多年调节水库（见图 5-2）。水库兴建于 1959 年 11 月，1960 年 4 月竣工蓄水投入运用。水库控制流域面积为 3176 平方千米，总库容为 4.27 亿立方米。防洪标准为 100 年一遇洪水设计，2000 年一遇洪水校核。1997 年 12 月，全国政协副主席钱正英为漳泽水库题词“希望漳泽水库成为长治明珠、全国先进”。漳泽水库自投入运用以来，为上党盆地，特别是对长治工农业发展发挥了巨大作用。由于防洪、供水作用显著，经济效益和社会效益可观，被誉为“太行明珠”。漳泽水库与其上游先后建成的屯绛、鲍家河、申村、西堡、陶清河、庄头、杜家河、石子河等 8 座中型水库和 37 座小型水库共同构成浊漳南源水库群。

图 5-2　漳泽水库风光

后湾水库（见图 5-3），位于山西省襄垣县虒亭镇后湾村附近的浊漳西源干流上。坝址以上控制流域面积为 1300 平方千米，总库容为 1.3 亿立方米，具有防洪、灌溉、发电、养殖等功能。水库兴建于 1959 年 11 月，1960 年 8 月竣工，防洪标准为 100 年一遇洪水设计，200 年一遇洪水校核。水库由大坝、溢洪道、输水洞组成。大坝为均质碾压土坝，最大坝高为 26 米。水库建成后，多次拦蓄洪水。最大一次洪水发生在 1993 年 8 月 4 日，入库洪峰流量为 498 立方米每秒，溢洪道泄量为 144 立方米每秒；配套兴建后湾灌区，有效灌溉农田为 1.33 万公顷（其中自流灌溉 2700 公顷）。

图 5-3　后湾水库

关河水库（见图 5-4）位于山西省武乡县城东 2.5 千米丰州镇关河峡口处，总库容为 1.399 亿立方米，汇水面积为 1745 平方千米，具有防洪、供水、灌溉、养殖、旅游等功能。水库于 1958 年 8 月开工兴建，1960 年 9 月竣工蓄水，是浊漳北源干流上的控制性枢纽工程。防洪标准为 100 年一遇洪水设计，2000 年一遇洪水校核。水库由大坝、溢洪道、排沙泄洪洞、输水洞、水电站组成。大坝为水中倒土均质坝，坝高 33 米。水库建成后，通过调蓄，可使 100 年一遇洪峰流量由 3330 立方米每秒降低为 1420 立方米每秒。1962 年 7 月 1 日，漳河上游发生洪水，入库流量达 2450 立方米每秒，经水库调蓄后，出库流量降为

160 立方米每秒，削减洪峰流量 92.4%，保障了下游人民生命财产的安全。

图 5-4　关河水库

岳城水库（见图 5-5）是漳河干流上的大（1）型水库，位于河北省邯郸市磁县与河南省安阳市殷都区交界处。水库总库容为 13 亿立方米，控制流域面积为 18100 平方千米，具有防洪、供水、发电等功能，为不完全年调节的大型水利枢纽工程。水库于 1958 年 7 月开工，1970 年 11 月竣工，设计最大坝高为 53 米，库容为 10.9 亿立方米。20 世纪 80 年代末至 90 年代初，对大坝进行加高加固，总库容达 13 亿立方米。水库由大坝、溢洪道、泄洪洞、水电站组成。大坝为均质土坝，主坝长为 3603.3 米、最大坝高为 55.5 米。水库建成后，共经历了 1971 年、1978 年、1982 年和 1996 年入库洪峰流量超过下游河道安全泄量 1500 立方米每秒的洪水，经水库调节削峰，使出库流量分别减少 50%～98%。除 1963 年特大洪水外，其余 4 年水库下泄流量均在下游河道安全泄流量以内，大大减轻了下游的洪水灾害损失。水库从 1961 年开始蓄水，承担着向河北民有渠灌区和河南漳南渠灌区供水的任务。自 20 世纪 80 年代开始，水库正式承担了向河北省邯郸市和河南省安阳市工业和居民生活用水的供水任务。

图 5-5 岳城水库

漳河上游中型水库基本情况见表 5-1。

表 5-1 漳河上游中型水库基本情况表

序号	水库名称	所在行政区	所在河流	建成时间	总库容 / 万 m^3
1	西堡水库	山西省壶关县	浊漳南源支流陶清河	1959 年 9 月	3542
2	陶清河水库	山西省长治市上党区	浊漳南源支流陶清河	1960 年 4 月	3432
3	申村水库	山西省长子县	浊漳南源干流	1958 年 7 月	3248
4	鲍家河水库	山西省长子县	浊漳南源支流岚水河	1979 年 7 月	1647
5	屯绛水库	山西省长治市屯留区	浊漳南源支流绛河	1958 年 6 月	4287
6	庄头水库	山西省壶关县	浊漳南源支流石子河	1977 年 10 月	1675
7	圪芦河水库	山西省沁县	浊漳西源支流圪芦河	1958 年 7 月	1385
8	月岭山水库	山西省沁县	浊漳西源支流白玉河	1958 年 9 月	2452

续表

序号	水库名称	所在行政区	所在河流	建成时间	总库容 / 万 m^3
9	云竹水库	山西省榆社县	浊漳北源支流云竹河	1960 年 6 月	9010
10	石匣水库	山西省左权县	浊漳西源干流	1966 年 9 月	5400
11	南谷洞水库	河南省林州市	浊漳河南支流露水河	1960 年 4 月	7900

（二）堤防建设

1942 年，漳河自魏县南尚村改道，由馆陶县徐万仓村汇入卫河，形成现今走势。此后，沿线堤防逐渐分段修培加高而成。为保护堤防安全，常采用抛石、栽柳、石砌护堤等方式防止被洪水冲刷侵蚀。

漳河堤防建设大致经历了 4 个时期，即 1963 年海河大水前、1963—1965 年、20 世纪 80 年代及 1996 年大水之后。

20 世纪 50 年代，主要是大名、魏县、临漳县境内堤防的复堤和加高培厚。其中，大名、魏县境内复堤堤段约 38 千米，包括：漳河下段左堤 18 余千米，右堤 12 千米，升斗铺分洪口门至邓台约 8 千米；按 5 ～ 10 年一遇洪水标准加高培厚。临漳县境内复堤同样约 38 千米，加高 0.5 ～ 1 米，培厚 1 米。

1963 年海河发生流域性特大洪水。洪水过后，邯郸专区水利局编制了漳河堤防修复计划，并得到水电部批准同意：① 漳河左堤按 1963 年汛前的标准恢复，除左堤阎桥漫溢堤段外一律不得加高。堤顶宽度按原规定，即左堤 6 米、右堤 5 米、升斗铺以下 3 米进行修复；② 漳河左堤大名境内阎桥漫溢段（约 7 千米），同意结合堵口复堤，将原堤顶加高到与 1963 年实有洪水位相平。次年，为保证首都、天津市及铁路交通干线的安全，河北、山东两省对边界水利问题进行了协商，商定漳河左堤高于右堤1米，顶宽8米，并得到中共中央、国务院批准。此后，1964年冬至1965年春，邯郸地区统一组织磁县、临漳、魏县、大名、馆陶等地民工11万余名，对磁县高庄至馆陶徐万仓，近100千米的漳河左堤按高出右堤1米，顶宽6～8米的标准修培。这次漳河堤防复堤、加固工程，累计完成土方近600万立方米。

20世纪80年代，卫河扩大治理工程领导小组安排漳河右堤下段与卫河左堤衔接工程，由大名县组织施工，分两期实施，共完成土方量91万余立方米。此外，还结合修建小引河排水闸，进行了闸下小引河左堤与漳河右堤联结段的施工。

1996年海河大水后，水利部又批复了《漳河整治工程初步设计报告》。漳河整治工程实现了漳河左堤部分堤段的复堤和堤顶硬化，右堤部分堤段的加高培厚和堤顶硬化。险工险段也进行了部分翻修，修建了一些控导工程，初步形成了宽400～600米的控导线，防洪标准提到了30～50年一遇，便利了两岸交通，有利于防洪抢险。

漳河在河北磁县高庄以上河段没有堤防。自磁县高庄至徐万仓左堤为二级堤防，全长为99.89千米，堤身高为4～6米，最高为8米，堤顶一般宽为8米；右堤自临漳西太平至大名周庄全长为三级堤防，全长为101.13千米，堤身高度一般在3～5米，堤顶宽为6米。漳河堤距极不规则，临漳县境内河段，河槽滚动，塌岸坍堤，堤防弯曲，堤距为860～2780米；魏县境内河床较为顺直，堤距约2000米，进入大名县境内，堤距渐宽，最宽的万堤段达5800米。目前，漳河堤防由漳卫南运河邯郸河务局管理。

（三）河道整治

20世纪50年代，漳河下游大名、魏县组织民工开挖新河、疏浚老河，使漳河形成现河道，原来荒芜的滩地，经过深翻，加之岳城水库的修建，中、小洪水得到了控制，使荒滩变成了肥沃良田。开挖的新河如大名县境内迤庄至魏县屯河段、老河头（万堤村西南）至辛庄段、常马庄至兆固段，总长约 8 千米。魏县境内开挖的新河有岗上村南至大名县杜桥段，长约 4 千米，设计流量为 200 立方米每秒。新河开挖后，两岸长 10 千米的险工基本除险。

漳河岳城水库以下是游荡性河段，20 世纪 90 年代，海委组织开展了漳河治理的可行性研究工作，重点是京广铁路桥至南尚村游荡性河段，整治方案比较后，推荐了 400 ～ 600 米河宽的治导线方案，清除沿中心线 800 米范围内的阻水障碍物，东王村批准建设 500 米宽固定分洪口门，重点是陈村抢险工程、北吴庄五道坝加固等 11 项工程。全部工程于 1996 年 2 月完工。同时，根据水利部《关于漳河整治工程初步设计的批复》（水规计〔1996〕201 号），成立“水利部海河水利委员会漳河整治工程建设管理局”，该局隶属海委直接领导。

1996 年 8 月，漳卫南运河系发生了 1963 年以来的最大一次洪水，漳河工程多处出险。这次洪水之后，海委领导极为重视，决定加快漳河治理的步伐。至 1997 年汛前，先后完成了郚镇干砌石护岸等 7 处 9 项工程。

1997 年，水利部批准了《漳河侯壁、匡门口至观台河段治理规划》。在这一规划指导下，1998—2011 年，漳河上游先后实施了 4 期治理工程。其中，一期治理工程于 1998—2000 年实施，主要解决河道管理和分水亟待解决的管理设施问题；二期治理工程于 2001—2004 年实施，主要完成了红旗渠山西境内渠段节水工程，白芟电站、石城电站、石城二道闸电站改造等水事纠纷处理工程等；三期治理工程于 2006—2008 年实施，主要对水事纠纷项目治理；四期治理工程主要是水事纠纷遗留工程，于 2010—2011 年实施。通过工程治理和加强管理，漳河上游河段水事矛盾逐渐缓解，水事秩序逐步走入正轨，没有再发生严重水事纠纷事件，总体保持了水事秩序稳定，达到了维护地区社会稳定、缓解水事矛盾、防止水事纠纷事件的发生、促进地区经济社会发展的规划目标。

（四）蓄滞洪区

蓄滞洪区主要是大名泛区蓄滞洪区。该泛区位于河北省大名县与魏县境内，漳河与卫河汇流处的三角地带。上有岳城水库，其下泄洪水经漳河行洪入卫运河，超量洪水在大名泛区分洪和滞蓄。蓄滞洪区总面积为309.4平方千米，涉及大名、魏县两个县16个乡镇320个村。截至2010年年底，区内总耕地面积为40.06万亩，人口为27.56万人。

大名泛区自1949年以来，先后启用六次，为确保沿河人民生命财产安全，减少经济损失发挥了重要作用。

第一次是1952年8月1日，观台洪峰流量为1570立方米每秒。8月初在升斗铺附近决口，淹地面积为7.39万亩，其中泛区2.74万亩。

第二次是1953年8月3日，观台洪峰流量为1700立方米每秒，8月初在魏县双庙决口，大名县受灾面积为15.9万亩，其中泛区4.7万亩。

第三次是1954年升斗铺分洪口门建成即利用。8月4日观台洪峰流量为1810立方米每秒。8月11日到9月10日两次分洪，受灾村庄90个，淹地16.18万亩，其中泛区4.5万亩。

第四次是1955年8月17日，观台洪峰流量为1100立方米每秒，8月18日到9月27日两次分洪。受灾村庄91个，淹地6.13万亩，其中泛区3.89万亩。

第五次是1956年7月23日，观台第一次洪峰流量为2610立方米每秒，25日升斗铺开始分洪，8月4日观台洪峰达9200立方米每秒，漳河南堤多处决口。8月6日卫河楚旺洪峰流量为780立方米每秒，大名县卫河左堤多处决口。受灾村庄148个，淹地22万亩。

第六次是1963年8月6日观台洪峰流量为5470立方米每秒，8月9日岳城水库最大下泄量3500立方米每秒。8月8日自临漳三宗庙、二分庄、后佛屯和魏县东王村四处扒口，以东王村分洪量最大，约占来水量的1/2，直接进入大名泛区。卫河北善村8月6日洪峰流量为

1580立方米每秒，7—9日大名卫河左岸岔河嘴、龙王庙及花二庄对岸等5处决口，老庄至营镇25里普遍漫溢，漳、卫河洪水进入泛区后，漫越漳河右堤进入漳河滩区，然后自徐万仓至王乍村漫越漳河左堤进入黑龙港地区。泛区滞蓄总量为5.1亿立方米，最高水位为45.33米。受灾村庄294个村，淹地37.36万亩，倒塌房屋约占总数的74%，经济损失3200万元。

二、非工程措施

20世纪50年代以来，漳河流域开始编制流域规划，并采用新的技术手段，成功抗御了1956年、1963年、1996年特大洪水。20世纪80年代以后，国家颁布了《中华人民共和国水法》《中华人民共和国防汛条例》等法律法规，漳河流域的防灾减灾工作步入了依法减灾的轨道，加上新技术、新材料、新方法等运用，抗灾减灾能力进一步增强。

（一）减灾规划

1949年以来，海河流域分别于1957年、1966年、1993年、2008年和2013年出台过5次流域规划，均涉及漳河流域。

1957年11月，水利部北京勘测设计院会同海河流域各省（自治区、直辖市）有关单位，经过多方努力，提出了《海河流域规划（草案）》。该规划是海河流域第一个全面的综合性规划，主要包括防洪、除涝、灌溉、城市供水、航运、水能开发和水土保持等内容。其中，有关漳河防洪的内容有：在漳河上游修建综合利用的大、中、小型水库，包括涉及修建岳城水库为主的大型水库。岳城水库的设计由水利部北京水利勘测设计院负责。

1963年8月，海河流域发生特大洪水，暴露出流域防洪体系还不完善。毛泽东主席提出了“一定要根治海河”的号召。1966年11月，水利电力部海河勘测设计院提出了《海河流域防洪规划报告》。这次规划提出了“上蓄、中疏、下排、适当地滞”的防洪方针。其中，有关漳河防洪的主要内容有：岳城水库工程按设计要求继续建设，保坝标准可超过1000年一遇。漳河下游按1500立方米每秒整治，超标准洪水利用大名泛区临时滞洪，并承担安阳河一部分洪水。远景修建槐疙瘩水库，在100年一遇洪水时，可分担岳城水库一部分防洪库容，使下游卫运河泄量不超过4000立方米每秒，以保证河道安全。

1980年，海河水利委员会会同流域内各省（自治区、直辖市）开始编制《海河流域综合规划》，规划工作于1986年基本完成，国务院以国函〔1993〕156号文批复。这次规划以“全面规划，统筹兼顾，综合利用，讲究效益”为指导方针，涵盖了防洪、供水、除涝治碱、水资源保护、水土保持、水利管理等方面的内容，是一部内容上比较全面的综合规划。其中，有关漳河防洪的主要内容有：漳河洪水由岳城水库控制下泄，遇30～50年一遇洪水时，水库泄量为3000立方米每秒。漳河下游河道在穿漳涵洞以上按承泄3000立方米每秒整治；穿漳涵洞以下右堤按承泄1500立方米每秒整治，遇上游来水大于1500立方米每秒时，利用大名泛区临时滞洪。遇超漳河设计标准的特大洪水时，除采取强迫河道泄洪和坡洼滞洪外，应力保漳河左堤安全。

该规划中就岳城水库除险加固，提出采取岳城水库大坝加高方案的建议，并分两步实施：第一步，先将岳城水库大坝从坝下游贴坡加高培厚，扩大水库容积。其中，坝顶高程由原157.00米加高至159.50米，并改建正常溢洪道。在加高大坝的基础上，废除1号、2号小副坝，跨香水河另建新副坝，水库正常运用标准可略高于1000年一遇。第二步，在香水河右岸设放水洞，在新副坝左侧里香村上游建非常溢洪道口门，最高库水位为159.00米，水库总泄量为24720立方米每秒，水库非常运用防洪标准可达10000年一遇，需迁村3座，移民3500人。

该规划中还提到漳泽、关河两座水库防洪保坝标准低，拟对两座水库进行改建，提高保坝标准。将漳泽水库大坝加高5米，从下游坡培厚加高，使坝顶高程达到 910.00 米，最大坝高达到 22.5 米，总库容增至 4.273 亿立方米，最高库水位提高到 908.45 米。溢洪道堰顶高增加 1 米，进口加设胸墙以控制泄量不变，泄洪洞延长 24 米，并重建消力池。改建工程实施后，水库防洪保坝标准可从原 200 年一遇提高到 2000 年一遇，达到部颁规范要求。在关河水库溢洪道进口增建泄洪洞。在闸门安装前，先在进口做自溃坝。通过自溃泄洪，水库防洪保坝标准可从 1000 年一遇提高到 2000 年一遇。

关于漳河干流和大名泛区整治，该规划提到 5 点意见，涉及防洪标准、复堤和设计水面线、河道整治、滩地村庄防洪安全建设，以及分洪口门等。其中，关于漳河防洪标准，提出配合岳城水库三级运用和大名泛区滞洪，按防御 1963 年型洪水标准整治，即大名泛区进洪口门上、下河段，分别按 3000 立方米每秒和 1500 立方米每秒的行洪流量进行整治。大名泛区进洪流量为 1500 立方米每秒。

2008 年 2 月，国务院以国函〔2008〕11 号文批复了《海河流域防洪规划》。该规划提出了坚持“上蓄、中疏、下排，适当地滞”的方针，构建以河道堤防为基础、大型水库为骨干、蓄滞洪区为依托、工程与非工程措施相结合的海河流域综合防洪减灾体系规划方案，进一步完善了“分区防守、分流入海”的防洪格局。涉及漳河防洪的主要内容有：完成岳城水库等大型水库的除险加固。规划加固漳河两岸堤防、整治险工并实施大名段束堤工程，将河滩地村庄全部迁出。京广铁路桥以下左堤为 2 级堤防，设计超高 2.0 米；右堤为 3 级堤防，设计超高为 1.5 米。按防洪标准整治浊漳河等山区及支流河道。

2013 年 3 月，国务院以国函〔2013〕36 号文对《海河流域综合规划（2012—2030 年）》进行了批复。涉及漳河防洪的内容主要包括：① 标准洪水安排。漳卫河防洪标准为 50 年一遇。漳河洪水由岳城水库控制下泄。遇 3 年一遇及以下洪水控泄 500 立方米每秒，3 ～ 30 年一遇洪水控泄 1500 立方米每秒，30 ～ 50 年一遇洪水控泄 3000 立方米每秒，超过 50 年一遇洪水不限泄。漳河岳城水库至东王村段河道设计流量为3000立方米每秒，东王村以下河道设计流量为1500立方米每秒。当岳城水库泄量大于1500立方米每秒时，利用大名泛区滞洪。大名泛区启用标准为30年一遇。② 超标准洪水对策。遇超标准洪水，充分利用河道的泄洪能力，强迫行洪，分流入海；确保重点城市和人民群众生命财产安全。必要时为保护重点及全局，牺牲局部，破堤分洪。要尽可能避开重要工矿企业，尽量减小淹没面积。漳河发生100年一遇洪水时，岳城水库最大泄量为7740立方米每秒，过京广铁路桥后向右岸分洪，河道行洪为5100立方米每秒，东王村口门分洪为2130立方米每秒入大名滞洪区。③ 水库及河道治理。岳城水库经过近年除险加固，可达到2000年一遇标准，但没有达到《防洪标准》(GB 50201—94)规定的防洪标准，需要继续提高岳城水库防洪标准。岳城水库提高防洪标准推荐第二溢洪道方案，即在主坝右坝肩建第二溢洪道，堰顶高程143.0米(大沽高程)，溢洪堰进口闸净宽100米，最大泄量为11360立方米每秒。漳河干流主要安排对右堤进行加高培厚；规划自大名县小七里店附近至小引河入漳河汇流口以上350米处填筑新右堤，缩窄河道堤距至2千米左右，将35个村庄划至新老堤之间，新右堤全长18.6千米。

（二）组织建设

20世纪80年代以前，漳河各级防汛组织均为临时性机构，形成每年汛前组建，汛后撤销的格局。80年代以后，特别是1988年以来，随着《中华人民共和国水法》《中华人民共和国河道管理条例》《中华人民共和国防洪法》的相继颁布实施，沿河各级地方人民政府也相继制定了与之配套的有关规定。漳河防汛工作逐步建立并实行了以各级人民政府行政首长负责制为核心、统一指挥、分级分部门负责的防汛工作体制，防汛组织已经成为各级人民政府的常设机构。

地方防汛组织。县级以上各级人民政府均设立由人民政府行政首长担任指挥的防指，成员由有关部门、当地驻军、人民武装部负责人组成。各级人民政府防指在上级人民政府防指和同级人民政府的领导下，执行上级防汛指令，制定各项防汛抗洪措施，统一指挥本地区的防汛抗洪工作。各级防指办事机构设在同级水行政主管部门，并由其主要负责人担任防办主任，负责管理所辖范围的防汛日常工作。各友邻地区为了协同做好防汛工作，有时还建立联防指挥组织。岳城水库建成后，以联防形式组建防汛指挥部。

漳卫南运河管理局防汛组织。漳卫南运河管理局设立防汛领导小组，实行领导包河、包库制度，下设防汛办公室，负责所辖区域的防汛业务工作。漳河流域范围内的处、段（所）负责所辖工程设施的管理和防汛巡查，服从漳卫南运河管理局防办的指挥，执行漳卫南局防办的指令，进行防汛工程设施的运行与调度。同时又是同级人民政府防汛指挥机构的漳卫河防汛办事机构，在防汛工作中，服从同级防指的领导，与所在市（地区）、县（市）的防办取得联系，及时向所在地方防指汇报水情、工情、灾情，当好地方防指参谋，协助地方人民政府做好防汛工作。

防汛队伍分为常备队、抢险队、后备队、解放军（武警）抢险队和机动抢险队等，并对抢险队伍进行必要的抢险技术训练。

防汛工作实行行政首长负责制。防汛指挥机构由人民政府主要负责人主持，全面领导和指挥防汛抢险工作。行政首长负责制的主要内容是：贯彻有关防汛的方针政策，督促建立健全防汛机构，宣传动员群众积极参加防汛抢险工作；根据统一指挥，分级、分部门负责的原则，协调有关部门的防汛责任，建立防汛指挥系统，部署有关防汛措施和监督检查各项防汛准备工作；督促检查重大防御洪水措施方案、调度计划、度汛工程措施和各种非工程措施的落实；批准管辖权限内的洪水调度方案、蓄滞洪区运用及采取紧急抢救措施等重大决策。此外，还有会议及报告制度、分级责任制、分包责任制、技术责任制、值班工作制、岗位责任制等。

2013 年，漳河上游水旱灾害并发重发，灌溉期河北、河南两省沿漳地区出现了严重旱情；汛期浊漳河出现了近 5 年来最大洪峰，清漳河水量也远超往年。面对这一严峻形势，为推进漳河上游防汛抗旱和水资源管理工作，提高流域共同应对洪涝、旱灾及突发公共水事件能力，由漳河上游管理局牵头组织，漳河上游山西省长治市、河北省邯郸市、河南省安阳市和岳城水库、漳泽水库两大水库管理机构参与，召开流域防汛抗旱座谈会，印发了《漳河上游流域防汛抗旱联系制度》，建立了流域防汛抗旱和水资源管理联系制度。这一制度立足提升流域防汛抗旱和水资源管理工作水平，从信息共享与通报的内容、条件和方式，检查监督的主要内容，应急调水的分工与实施，防汛抗旱技术领域交流合作的内容与主要方式等方面提出明确要求，为推动流域防汛抗旱和水资源管理工作发挥了积极作用。

该制度建立后，在漳河上游管理局组织推动下，漳河上游流域防汛抗旱和水资源管理联系制度机制不断完善，各成员单位结合实际，围绕全面推动机制落实开展了大量卓有成效的工作。漳河上游管理局建成流域防汛远程视频会商系统，长治市水利局建成视频会商系统，并将防汛抗旱相关业务应用系统纳入建设计划；邯郸市水利局建立了信息收集、上网查询、视频监控的综合性平台；安阳市水利局大力推进高水平、大范围、现代化的山洪灾害预警系统信息平台建设；漳泽水库管理局及时更新相关观测设备，积极配合流域信息化平台建设；岳城水库管理局在库区淹没范围、库区移民及平台信息更新等方面切实采取有效措施，各项工作稳步推进。

（三）防汛预案

防汛预案是为减免洪涝灾害损失而预先制定的各项规章制度、方案、对策和措施，是做好防汛工作重要的科学依据。为使防汛工作指挥有序，临危不乱，责任明确，措施有力，防灾有效，1991 年漳卫南运河管理局所属各级管理局在广泛征求地方防指意见的基础上，分别完成了各处管辖范围内的防洪预案编制工作。从 1992 年开始，各单位每年根据上年防洪预案的实施情况和当年的实际情况重新修订编制本年度的预案，并报地方防指批准实施。

遵照漳卫南运河管理局部署，1993 年 6 月，岳城水库防指完成了《岳城水库防汛预案》编制工作，其主要内容有：指导方针、指挥机构、任务、防汛岗位责任制、调度原则、防汛工作正规化、规范化要求等，并收集在《岳城水库调度运用工作手册》中。

第六章

漳河水事纠纷的管控

漳河流域面积不大，只有19537平方千米，却是一条省际边界河道。受水旱灾害影响，水事纠纷频发、多发。自20世纪50年代起，漳河水事纠纷不断，成为全国水事矛盾尖锐的地区之一。

漳河水事纠纷主要发生在山西、河北、河南三省交界地区的浊漳河、清漳河和漳河干流河道上，涉及山西省长治市的平顺县、黎城县，晋中市的左权县，河北省邯郸市的涉县、磁县，河南省安阳市的林州市、殷都区7县（市、区）。为解决漳河水事纠纷，促进三省沿河交界地区经济社会的协调发展，水利部及其流域机构海委、晋冀豫三省各级人民政府及其水利部门做了大量工作。1989年，国务院批准了水利部编制的《漳河水量分配方案》（国务院国发〔1989〕42号）。1993年，设立水利部海委漳河上游管理局，对漳河上游山西、河北、河南三省交界地区的108千米水事纠纷多发河段实行统一管理（国务院国阅〔1992〕132号），以保持该地区水事秩序的持续稳定。

漳河上游局成立20余年来，积极探索省际边界河道治理与管理的新思路、新举措，逐步实现了水事纠纷多发河段的统一规划、统一治理、统一调度、统一管理，走出了一条综合运用行政、工程、经济、科技、法律措施处理解决省际边界河道水事纠纷的新路子，形成了漳河上游地区相邻地区之间和谐的水事关系，保持了漳河水事秩序持续稳定，促进了区域经济社会的可持续发展。

第一节　历史上的漳河水事纠纷

一、1949 年以前的漳河水事纠纷

据历史文献记载，漳河水事纠纷最早始于清康熙年间，主要发生在漳河干流的下游地区。

康熙初年，漳河出临漳后，稍向南迁徙，由成安入广平县界。这里地势平延，几次过水后，淤积加速，决口频繁，灾情严重。康熙三十八年（1699 年），直隶巡抚李光地为分减漳河水势，建议开支河一道，由广平入魏县北部地区再入馆陶汇入卫河。康熙四十三年（1704 年），魏县知县蒋芾“筑支河堤，复筑斜堤，障西来漫水，以护城北诸村”。魏县的筑堤挡水，使广平一方认为水患转移到他处，遂聚众持械决堤，魏县民众则持械守堤，双方互不相让。魏县知县蒋芾也不示弱，亲自带领衙役巡逻值守。双方以一场械斗收场。不久，蒋芾调走。斜堤淤废，支河成了漳河主流。

雍正年间，漳河先后发生了 2 起水事纠纷，均属于滩地纠纷。夏秋水涨时，沿漳平原地区尤其是磁县、临漳一带，遇到漳河漫滩行洪，便会造成滩地边界不清，引发争地纠纷。雍正七年（1729 年）秋，为解决直隶广平府磁州与河南彰德府临漳县滩地边界问题，磁州知州万承勋与临漳知县陈大玠经现场勘定，确定“立二封堆以表之”。雍正八年（1730 年）夏，又筑起一道土岭，并对土地边界进行约定，在勘定的边界处立碑，将纠纷解决过程和滩地边界进行撰文记录。

乾隆年间，漳河下游发生了一起上下游防洪水事纠纷。乾隆二十三年（1758 年），位于漳河下游的山东省东昌府馆陶县孟儿寨等村“创置土埝一条，绵亘三十余里”，使漳河下泄受阻，上游的直隶省大名府大名县沙疙瘩等村遂遭遇水患成为泽国。双方发生争论，造成流血事件。经由东昌府知府与大名府知府现场查勘后，“令于埝中决口开新支河，长七八里，上接旧支河，而下引水入漳，自漳入卫”，并在纠纷解决后，对纷争缘由及解决方式和结果进行了刻碑记事。

乾隆年间还发生了一起因水利工程选址引起的水事纠纷。乾隆四十年（1775 年）六月，漳河在临漳县（时属河南省）小柏鹤村决口，因距离大名境不过十余里，大水很快漫溢至大名城下，大名西境均受水患困扰。九月，小柏鹤决口堵闭完工后，就在临漳小柏鹤还是大名米家岗筑堤问题两地产生分歧。临漳县令周元谦不主张在小柏鹤筑堤，列举了工程浩大，没有经费，筑堤壅逼水头，会又导致漳河迁徙他处。漫水处已麦苗青葱，洪水已归槽，不致为害等理由。认为此次大名水灾，即由米家岗堤防的缺口处灌入大名境，建议修复米家岗旧有堤防。大名府知府永宁则认为，应在决口旁的小柏鹤村麦地筑堤，两地共同发动民力，分摊费用，才能堵御水患。河南巡抚徐绩认为，若在小柏鹤筑堤，占用的民田需奏请豁免赋税，同时要事先确定责任问题才能以后无争端。小柏鹤本来无堤，若建一道长堤，若大水来了可能会绕行南下，照样会漫淹大名。他撰写咨文，请直隶省转饬大名县在米家岗旧堤修补，既可抵御漫水，又可节省民力。最终，小柏鹤没有筑堤。为何都不愿在本地筑堤，表面上是由于筑堤引发的纠纷，占用耕地是原因之一，临漳一方更重要的顾虑在于一旦筑堤，河流受到约束，无法利用漳河挂淤，影响土地收成。

民国 18 年（1929 年）年春“因河南安阳三民渠（社）在我（注：河北磁县裕华渠民生水利社）渠口地段设坝阻水，夺归下流，以致我方渠水告竭，多日播种衍期”，最终酿成械斗。

民国 20 年（1931 年）初夏，“河源不旺，争端再启，战斗激烈不减往岁”，经磁县与安阳两县政府从中协调，以调解结案收场。

二、20 世纪 50—70 年代的漳河水事纠纷

20 世纪 50 年代，全国掀起兴修水利的高潮。据统计，这一时期在漳河上游的山西省境内，兴建了大型水库 3 座，中型水库 11 座，小型水库 111 座，总库容约为 10.52 亿立方米，发展灌溉面积为 70 万亩，另外还有数量众多的小型蓄水工程、提水工程、引水工程、机电井等，水资源开发水平大幅度提高。六七十年代，河南、河北两省相继在漳河侯壁—观台河段开辟了红旗渠、跃进渠、大跃峰渠（邯郸跃峰渠）、小跃峰渠（磁县跃峰渠）4 条灌渠，总设计引水能力为 90 立方米每秒，设计灌溉面积为 120 万亩。上游能源重化工基地用水不断增加，由于缺乏统一规划和管理，地区之间竞相开发，工程建设规模过大，水利效益搬家。90 年代以来，漳河上游河道天然来水逐年减少，水的供需矛盾日益突出，水事纠纷不断发生。侯壁—观台河段地理位置见图 6-1。

漳河水事纠纷主要表现为两种形式：一种是因边界水利工程建设而引起的，典型事件如：小跃峰渠和跃进渠建设过程中河北省磁县与河南省安阳县之间的矛盾；白芟渠工程建设中河北邯郸与河南安阳市之间的矛盾。另一种是农民为争滩地、护滩地引发的矛盾。典型事件如：任村公社与白芟大队的矛盾；古城大队与黄龙口大队的矛盾。前一种表现为邻省沿河地区间的矛盾，争执和调解基本都是在政府间进行，尽管强度相对较弱，但影响范围较大，涉及区域利益布局问题。后一种表现为邻省沿河村庄间的矛盾，强度较大，往往演变为群体性的暴力事件，但它涉及的基本是局部性的利益问题。

1. *磁县跃峰渠和安阳县跃进渠建设之争*

磁县跃峰渠建设是 1957 年开始的。当时河北省磁县计划在漳河左岸的九一沟处兴建引漳灌渠——跃峰渠（俗称小跃峰渠），但由于河南原有灌渠——幸福渠（1966 年改为漳南渠）的取水口位于九一沟下游，河南方提出异议。经过水电部协调，双方协议限定，跃峰渠只能在洪水期间引洪水灌溉，其他时间引水受严格的审批过程控制；协议还同意安

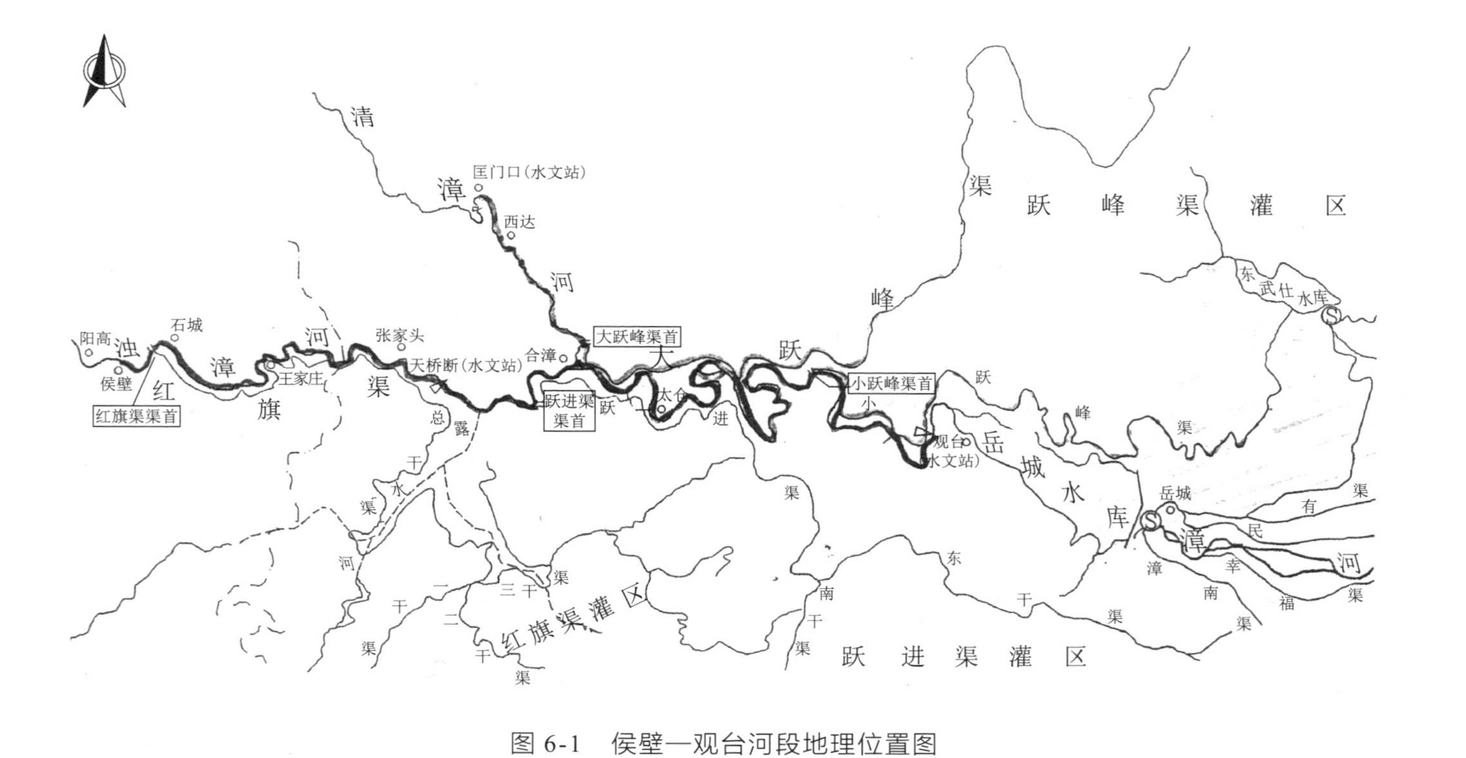

图 6-1　侯壁—观台河段地理位置图

阳县提出的在漳河右岸的东岭村开渠引洪水灌溉的附加条件，并对引洪启用条件作了规定。小跃峰渠于1957年12月正式动工后，安阳的灌渠也准备上马。但是安阳的灌渠引水口不是建在安阳县东岭西，而是越过跃峰渠的引水口，上延到浊漳河右岸的林县古城村西，成为日后的跃进渠。由于担心河南省安阳县的引水工程可能影响河北省磁县跃峰渠用水，在工程动工之初，河北省磁县就对安阳的引水工程提出了异议，并提请农业部进行协调，要求协商后再行动工。但两省矛盾并未得到解决，1969年河北磁县小跃峰渠建成通水，河南的跃进渠也于1972年全面建成部分通水。两灌渠建成后，没有遵循引洪水灌溉的要求，多引多用漳河水资源，为日后的矛盾埋下了隐患。

2. 白芟渠建设之争

白芟渠有两个引水口：白芟一道渠、白芟二道渠。白芟一道渠引水汇入白芟二道渠，从浊漳河蜿蜒引水至清漳河大跃峰渠坝上，大跃峰渠实现了一渠三个引水口，两个在浊漳河，一个在清漳河。白芟渠将浊漳河与大跃峰渠在清漳河的引水口联系了起来，通过在浊漳河上修建拦河坝，将浊漳河上游来水挡入到白芟渠，引流至清漳河大跃峰渠坝上，进入大跃峰渠。这一工程加大了大跃峰渠的引水能力，但影响其下游河南省跃进渠的引水。1974年冬，邯郸方面在河南安阳的跃进渠渠首上游三十里处修建白芟渠引水口和拦河坝。拦河坝修建后，浊漳河的水流被拦截，跃进渠面临无水可引的状况。鉴于这一情况，1975年9月，水电部电告河北、河南两省革委会，指出“河北在浊漳河左岸新建的引水渠系布置不妥，请立即停止施工”，并由水电部、公安部、水电部十三局及河南、河北两省和有关地、县负责同志亲自到现场检查。但白芟渠因涉及河北方面几个沿河村庄灌溉与发电，一直运行至今，形成既成事实。

3. 林县任村公社与涉县白芟大队的纠纷

河北省涉县合漳公社白芟大队位于浊漳河北侧（左岸），河南省林县任村公社盘阳大队位于浊漳河南侧（右岸），附近有露水河，两河河道相距数十米，平时平行分流，到距白芰大队约 3 里远的地方汇合。20 世纪 70 年代初，任村公社兴办农场，在浊漳河河道中间修建水坝圈占耕地，致使白芰大队的土地受到河水冲刷。为保护土地，白芰大队也在浊漳河河道修建水坝。双方矛盾由此发生。1975 年 7 月，双方在筑坝中，为争夺河滩里的石料，曾发生群殴。

4．林县古城大队与涉县黄龙口大队之争

古城大队即今林州市任村镇古城村，位于浊漳河南侧；黄龙口大队即今涉县合漳乡黄龙口村，位于浊漳河北侧，两村相距约 4 里。浊漳河从西流来，在安阳跃进渠渠首处出现一个死拐弯，分成两股向西北和偏北方向流去，在下游 1 里多的地方重新汇合，中间形成了一个夹滩，淤有良田约 270 亩，为黄龙口村所有，也是黄龙口村的“命根子地”。当时靠古城一侧的河道是主流，靠黄龙口一侧的河道是支流。20 世纪 50 年代以来，古城大队先后多次在主河道筑坝，圈占河滩地，造成黄龙口村良田多次冲毁。两村为此多次发生矛盾。至 70 年代，两村矛盾进一步激化。1973年4月，双方因修渠再次发生争执，发生群殴。1975年7月，双方又因筑坝发生争执，黄龙口村良田和财产受到严重损失，群众生活也出现困难。此后，河滩地变成古城大队的牧场。黄龙口村干部群众多次向农林部、水电部及河南、河北省委相关领导反映情况。

三、20 世纪 80 年代的漳河水事纠纷

20 世纪 80 年代初期，漳河水事纠纷主要是沿河农村因修建水利工程，围绕争地、护地而产生的。20 世纪 80 年代后期，由于各地用水普遍增加，特别是上游山西境内的用水增加，下游河道来水减少，沿河村庄的农业用水不能得到满足，从而产生水事纠纷。典型事件有山西境内的马塔水电站和石城水电站建设之争，河北、河南边界的盘金瑙隧洞、马鞍绝隧洞之争。

1．山西境内的水电站建设之争：马塔水电站和石城水电站

马塔是浊漳河山西出境段的一个小山村，隶属平顺县石城镇，素

有“鸡鸣三省”之称。自此向东，浊漳河乃至汇纳清漳后的漳河干流，成为河南、河北两省的界河，直至岳城水库（漳河出山口），界河段长70余千米，这一河段，也是漳河水事纠纷的多发高发河段。

马塔电站兴建于1968年，1969年完工，电站尾水由河南的天桥渠引用，形成晋冀豫三方用水矛盾。工程建成后，枯水季节坝下断流，对下游河北省涉县几个沿河村庄的用水产生一定影响。

1973年6月，水电部十三局召集冀豫两省召开解决争河滩地问题的会议，河北省涉县代表提出拆除马塔电站拦河坝的要求，但没有结果。1981年，马塔电站进行扩建。河北省涉县方面得知后，多次向河北省、水利部和海委反映。1982年，海委就马塔电站初步设计征求河南、河北意见，根据双方意见，批准了马塔水电站的初步设计。但同时提出，必须维持马塔电站以下冀豫两省用水现状，不能修建新的渠道多引浊漳河的水量，并将意见报送水电部批示。水电部同意海委意见，并要求山西省水利厅负责“去掉马塔旧电站的分水闸门，按自然分流，维持下游两岸用水现状”。未得到有效执行。

石城村距三省交界处20千米，位于浊漳河北岸，隶属山西省平顺县石城镇。石城电站兴建于1984年，该电站是一座引水式电站，电厂设在红旗渠渠首拦河坝下游1千米处，但其引水口在红旗渠渠首拦河坝的上游370米处。电站运行后，对红旗渠的引水带来不利影响。

1984年3月12日，林县分别以县政府和县水电局名义向国务院、河南省政府、安阳市政府和水电部、海委、河南省水利厅、安阳市水利局发出电报，要求领导尽快解决。4月9日，水电部组成调查组赴现场调研。6月2日，水电部向国务院提出了处理方案，同意石城大队修建电站，但引水流量由4立方米每秒减为2立方米每秒，据此重新设计水电站装机容量，并在灌溉用水高峰期停止运行。

1986年12月3日，海委批准了石城水电站的设计方案。18日，河南省人民政府以豫政文〔1986〕75号文签发《关于修建石城水电站影响红旗渠水源问题的请示》，报告给国务院，希望国务院立即制止电站建设，并请国务院责成有关部门尽快主持两省协商解决。20日，河南省水利厅也给水电部打紧急报告《关于不同意山西平顺县石城村在林县红旗渠首建小水电站的紧急报告》，建议海委召集晋豫两省进一步研究石城水电站的可行性及停建电站的补偿事宜。为此，1987年1月8日，水电部给国务院提交了《关于平顺县石城村小水电站与林县红旗渠纠纷处理意见的报告》，报告认为"这样处理可以兼顾两省和上下游的利益，也不致与以后的分水规划冲突，因为在任何情况下也不能设想可以把枯水时期河道来水全部引入红旗渠，而完全不考虑下游大量人口和工农业用水"，并同意河南省主动向山西省进行协商的建议。同年7月12日，由河南省省级领导人带队、有关地区和部门负责人参加的工作组一行到山西省进行了多次磋商，但协商未果。

与此同时，媒体对石城水电站建设也进行了报道。如新华通讯社于1986年12月28日报道"水电部海委批准山西平顺石城村在红旗渠上游修电站引起河南林县强烈不满"；1987年7月11日，《中国环境报》刊出"红旗渠濒于断流，林县10万农民买水吃"的新闻；林县县委书记、县长写信给《人民日报》，反映红旗渠面临断流的情况，信件内容在1987年11月20日的《人民日报》"来信"专栏中刊出；1989年5月12日，《光明日报》登出"渠首的一个山村为建电站开渠引水，红旗渠面临彻底断流的威胁，56万林县人民将重新陷入吃水贵如油的境地"的报道。

石城电站建设引起的矛盾直到80年代末才逐渐平息，对石城电站引水和运行条件的要求在1989年的经国务院批转颁发的漳河水量分配方案中得到确认（国务院国发〔1989〕42号）。

2. 河南、河北边界工程建设之争

20世纪80年代，除山西境内的电站建设之争外，还有一类水事纠纷是由于工程建设引发的，主要发生在河南、河北界河河段。其中，持续时间较长、影响比较大的主要有河南省安阳县修建的盘金瑙隧洞和河北省磁县开凿的马鞍绝隧洞。

盘金瑙隧洞于1986年11月开工建设，是盘金瑙电站的引水设施。该工程从盘金瑙村附近开凿隧洞，出洞后水流不再进入漳河河道，而是通过盘山修建的渠道，绕过河北省吴家河电站的引水口和小跃峰渠首，引水至河南的许家滩和南阳城村。

马鞍绝隧洞修建于1988年，是河北马鞍绝电站的引水设施，其引水口位于河南省南天门水电站拦河坝上游400米处，其出口位于盘金瑙隧洞的进水口的下游1500米。工程建成后，截断了漳河河道的水流，对盘金瑙隧洞的引水产生影响。

对于这两项工程产生的影响，河南、河北双方都陈述了自己的理由。河南认为盘金瑙隧洞的开挖不影响小跃峰引水，并指出是河北省磁县吴家河水电站的扩建影响了其下游河南许家滩、南阳城等村用水才作出的补救措施。河北方则认为，马鞍绝隧洞属规划中的水能开发项目，引水发电后尾水仍退入漳河，不涉及争夺水资源问题；并阐明冀豫双方以利用水能为目的的电站建设从来没有双方协商的惯例。

为处理两隧洞问题，海委将两个项目作为前后关联的事件一并处理，一方面，要求盘金瑙隧洞必须封堵，并要求已修建的吴家河电站采取措施使河南村庄免受影响；另一方面，马鞍绝隧洞也必须停止施工。这一处理原则也在1989年的经国务院批转颁发的漳河水量分配方案中得到确认（国发〔1989〕42号）。

第二节　漳河上游管理局成立前对水事纠纷的调处

一、地方政府行为

20世纪五六十年代，为避免水事纠纷，漳河沿线兴建的水利工程基本都签署有协议。如1957年河北、河南签订的漳河分水协议；1958

年河北、河南签订的漳河及岳城水库分水协议；1961年河北、河南签订的《漳河河北民有渠与河南幸福渠在岳城水库未蓄水前用水协议》；1962年河南、山西签订的《林县、平顺两县双方商讨确定红旗渠工程使用权的协议书》等。这些协议在当时产生了一定的作用。没有发生大的水事纠纷。

二、国务院颁布的漳河水量分配方案

20世纪80年代以来，漳河水事纠纷频繁发生并呈严重趋势。为此，从1984年起，水利部组织海委和相关省的有关部门对漳河上游地区进行水资源的分配论证和研究。经过调查研究—制订方案—反复审议—修改等复杂过程，水利部提出漳河水量分配方案，并得到国务院批准同意。

1989年6月3日，国务院向山西、河北、河南三省人民政府及国务院有关部门印发《国务院批转水利部关于漳河水量分配方案请示的通知》（国发〔1989〕42号），要求三省人民政府“要教育各级干部和群众发扬顾全大局、团结治水、增进睦邻的优良传统，切实做到令行禁止，从争水转向节约用水，使份额内的水量发挥最优的综合效益。水利部和海委要认真担负起管理和检查监督的责任。山西、河北、河南三省人民政府及其水利部门，要把漳河的各项水事活动纳入法制管理的轨道，开创漳河水事关系长治久安的新局面”。

漳河水量分配方案的主要内容：

关于分水原则，一是漳河水资源十分紧缺，首先必须在节约用水的基础上进行水量分配。对于耗水量大或污染严重的工矿企业建设进行必要限制和调整；对于长期供水不足的灌区，控制其灌溉面积，予以适当压缩。二是上下游、左右岸统筹兼顾、团结治水。在供水次序上，首先满足当地居民生活用水，其次是现有农业和工业用水，最后是新增的工业用水。水力发电要服从以上供水要求，保证河道有一定的基流。浊漳河红旗渠渠首以上及清漳河匡门口以上地区进行用水预测，不参加分配。三是尊重历史，面对现实，适当考虑发展，兼顾工程现状及用水现状。

关于分水方案。一是年水量分配按浊漳河红旗渠首河段、清漳河匡门口及观台以上区间年来水量之和扣去岳城水库弃水后的总水量进行分配，年水量分配河南为48%、河北为52%。并确定各灌区的水量由两省在配额内自行安排；枯水年两省的分水比例定为各50%。二是浊漳、清漳河基流分配：灌溉季节（3—6月、11月），浊漳河河南省、河北省分水比例按照红旗渠渠首河段实际流量的1/3分配；清漳河基流由河北省引用。非灌溉季节（每年12月至翌年2月），各灌区引水最大限额为：红旗渠3立方米每秒、其他3个灌区各2立方米每秒，余水流入岳城水库存蓄。汛期（每年7—10月），当浊漳河来水小于15立方米每秒时，仍按灌溉季节比例分水；当来水量为15～30立方米每秒时，要有部分水量进入岳城水库，红旗渠最大引水量控制在7立方米每秒，其他3个灌区控制在各4立方米每秒；当浊漳河来水大于30立方米每秒时，各灌区可适当增加引水量。河南、河北两省按照年水量分配比例所分得的水量，扣除各自在岳城上游用水量后，余水量由岳城水库蓄水分配给河南漳南和河北民有两灌区。

关于对有关工程的处理意见和管理措施。一是石城水电站的运行条件为：在3—6月的灌溉高峰期，当上游来水大于10立方米每秒时发电，其他时间当上游来水量大于6立方米每秒时发电。二是在分水方案实施以前，马塔电站尾水闸门必须打开；白芰渠拦河坝必须改建；马塔电站尾水洞、盘金瑙隧洞必须封堵；马鞍绝隧洞必须停工；吴家河电站尾水必须采取措施，以保证许家滩、南阳城等村用水。三是今后在漳河的两省边界河段上，不论新建、扩建、改建大小水利水电工程，一律由双方协商，报经水利部审查批准后实施。四是水利部已征求了有关省意见，拟由海委成立相应管理机构对岳城水库以上涉及分水的引水口和水文站实行统一管理。

漳河水量分配方案的颁布，不仅确定了沿漳各省在不同来水水平年引用漳河水资源的比例，而且对漳河上游地区一些对水资源分配有重要影响的工程，如石城电站的运行条件进行了明确；对一些历史遗留的违章工程，如马塔电站尾水洞、盘金瑙隧洞和马鞍绝隧洞提出了封堵、停工等处理意见；要求今后在漳河两岸边界河段上无论新建、扩建、改建大、小水利水电工程，一律由双方协商，报经水利部审查批准后实施。为加强对该河段的监管，国发〔1989〕42号文还提出要在漳河上游地区设立专门机构实行统一管理。

国务院批转水利部关于漳河水量分配方案请示的通知

（国发〔1989〕42号）

山西、河北、河南省人民政府，国务院有关部门：

国务院同意水利部《关于漳河水量分配方案的请示》，现转发给你们，请遵照执行。

漳河跨晋、冀、豫三省，水资源供需矛盾日益突出。为了贯彻水法，加强国家对这一地区水资源的统一调配与管理，制定水量分配方案是完全必要的。水的问题是关系到人民生活和经济发展的大事，涉及到各方面的利益。为了把水量分配方案及处理水事纠纷的各项决定落到实处，三省人民政府必须采取有效措施，坚决贯彻执行。要教育各级干部和群众发扬顾全大局、团结治水、增进睦邻的优良传统，切实做到令行禁止，从争水转向节约用水，使份额内的水量发挥最优的综合效益。水利部和海河水利委员会要认真担负起管理和检查督促的责任。三省人民政府及其水利部门，要把漳河的各项水事活动纳入法制管理的轨道，开创漳河水事关系长治久安的新局面。

一九八九年六月三日

关于漳河水量分配方案的请示

国务院：

漳河发源于山西省境内，流经河北、河南两省边界。上游分浊漳、清漳两支，在合漳汇合，出岳城水库进入平原，至称钩湾汇入卫运河。根据一九五六至一九八四年水文资料统计，漳河（观台站）正常年（保证率50%）天然来水量十五点六亿立米，枯水年（保证率75%）天然来水量十一点一亿立米。

漳河两岸引水灌溉历史悠久。建国前河南省幸福渠（后改为漳南灌区）与河北省民有灌区各有灌溉面积十余万亩。后来，这两个老灌区都发展成百万亩以上的大型灌区。六七十年代以来，在岳城水库上游河南省建起红旗渠和跃进渠，河北省建起了大、小跃峰渠，沿河还有几处小型灌区，小水电也有所发展。但由于缺乏统一规划和管理，漳河水资源的开发利用失去了宏观控制，地区之间竞相开发，工程建设规模过大，上游能源重化工基地用水也不断增加，水的供需矛盾日益突出。浊漳、清漳河灌溉季节河道基流仅有十多秒立米[1]，而岳城水库以上工程的总引水能力却超过一百秒立米。进入岳城水库的水量大量减少，库容近十一亿立米的大型水库，在枯水年份蓄水还不足一亿立米[2]，水库下游民有、漳南两灌区的引水量只有几千万立米，大片老灌区无水灌溉。由于竞相开发利用，修建一些边界争水工程，不仅浪费了大量人力、物力，还造成水利效益搬家，水事纠纷不断发生，已成为全国水事纠纷尖锐的地区之一，直接影响着这个

[1] 秒立米为现在的立方米每秒，下同。

[2] 立米为现在的立方米，下同。

地区的安定团结。

我部遵照国务院领导指示，从一九八四年以来，由海河水利委员会会同有关单位多次进行调查研究，提出分水方案。一九八八年一月，水电部曾邀请三省负责同志参加审议漳河水量分配方案会议。会后，根据各方面的意见对方案作了调整和修改。一九八九年一月，我部再次召开审议漳河分水会议，进一步审议修改后的水量分配方案。会后，对三省提出的意见进行认真研究，对方案又作了适当调整。现在，各省基本同意水利部提出的分水原则，都希望尽快解决水事纠纷，但在水量分配上又都希望增大自己的份额，因而难以取得一致意见。因此，必须依据水法，团结治水，统筹兼顾，全面安排，解决漳河的用水矛盾。我部按照水法“跨行政区域的水量分配方案，由上一级人民政府水行政主管部门征求有关地方人民政府的意见后制定，报同级人民政府批准后执行”的规定，在多年来大量调查研究的基础上，提出漳河水量分配方案如下：

一、分配原则

（一）漳河水资源十分紧缺，首先必须在厉行节约用水的基础上进行水量分配。对于耗水量大或污染严重的工矿企业建设进行必要限制和调整；对于长期供水不足的灌区，控制其灌溉面积，予以适当压缩。

（二）上下游左右岸统筹兼顾、团结治水。在供水次序上，首先满足当地居民生活用水，其次是现有农业和工业用水，然后是新增的工业用水；水力发电要服从以上供水要求，保证河道有一定基流。浊漳河红旗渠渠首以上及清漳河匡门口以上地区进行用水预测，不参加分配。

（三）尊重历史，面对现实，适当考虑发展。兼顾工程现状及用水现状。

二、分配意见

（一）可分水量预测：2000年在扣除上游消耗水量以后（其中山西省从浊漳河辛安泉引水五秒立米），浊漳河正常年可分水量为五点五亿立米，枯水年为三点四亿立米；清漳河正常年可分水量为二点五亿立米，枯水年为一点四亿立米，合计正常年可分水量为八亿立米，枯水年可分水量四点八亿立米。

（二）年水量分配：按浊漳河红旗渠首河段、清漳河匡门口来水量及观台以上区间来水量之和扣去岳城水库弃水进行分配，河南、河北两省的分水比例定为48%比52%；各灌区的水量由两省在配额内自行安排；枯水年两省的分水比例定为各50%。

（三）浊漳、清漳河基流分配：灌溉季节（三至六月、十一月），浊漳河河南省、河北省分水比例按照红旗渠首河段的实际流量三比一分配；清漳河基流由河北引用。

非灌溉季节（每年十二月至翌年二月），各灌区引水最大限额为：红旗渠三秒立米，其它三个灌区各二秒立米，余水流入岳城水库存蓄。

汛期（每年七至十月），当浊漳河来水小于十五秒立米时，仍按灌溉季节比例分水；当来水量在十五至三十秒立米时，要有部分水量进入岳城水库，红旗渠最大引水量控制在七秒立米，其它三个灌区控制在各四秒立米；当浊漳河来水大于三十秒立米时，各灌区可适当增加引水量。

河南、河北两省按照年水量分配比例所分得的水量，扣除各自上游用水量后，其余水量由岳城水库蓄水分配给河南漳南和河北民有两灌区。

三、关于几项有争议工程的处理意见和管理措施

石城水电站的运行条件：在三至六月份的灌溉高峰期，

当上游来水大于十秒立米时发电；其他时间，当上游来水量大于六秒立米时发电。

为了切实平息这个地区的水事纠纷，在分水方案实施以前，马塔电站尾水闸门必须打开；白芟渠拦河坝必须改建；马塔电站尾水洞、盘金�隧洞必须封堵；马鞍绝隧洞必须停工；吴家河电站尾水必须采取措施，以保证许家滩、南阳城等村用水。对此，请河南省、河北省政府做好地、市、县、乡干部和群众工作，保证以上几项处理措施的落实和实施。上述各项工程措施，包括石城水电站完成后，均由海委组织验收。今后，在漳河的两省边界河段上，无论新建、扩建、改建大、小水利水电工程，一律由双方协商，报经水利部审查批准后实施。贯彻实施分水方案的关键是加强水资源的统一管理。我部征求了有关省的意见，拟由海河水利委员会成立相应的管理机构，对岳城水库以上涉及分水的引水口和水文站实行统一管理。

以上报告，如无不当，请批转山西、河南、河北三省人民政府贯彻执行。

水利部

一九八九年五月五日

三、“1·13”协议的签署

自国务院国发〔1989〕42号文发出之后，水利部为贯彻落实国发〔1989〕42号文开展了多项工作。1990年2月，水利部批复了海委成立漳河水政水资源管理处的报告，明确该管理处承担调处漳河上游水事纠纷、负责水量调配和几个重要工程取水口的直接管理。1990年10月，漳河水政水资源管理处在河北邯郸正式成立。水利部还指示海委开展水量分配实施办法的制定。为加强对漳河水事纠纷多发河段的监控，海委对漳卫南运河管理局提出要求：① 逐步建设与处理水事矛盾相关的水利工程和对引水口实施监控的系统；② 建立由漳河水政水资源管理牵头，海委水政水资源管理处、漳卫南运河管理局水政处、邯郸地区水利局、安阳市水利局及平顺县、涉县、磁县、林县、安阳县水利局参加的漳河水事协调监督小组。

尽管做了诸多努力，但漳河上游的水事纠纷仍时有发生。据漳河水政水资源管理处 1992 年作出的初步统计，从 1988 年 4 月至 1992 年 7 月，漳河上游边界水事纠纷大大小小共发生 25 处 43 起。

鉴于这一情况，1991 年 3 月 14 日，海委组织河北、河南水利厅和有关地、市水利局的负责人召开协调会，形成《关于解决漳河水事纠纷的会议纪要》。该纪要指出，“要认真贯彻国发〔1989〕42 号文件。今后，在漳河两省边界河段上无论新建、改建、扩建或维修工程，一律由地市水利局报漳卫南运河管理局批准后实施，否则属违法工程，必须拆除，视情节轻重，追究决策单位及决策人责任”。

这一协议对解决双方矛盾起了一定作用，但未能遏制住水事纠纷多发之势。1991 年 10 月，河南省林县修建盘阳电站，并在浊漳河上涉县黄龙口村和林县峪门口村之间的河道上修建拦河坝引水，引发了与河北省涉县村庄的矛盾。1991 年 12 月，河北省白芟村、段曲村因在河道内修坝，引发与河南省村庄的矛盾。1992 年，河北省涉县田家嘴村与河南省安阳县东岭西村也因争夺漳河水发生矛盾。

漳河上游发生的诸多矛盾通过各级政府的反映，引起了中央领导的关注，并先后两次作了批示。1992 年 1 月 6—13 日，在水利部主持下，河南、河北两省政府及海委、两省水利厅、安阳市政府、邯郸地区行署领导及有关县的县长、地市水利局长到事发现场进行了调查处理和反复协商，于 1 月 13 日订立了《关于解决漳河水事纠纷的协议书》（简称“1·13 协议”）。这是 20 世纪 90 年代第一份两省解决漳河水事纠纷的协议书。这份协议不仅重申了落实国发〔1989〕42号文的要求，而且对新建的违章工程提出了限期处理意见。

四、红旗渠总干渠被炸事件

1992年8月22日，红旗渠盘阳段被炸，造成该渠自建成以来的最大一次损毁。当时中央电视台、《农民日报》及港台媒体都作了报道，引起中央的重视。

事件发生后，林县四大领导班子连夜召开紧急会议，成立了由县长为首的处理红旗渠被炸案件领导小组，下设治安破案、接待应急、安顿灾民、抢修工程四个小组，赴灾区开展工作，稳定群众情绪，防止事态扩大。林县县政府在两天内三次电告上级，要求尽快处理爆炸事件。河南省政府在接到报告后，22日晚即向水利部报告，并当即派员前往现场，与安阳市委、市政府及林县县委、县政府多方做群众工作，群众情绪得到基本稳定，开始整修房舍，恢复生产。

在接到河南省政府报告后，中央领导作出批示，要求尽快稳定局势、教育群众、恢复生产、严肃查处案件。根据批示，河南、河北省领导带队亲赴现场，分别开展工作。河南主要安置受灾群众生活、疏通公路、查处案件；河北则配合河南开展案件调查、收缴土枪炸药、平毁掩体、维护当地治安。两省还持续地向中共中央办公厅、国务院办公厅报告工作进展情况，提出工作建议。到9月1日，局势基本得到控制，但是两岸群众的对立情绪仍然比较严重，案件查处也没有实质性的进展。为此，9月1日，河南省政府向两办的报告中提出由水利部调查纠纷和协调两省解决问题、公安部指导协调两省侦破案件的建议。

事后，水利部认为，需要以解决爆炸事件为契机，采取综合措施，彻底处理漳河水事纠纷问题。9月4—5日，水利部召集河北、河南两省水利厅的领导对此进行了研究，提出了解决问题的方案，并以会议纪要的形式征求山西、河北、河南三省的意见。

第三节　漳河上游管理局成立后对水事纠纷的调处

1992年9月，国务院召开漳河水事协调会议，决定成立水利部海河水利委员会漳河上游管理局，对水事纠纷最为严重的浊漳河侯壁水电站以下、清漳河匡门口水文站以下至漳河干流观台水文站以上的108千米河道实行统一管理。

漳河上游管理局成立后，逐步处理了纠纷工程，加大了协调力度，研制了调处措施，构建了调处机制，实行了统一规划、统一治理、统一调度、统一管理，按照分水方案推进分水，争地问题基本解决，争水问题有效管控，漳河水事秩序实现了由乱到治的根本性转变，水事矛盾得到了很大缓解。

一、漳河上游管理局的设立

1992年9月29日，国务院召集晋冀豫三省及国务院有关部门在北京召开漳河水事协调会议，形成《国务院漳河水事协调会议纪要》（国阅〔1992〕132号）。会议指出，漳河流域各地区为争夺水源和围河造地矛盾旷日持久，已影响到这一地区的安定团结。特别是红旗渠被炸事件的发生，表明漳河水事纠纷确已到了非解决不可的程度。党和国家领导人对此十分关心和重视，作了重要批示。

会议明确，实施统一管理，计划用水、节约用水，这是解决漳河水事矛盾、合理开发利用漳河水资源的根本措施。同意由水利部海河水利委员会对漳河侯壁水电站以下至岳城水库间河段实行统一规划、统一治理、统一调度、统一管理。红旗渠、跃进渠、白芟渠（一道渠、二道渠）、大跃峰渠、小跃峰渠6条渠道的拦河（引水）坝和渠首节制

（退水）闸及石城电站引水渠节制闸、马塔电站尾水渠节制闸移交海河水利委员会管理，地方财政安排的支出预算一并划转。今后的操作、运用、维护、改造由海河水利委员会负责。“移交部分”的管理费用由灌区按输水量分摊，具体办法由水利部会同河北、河南省水利厅制定。渠首节制（退水）闸移交后，原拟建的分水监控工程可作适当调整。会议同时明确，为确保工作的顺利开展，同意海河水利委员会设立漳河上游管理局，作为统一管理上述河段的河道主管机关，负责河道管理和分水方案的实施，组织河道的综合开发治理。有关地方政府应在建设征地、后勤保障、管理工作等方面给予支持。漳河上游管理局成立后，要切实负起责任，做好工作。

1992 年 10 月 24 日，水利部以办函〔1992〕33 号文正式将该会议纪要转发海委。1993 年 3 月 2 日，海委发文成立水利部海委漳河上游管理局，漳卫南运河管理局漳河水政水资源管理处成建制划归漳河上游管理局。4 月 28 日，漳河上游局正式挂牌办公。

漳河上游局局机关设在河北省邯郸市，主要职责：对浊漳河侯壁水电站以下、清漳河匡门口水文站以下至漳河干流观台水文站以上 108 千米河段实行统一规划、统一治理、统一调度、统一管理，行使河道主管机关职责；按照国务院批准的《漳河水量分配方案》对漳河水资源进行优化调度，合理分配；依法协调山西、河北、河南三省省际漳河水事纠纷，在管辖范围内实施水政监察；组织实施水利部批准的《漳河侯壁、匡门口至观台河段治理规划》。

为便于对河道和有关工程的就近监控和管理，漳河上游管理局在相关河段所在地设了 3 个河道管理处。其中，河道管理一处机关设在山西省平顺县石城镇崔家庄附近，负责管理红旗渠渠首、石城电站引水渠渠首、马塔电站尾水渠分水工程、侯壁水文站、2 个测流站和 20 千米河道。河道管理二处设在河南省林州市任村镇，负责管理红旗渠河口闸、白芠渠一道渠和二道渠渠首、跃进渠渠首、5 个测流站和 21 千米河道。河道管理三处设在河北省涉县郃庄村附近，负责管理大、小跃峰渠渠首、3 个测流站和 67 千米河道。

随着漳河上游管理局工作的开展，一些与分水工作紧密相关的工程逐步建立；直管河段内三省的一些主要工程建设基本能够按照《国务院漳河水事协调会议纪要》中设定的审批程序报批，加之部分工程水利部和有关省、市给予经费上的支持，未经审批修建的工程呈减少之势；由于建立了经常性的河道巡查制度，一些冲突隐患也得到及时处理。

为调处晋冀两省清漳河水事纠纷，2011 年又在山西省左权县麻田镇设立了清漳河管理处，负责麻田水文站、粟城水文站、芹泉水文站的运行管理，监测清漳河泽城西安水电站入库出库水量。至此，漳河上游局的基层管理处增加至 4 个。

二、漳河上游管理局对水事纠纷的调处

因漳河水事纠纷历史积怨深、矛盾关系复杂，漳河上游管理局成立初期，水事纠纷仍惯性发生，其做了大量艰苦的协调工作。从 1993—1999 年，漳河上游地区仍连续出现多起爆炸、炮击、破坏水利设施的事件。为解决矛盾纠纷，水利部、海委协调河北、河南共签订省级协议或达成省际共识性纪要 5 份，分别是：1997 年 3 月 18 日，海委组织两省签署的《“3·9”水事纠纷协调会议纪要》；1997 年 7 月 11 日，水利部组织两省签署的《漳河水事纠纷协调会议纪要》；1998 年 7 月 9 日，水利部会同公安部组织两省签署的《关于打击破坏水利工程违法犯罪活动解决漳河上游水事纠纷有关问题的协议》；1998 年 11 月，经水利部、公安部协调，两省签署的《河北、河南两省落实“7·9”协议会商纪要》；1999 年 3 月 14 日，国务院主持召开有河南、河北两省及水利部、公安部参加的会议，形成《关于落实中央领导同志对河北、河南两省漳河水事纠纷事件批示精神的会议纪要》（国阅〔1999〕20 号）。

1. 1997 年“3·9”事件及协议

1997 年“3·9”事件是一起因水工程施工而发生的群众性械斗事

件，事件造成数十人受伤。事件发生后，漳河上游管理局立即派人到现场约请冲突双方有关部门领导解决问题，事态得到初步控制。3月13—15日，海委召集河北、河南两省水利厅在邯郸市召开紧急协调会。由于两省在具体问题上意见分歧严重，会议未能取得实质性进展。3月18日，海委又召集河南、河北水利厅主要领导到天津召开第二次紧急协调会，最终会议达成了一致意见，形成了会议纪要。

会议一致认为，“3·9”事件已超出水事纠纷的范畴，要尽快与公安部门联系，汇报情况，配合公安部门追究肇事者法律责任，打击犯罪分子。在局势稳定之前，河南前峪村暂停护地坝施工，漳河上游局要尽快做好协调工作，争取前峪村水毁工程早日开工，并务于汛前完工，确保安全度汛。要尽早提出漳河上游治理规划，作为漳河上游治理、开发和管理的依据。

2. 1997年“7·11”会议纪要

1997年6月19—22日，河北省涉县白芰渠连续4次遭受不法分子的爆炸破坏，共炸毁渠道6处，长172.5米；炸毁节制闸泄水闸3座；渠墙被炸，基础悬露，基岩碎裂，护基被冲，部分渠段濒临滑坡的危险；水闸闸门破裂，启闭机梁断裂并整体塌陷，完全报废；渠道缺口处，渠下耕地被冲。这次爆炸导致白芰渠完全丧失了引水能力，造成直接经济损失150万元，是1995年以来最为严重的一次，造成的破坏程度、经济损失及工程修复难度都超过了以往。

7月2—4日，由水利部、公安部组成的国务院调查组到现场开展工作。4日，国务院调查组在安阳召开了由两省政府办公厅、公安厅、水利厅负责同志参加的协商会，达成了部分共识。会议认为多次爆炸事件的发生，说明过去枪支弹药的收缴工作不彻底，要立即开展对土枪、土炮和爆炸物品的收缴工作，如再发生爆炸事件，由当地行政首长负责。会议还建议由公安部牵头组织两省公安部门联合办案，对爆炸事件进行查处。

7月4—8日，海河水利委员会召集河北、河南水利厅就水毁工程修复进行了两次协调，最终双方意见分歧较大，没有形成一致意见。7月11日，水利部组织河北、河南两省在北京召开了漳河水事纠纷协调会议，形成了会议纪要。会议确定，从即日起，双方停止一切不利于安定团结的行为，不得以任何方式干扰对方的施工，更不准发生炮击、爆炸和破坏水利工程的违法行为，发生以上行为，要追究有关领导的责任，并对违法者依法查处。协调会还对两省有关工程建设提出了具体要求。

3. 1998年"7·9"协议

1998年5—6月，河南、河北沿河村庄为争夺河滩地发生多起炮击和破坏水利工程事件。事件发生后，两省都给国务院和水利部紧急报告，要求上级尽快派员到现场调查和解决问题。7月9日，两省在河北省邯郸市召开了协商会。会议由河北省副省长郭庚茂、河南省副省长王明义共同主持，水利部副部长朱登铨到会指导，公安部也派来一名副处长参加会议。会议最终达成《河北省、河南省关于打击破坏水工程违法犯罪活动，解决漳河上游水事纠纷有关问题的协议》。

这次会议是在水利部、公安部指导下，两省自行开展的协商。协议要求，两省分别建立有关市、县水利局长直接负责的漳河上游水事管理责任制，彻底贯彻有关违章工程处理规定，配合漳河上游管理局完成分水工程建设和河道规划治导线的划定。协议还请水利部和公安部对两省执行协议给予监督。

根据协议要求，两省明确必须立即处理的历史遗留工程21项，其中河北10项，河南9项，由漳河上游管理局处理的2项，新的违章工程在规划实施过程中逐步解决。协议签订后，两省迅速组成了省、市、县工作组，海委也派出工作组到现场开展工作。在省级领导的亲自督促下，一些重点、难点工程得到了较快处理。到8月1日，河北、河南的工程都处理完毕，经漳河上游管理局验收合格，协议的落实取得阶段性成果。与此同时，两地公安机关也开展了收缴爆炸物品的工作。

4. 1999年春节爆炸炮击事件及处理

1999年2月16日，河北涉县白芠渠被破坏，河北方停止向河南古城村供电，引起双方矛盾。随后，在河北涉县黄龙口和河南林州古城村之间发生了爆炸、炮击事件。

事件发生后，3月3日，国务院主要领导作出严厉批示。3月14日相关各方在北京召开会议，具体部署落实中央领导的批示精神。会议要求采取综合措施，消除冲突基础，清除治安隐患。遵照中央领导的批示，水利部、公安部派出联合调查组协调、指导两省的落实工作。两省工作组深入第一线开展细致的调查、说服工作，筹集资金进行救助，解决受影响群众的实际困难，稳定群众情绪，调解矛盾，控制了事态，恢复了稳定的局势。县级工作组配合开展综合治理工作，使两村的炮击爆炸事件及两岸矛盾的处理取得较大突破。

三、漳河水事纠纷的有效管控

2000年以后，漳河上游管理局创新思路，跳出统管的108千米从全流域看漳河，多方探索解决水事纠纷的新途径，综合运用行政、经济、工程、科技、法律手段预防和调处水事纠纷，形成一系列行之有效的方法，逐步开创了漳河上游水事秩序持续稳定、团结治水、和谐共赢的崭新局面。采取的主要举措包括：制定并实施《漳河侯壁、匡门口至观台河段治理规划》，开展漳河上游治理水事纠纷一期、二期、三期和遗留工程建设；划定河道规划治导线，完成治导线埋桩，规范河道内护村护地工程建设；建设分水控制工程和分水测流计量站网，按旬向三省相关市县公布漳河分水信息；统一规划、统一治理、统一调度、统一管理“四统一”逐步推进，河道治理上实现由乱修乱建转变为统一治理，争地矛盾基本解决；水量分配上逐步认可统一调度，开始由无序开发向有计划用水的转变，争水矛盾明显缓解；漳河上游管理局主动协调、提前介入，变纠纷事后调处为事前预防，探索跨省有偿调水，流域机构的作用得以充分发挥，有效地预防大旱之年发生水事纠纷；搭建各方沟通平台，厚植团结治水氛围，建立并逐年实施漳河上游五县（市）水利（水务）局长联席会议制度；协调冀豫两省沿岸建成河南南阳城村从河北小跃峰渠跨河引水的倒虹吸工程；试行《浊漳河水量分配意见》，河北白芰渠与河南跃进渠采用轮灌方式分水，避免矛盾热点地区产生水事纠纷；采用小流量长历时水量调度预防春灌缺水季节发生水事纠纷；建设防汛抗旱信息共享平台实现流域内三市两库水情信息共享等。

第四节　预防水事纠纷的新举措：跨省调水

一、跨省调水的提出

20 世纪 90 年代以来，随着漳河上游管理局的成立，以及 1999 年以来开展的统一管理河段治理水事纠纷一期、二期、三期、遗留工程的建设，逐步规范了河道开发治理，解决了困扰多年的争地问题。同时，也建设了各类分水控制工程、水文计量工程，持续推进实施漳河水量分配方案，实现了漳河水事秩序由乱到治的根本性转变。但是，随着漳河分水工作的逐步展开，漳河水资源管理工作中一个根本性的问题逐渐暴露了出来：漳河流域属资源型缺水流域，漳河水事纠纷多因争水而引起，由于流域水资源不足，统一管理河段面临无水可分的窘况。特别是每年的灌溉季节（3—6 月、11 月），是水事纠纷的高发期，而灌溉季节正好与河道枯水期相重叠，加剧了争水的矛盾和分水的难度。

进入 21 世纪，除 2003 年雨水比较丰沛之外，漳河上游流域降水量均小于多年平均值，河道基流减少 50% ～ 80%。枯水季节，浊漳河天然来水一般为 3 ～ 7 立方米每秒，尚不够沿河村庄引用，统一管理河段内河南省的红旗渠、跃进渠，河北省的大跃峰渠、小跃峰渠四大引水渠无法正常引水，省际市县之间引水矛盾突出，省内工农业用水矛盾叠加，如大跃峰渠的引水、工业用水与沿河村庄用水争水矛盾尖锐。与之形成对照的是，山西境内漳河流域水资源相对较丰富，又建有众多供水工程，但经济开发程度低，各河流河川径流的利用率仅为2%～10%。一些供水工程，尤其是大型骨干工程建成20多年，无用水单位，年年空守一库水，任其下泄，无法发挥其应有的经济效益。加之每年汛期之前，上游山西境内的一些水库需将汛限水位之上的水向下游排泄，而下泄的时间均在下游灌溉用水高峰之后，导致下游缺水地区灌溉高峰期无水，而上游所泄之水却因时间错后而白白浪费。

为了有效利用这一部分弃水，漳河上游管理局协调山西、河南、河北三省，达成共识，签署有偿调水协议。这一举措从2001年春开始，对山西的水库进行联合调度，在规定的时段内将水提前下泄，河北、河南方面按协商价格缴纳水费，使弃水成为“雪中之炭”，并体现了经济价值。

二、跨省调水的实践

从2001年开始，到2009年，漳河上游管理局共成功地协调组织跨省有偿调水7次，按收水计量计算，累计跨省调水2.22亿立方米，规模最大时上游山西省境内5座大、中型水库联合调度，下游河南、河北两省3个大型灌区同时受益用水，每次跨省调水都会惠及所有沿河村庄，沿河大大小小几十座水电站增加效益明显。调水的水源主要是上游水库汛限水位以上水量，调水的用途主要是下游灌区急需的农业灌溉用水，后来逐步扩大到水力发电用水。

跨省调水规模较大的有2001年、2005年、2007年和2008年。2001年上游5座水库联合调度，2005年调水次数最多。

2000年是浊漳河侯壁站天然来水量最少的一年（1.729亿立方米）。2001年春季，旱情持续发展，浊漳河河道基流不足3立方米每秒（侯壁站），持续的干旱使直接从浊漳河引水的几个灌区春灌夏播难以进行，沿河村庄甚至也出现了用水危机。为避免大旱之年发生水事纠纷，漳河上游管理局突破管辖河段的局限，运用水权水市场理论，组织实施了跨省有偿调水。

为规范各方的责任与义务，漳河上游管理局与长治市、漳泽水库管理局、林州市、安阳县、涉县各有关单位分别签订了协议、合同，在邯郸召开跨省调水动员大会，在沿河村庄召开村民大会，张贴通告，广为宣传跨省调水的重大意义与管理措施，协调上游各水库放水的时间、流量，合理安排下游红旗渠、天桥渠、白芟渠、跃进渠的引水时段与引水量，严格管理各个引水口，科学调度，按合同分配，使需水各方及时得到应得水量。整个过程实行了“行政协调，合同规范，经济补偿，统一调度”。

2001 年 6 月 4 日，第一次有偿调水正式实施，山西境内的水库开始放水。按照确定的用水顺序，河南林州红旗渠灌区、安阳县跃进渠灌区、沿河村庄分别进行了引水。为此，河南、河北两省按照协商确定的每立方米 2.5 分钱的水价向山西交纳了水费。这一创举，使各方都得到了满意的结果。到 6 月 26 日止，调水给红旗渠供水 1455 万立方米，跃进渠 733 万立方米，沿河村庄 500 万立方米。

2005 年是协调组织跨省调水最多的一年。5 月是清漳河、浊漳河来水最枯的月份，河北省邯郸市大跃峰渠的海乐山等水电站因缺水开工不足。经调查，浊漳西源上的后湾水库蓄水较多，已超过汛限水位，且还有一定的入库流量。漳河上游管理局经与长治市水利局协调，从 5 月 19 日开始，实施跨省有偿调水，用以解决大跃峰渠海乐山水电站的发电用水问题，使水库汛限水位以上的水量创造了较大的经济效益。期间，河南省安阳县跃进渠灌区管理局也提出农业灌溉调水的要求，在后湾水库水量不够的情况下，漳河上游管理局又与漳泽水库管理局协调，通过两座大型水库的联合调度，同时向河南省跃进渠、河北省大跃峰渠进行调水，供给两大引水渠农业灌溉与发电用水，实现了由上游大型水库联合调度，跨省多用途调水。7 月 8 日至 8 月 1 日，漳河上游管理局协调漳泽水库管理局等单位，为河南省红旗渠组织发电用水，跨省调水 460 多万立方米。期间的 7 月 13—29 日，应河北方面的要求，同时为大跃峰渠调水550多万立方米，用于水力发电，实现了同时段跨省交叉调水。

在水资源日益紧张的状况下，漳河上游的跨省有偿调水创举极大地缓解了地区水资源的供需矛盾，避免了用水争端，实现了一举多赢：上游水源单位通过跨省调水减轻了水库的防洪压力，优化了水资源配置，实现了资源优势到经济效益的转变，促进了水管单位的良性循环。下游用水单位通过跨省调水，在大旱之年买来了救急水，保持了社会秩序稳定与经济发展；在平水之年买来了水资源的高效利用，创造了更大的经济价值。沿河村庄得到了充足的生活用水与生产用水，增加了小水电站的经济收入。流域机构通过跨省调水保持了省际边界河道水事秩序的持续稳定，维护了人民群众的根本利益，取得了政治、经济、社会等多方面的公共效益。安阳市、林州市、涉县等沿河地区纷纷向漳河上游管理局和上级单位送锦旗和感谢信，干部群众纷纷称赞统一管理好、统一调度好。

漳河跨省调水被评为2001年全国水利系统十五大新闻之一。

多年跨省调水的实践证明：优化水资源配置是漳河上下游、左右岸各省人民的共同意愿，跨省调水是缓解漳河水事矛盾、解决漳河水事纠纷的新途径。从全流域来看，漳河不但是资源型缺水流域，也是管理型缺水流域；漳河缺少的不仅仅是水资源，而且缺少水资源统一调配的机制。

第五节 文化视野下的省际水事矛盾管控

一、以往经验：省际水事矛盾管控的积极举措

历史地来看，解决漳河水事纠纷先后经历了行政手段协调，行政、工程、法律手段并用，行政、工程、经济、科技、法律手段综合运用

三个主要阶段，不同的历史阶段体现了不同的治理特点。进入21世纪，特别是近10年来，漳河上游管理局重新审视漳河水事纠纷的历史与现状，在总结前人经验教训的基础上，不断探索解决水事纠纷的新举措。综合起来，主要有以下方面：

开展统一规划，实行统一治理。漳河上游管理局接管了原属三省地方的沿河四大引水渠渠首工程，在沿河地区设置了4个河道管理处，成立了由漳河上游管理局牵头、晋冀豫相关市县人民政府及其水行政主管部门参加的漳河管理委员会；按照国家批准的治理规划，组织实施了漳河上游治理水事纠纷一期、二期、三期工程，解决了一系列的历史遗留问题，拆除了违章工程，修筑了分水工程、保障工程，用工程措施逐步消除了水事纠纷隐患。同时，依法监督管理，指导三省漳河开发治理的各类工程60多项，逐步建立了三省市县河道治理开发的规范秩序，把漳河水事活动纳入了法治管理轨道。

关心百姓基本生存条件，解决沿河村庄争地问题。漳河上游地处太行深山区，自然环境恶劣，土薄石厚，植被稀疏，土地资源匮乏，河谷地带为数不多的滩地被当地群众视为“保命田”，关系着老百姓最切身的利益。而滩地之争、滩地灌溉用水之争，几乎是历年水事纠纷的“导火索”，往往牵一发而动全身，引起其他连带问题。漳河上游管理局抓住了这一症结所在，直接解决沿河村庄的民生问题，通过划定河道治导线、拆除挑坝、修建顺坝、解决“插花地”问题等措施，组织协调沿河村庄相继建起了护地坝、护村坝，保护了农民群众的基本口粮田，解决了多年来漳河两岸久拖不决的争地问题。

发挥统管优势，缓解争水矛盾。过去，由于引水无序，灌溉季节（也是河道枯水季节）河道天然来水少，沿河村庄争相引水，经常发生水事纠纷。漳河上游管理局在调查沿河各个村庄耕地和农业种植结构现状的基础上，加强水资源的统一调度管理，统筹安排全河段各沿河村庄的灌溉引水。在河道来水不足的情况下，创造出以前难以想象的邻省村庄“分时段供水”“交叉供水”等行之有效的方法，既不浪费水资源，又满足了灌溉用水需要，有效缓解了沿河村庄灌溉季节的争水问题。沿河村庄争地、争水问题的基本解决，维护了群众的根本利益，稳定了两岸沿河村庄的水事秩序，为解决邻省市县之间的争水问题创造了条件。

实行集中供水，救活“干渴”灌区。在浊漳河上，从三省桥到浊漳河、清漳河交汇处的合漳不足20千米长，河南、河北相继修建了3条拦河坝，由于两省拦河引水工程过于密集，致使处于该河段下端的河南省跃进渠灌区引水十分困难，一年之中大部分时间引不上水。漳河上游局通过统一调度与管理，灌溉季节适当限制上游灌区的引水量，在一年中的几个关键时期，为河南省跃进渠灌区实施集中供水，有效地解决了该灌区灌溉引水问题，使常年引水困难的灌区重新焕发了生机。

组织跨省有偿调水，探索新型管理机制。针对漳河水资源时空分布不均，灌溉季节河道枯水的实际情况，漳河上游管理局突破108千米统一管理河段的局限，从全流域来审视漳河的水事问题，在科学预测调度的基础上，组织协调上游山西省境内的水库，在灌溉缺水季节，集中向下游河南、河北沿河村庄与灌区进行跨省有偿调水，既缓解了下游的争水矛盾，维护了社会稳定，又为上游水库带来了一定的经济效益，实现了上中下游多方共赢，取得了显著的社会效益和经济效益。

实施生态补水，维护河流健康生命。保证河道不断流，是人与自然和谐相处的主要标志之一。漳河上游管理局充分发挥统一管理的优势，在枯水季节，做好宣传教育与协调工作，从各个沿河灌区引水渠首下泄一定流量，保证河道的生态用水。2005年、2006年，在国家组织实施的“引岳济淀”“引岳济衡”生态补水工程中，水源地岳城水库蓄水不足，漳河上游管理局通过协调，限制上游红旗渠、跃进渠、大跃峰渠、小跃峰渠等灌区的引水量，使漳河水集中下泄，加大岳城水库的入库水量，有力地保障了两大生态补水工程的顺利实施。

依法行政，实行水务公开。为确保沿河地区及时掌握漳河上游的水情信息，漳河上游管理局在统管河段和各个分水渠道建有 14 个水文站，组建水文监测队伍，形成了分水监测网，定期向沿漳三省有关单位和部门发送《漳河上游水情公报》《漳河上游水事动态》，开设漳河上游水情信息网，实现河道来水和各个灌区分水实时查询，为实施分水打好基础。1995—2019 年，漳河上游管理局共向河南红旗渠、河北大跃峰渠等沿河四大灌区供水 140 多亿立方米，为地方经济社会发展做出了重要贡献。

主动预防，开展水政监察。漳河上游管理局组建了水政监察队伍，实施水政监察，协调水事关系，坚持河道巡查，与地方水行政主管部门开展水利联合执法，建局以来处理沿漳两岸大、小水事纠纷事件 90 多起，维护了漳河上游水事秩序的稳定。

此外，漳河上游管理局还通过建设邻省跨河倒虹吸供水工程、修建邻省插花地坝、对统管河段内山西省的小水电站进行节水改造、开展雨洪资源利用、推行水事矛盾周报告制度、制定水量调度管理制度等措施，来保障水量供给、排查水事纠纷隐患、化解水事矛盾、规范水事行为，把水事矛盾消灭在萌芽状态，把水事纠纷化解在基层，实现了漳河水事秩序的持续稳定。通过一系列的行政、工程、经济、法律和科技措施，加强制度建设，漳河水事关系逐步理顺，水事秩序持续稳定，晋冀豫三省沿漳地区初步形成了团结治水、和谐用水、共同发展的新局面。

二、文化视角：省际水事矛盾管控的努力方向

党的十八届三中全会提出，要建立系统完整的生态文明制度体系，把水资源管理、水环境保护、水生态修复、水价改革、水权交易等纳入了生态文明制度建设，为全面深化水利改革，解决漳河水问题指明了方向。漳河水事矛盾的核心是争水，解决漳河水问题的关键是水资源统一管理。要从根本上解决漳河水事纠纷，必须进行整体规划、顶

层设计，突破行政区域的界限，强化流域机构的职能，以流域为单元，以水资源为重点，建立水权制度体系，实行水资源统一规划、统一治理、统一调度、统一管理，保持河流健康生态，建设和谐流域、美丽漳河。

首先，建设漳河水权制度。制度问题是长期性、根本性、全局性的问题。水权包括水资源的所有权和使用权。水权制度是界定、配置、调整、保护和行使水权，明确政府之间、政府与用水户之间，以及用水户之间责权利关系的规则，是从法制、体制、机制等方面对水权进行规范和保障的一系列制度的总称。漳河上游流域争水矛盾之所以尖锐，很大程度上是由于过去水权不明晰、水权制度缺位。

党的十八届三中全会和2011年中央一号文件都明确要求建立健全国家水权制度。要紧紧抓住全面深化改革，实行最严格水资源管理的契机，尽快明晰漳河上游晋冀豫三省的初始水权，建立漳河水权制度体系框架。要尽快出台浊漳河水量分配方案、清漳河水量分配方案，确定河道用水总量，完善水资源监控体系，为建设水权制度打好基础。要由流域机构提出三省的初始水权分配方案，由三省水行政主管部门在本省份额内提出相关市、县的分解方案。由于水权的排他性，对于调出本流域进入卫河流域、滏阳河流域的水量，由流域机构牵头提出水权出让建议价格。由于水事协调的社会性、公益性，要规定水费由相关市、县政府承担，向流域机构交纳，用于水事协调、节水补贴。

其次，建设全流域水资源统一调配体系。在完善预防和调处水事矛盾的方法措施、保持水事秩序持续稳定的基础上，打破水资源区域分割的管理现状，探索流域水资源统一调度、优化配置的新机制。要编制漳河上游流域综合治理规划，明确海河流域规划、漳河上游流域规划与三省相关规划的关系，推进以流域为单元的综合管理。要健全流域综合管理体制机制，强化流域机构在流域规划管理、防洪抗旱、水资源统一调配、“三条红线”控制指标考核评价、流域综合执法等方面的职能。以水利部规章的形式出台《漳河水量调度管理办法》，强化全流域水资源的统一调配，赋予流域机构对全流域水资源的调度权限，明确区域调度服从流域统一调度，水力发电、供水等服从流域统一调度。全面实施漳河水量分配方案。完善漳河上游引水工程水价形成机制，实行阶梯水价，对超限额引水的既得利益方实行高额的累进加价制，补偿引水量不足的一方。建设漳河水资源实时监控系统，实现直管河段水量和漳河上游大中型水库、重要断面的实时监测。改革漳河管理委员会体制，构建利益相关方参加的流域管理委员会，建立各方参与、民主协商、共同决策、分工负责、经济调节、政府监督的流域议事协调机制和高效执行机制，探索现代流域管理新体制。

第三，全面建设节水型社会。水事协调是社会公益性很强的基础性工作，中央和省级财政应加大资金投入，开展必要的基础性研究，解决水权、规划、水资源调度等问题。要建设必要的工程，解决水源调度工程、水资源监测工程等问题。要对沿河水电站进行节水机组改造，对沿河灌区末级渠系进行节水改造，推广节水灌溉技术，提高用水效率。要加强上游地区的水土保持工作，涵养水源。各地要量水而行、量水发展、花钱节水，改变“争大锅水”的现状。要实行用水总量控制、用水效率控制、水功能区限制纳污控制，改善河流生态环境。要调整沿河地区农业种植结构和工业产业结构，转变经济增长方式，大力发展节水农业、节水工业，全面建设节水社会。

水事纠纷是资源之争、利益之争、发展之争。解决漳河水事纠纷，核心是“水”，关键是“制度”。水的有限性决定了制度的重要性。只有多方参与，定好制度，兼顾各方利益，公平配置水资源，才能化解水事矛盾，避免水事纠纷，区域经济社会才能得到持续的水资源保障，漳河上游流域才能出现“河长流，水长清，区域和谐，共同发展”的良好局面。

第七章 漳河大水网

山西长治、河北邯郸和河南安阳，以漳河为脉，构筑了漳河流域的大水网体系，通过实施河道和滩区综合治理工程，统筹推进两岸堤防、河道控导、滩区治理，推进水资源节约利用，统筹推进生态保护修复和环境治理，走生态保护与高质量发展的道路，在保障人畜饮水、防洪安全、生态良好、环境宜居的基础上，将漳河建设成为造福人民的幸福河。

第一节 长 治 水 网

2011 年以来，山西省在境内地表水供需宏观达到基本平衡的基础上，立足转型跨越发展大局，做出了全面启动“两纵十横、六河连通、覆盖全省”大水网建设的重大决策。建设山西大水网，将为实现水资源开发利用由“水瓶颈”向“水支撑”转变，为山西省转型跨越发展提供更加有力的供水保障。该工程是以纵贯山西省南北的黄河北干流和汾河两条天然河道为主线（两纵），以建设覆盖全省六大盆地和主要经济中心区的十大骨干供水体系（十横）为骨架，并通过连通工程建设，将黄河、汾河、沁河、桑干河、滹沱河、漳河六大河流及各河流上的大中型水库连通，形成“两纵十横、六河连通，纵贯南北、横跨东西，多源补给、丰枯调剂，保障应急、促进发展”的山西水资源配置格局。十大骨干供水体系供水区总面积为11.5万平方千米，覆盖六大盆地、11个中心城市、93个县（市、区），受益人口为2848万人。“大水网”基本建成后，山西省年总供水量将达到91亿立方米。

一、“两纵十横”的山西大水网

山西省大水网建设基本框架为“两纵十横”。“两纵”即黄河北干流线和汾河—涑水河线。“十横”即十大骨干供水体系，通过“两纵”相连接，包括大同—朔州线、忻州—阳泉线、晋中北线、吕梁线、晋中—长治线、黄河古贤—临汾—运城线、临汾—晋城线、黄河禹门口—翼城线、黄河—运城线、黄河三门峡—小浪底线。其中有“五横”从黄河取水连接汾河，主要向吕梁山区供水；另外“五横”将太行山区已建成的境内地表供水体系相连通。

二、山西大水网的第五横——长治市辛安泉扩建工程

1. 工程概况

长治市辛安泉扩建工程位于长治市，是“两纵十横”大水网的第五横。水源地位于平顺县北耽车村附近，采用集渗流的方式取辛安泉域出露地表水。工程主要任务是向长治市黎城县、平顺县、潞城市、屯留区、上党区、壶关县和襄垣县等县（市、区）提供农业灌溉、农村饮水、城市生活和工业生产用水。设计引水流量为5.0立方米每秒，年供水量为1.58亿立方米，供水线路全长为165.28千米，其中隧洞17.15千米、管道148.13千米，沿线布置9座泵站，总装机容量为51730千瓦。调蓄水池5座，总库容为57.8万立方米。

2. 辛安泉供水改扩建工程

辛安泉供水改扩建工程包括水源和供水两部分。

水源部分为溯头水电站，位于长治市平顺县北耽车乡北耽车村上游约400米的浊漳河干流上，主要建筑物由左右岸挡水坝段、水闸段和左岸坝后引水式电站组成。总库容为425万立方米，电站装机容量为1200千瓦。控制流域面积为10458平方千米，年发电量为458万千瓦时，同时可增加下游现有的阶梯电站年发电量为308万千瓦时。

供水部分由总干线、黎城支线、平顺支线、长治支线、潞城支线、襄垣支线和屯留支线组成。

（1）总干线。总干线起点位于溯头水库右岸，终点位于潞城市微子镇，线路总长为21.17千米，其中隧洞7.45千米。沿线分别于北耽车、潞城市辛安村、黄牛蹄乡庄头村、微子镇韩家园村附近设4座加压泵站。总干线设计流量为5立方米每秒。

一级站北耽车泵站，位于溯头水电站上游浊漳河右岸，设计扬程54.74米，泵站出水池与总干线1号隧洞进口相接。二级站辛安泵站，位于总干线1号隧洞出口处，设计扬程127米，向潞城市黄牛蹄乡庄头、黎城两个方向供水。三级站庄头泵站，位于潞城市黄牛蹄乡李庄村附近，设计扬程127米，向潞城市微子镇韩家园和平顺两个方向供水。四级站韩家园泵站，位于潞城市微子镇韩家园村西，设计扬程122米，向潞城市以西各支线方向供水。

（2）黎城支线。黎城支线起点位于辛安村泵站，终点位于黎城县黎侯镇上庄村东面的上庄调蓄池或拟建的南村水库。从辛安泵站提水，沿线在黎城县西仵乡设泵站1座，设计扬程为185米，黎城支线设计流量为0.5立方米每秒，线路总长为25.29千米，主要向黎城县供水。

（3）平顺支线。平顺支线起点为潞城市黄牛蹄乡庄头泵站，终点为平顺县青羊镇王庄调蓄池。平顺支线从庄头泵站提水，沿途在平顺县中五井乡天脚村西设泵站1座，设计扬程为185米，无压隧洞1条。平顺支线设计流量为0.20立方米每秒，线路总长为1876千米，其中隧洞长 328 千米，管线长 1548 千米，主要向平顺县供水。

（4）长治支线。长治支线起点位于潞城市成家川办事处三井村附近，终点位于长治县苏店镇天河水库及壶关县龙泉镇坛上村（壶关分支）。沿线在壶关县集店乡西旺庄和集店村设分水口，在平顺县苗庄镇北甘泉村设计扬程 59 米、壶关县龙泉镇盘驼底村设泵站 2 座（设计扬程分别为 59 米和 19 米），无压隧洞 1 条。长治支线最大设计输水流量为 2.15 立方米每秒，线路总长为 33.51 千米，其中隧洞长 6.59 千米、管线长 26.92 千米，主要向长治市供水。

（5）潞城支线。潞城支线起点位于潞城市天脊分水口，终点位于长治市郊区的黄碾镇附近，线路总长为 19.38 千米，其中管线长 19.38 千米，主要向天脊化工和潞城市供水。

（6）襄垣支线。襄垣支线起点位于长治市郊区的黄碾镇附近，终点位于襄垣县的王桥镇附近（包括潞宝分支至潞宝调蓄池，长 2.45 千米、潞安分支至潞安调蓄池，长 3.36 千米），线路总长为 26.14 千米，主要向潞宝工业园区、潞安工业园区、王桥工业园区、襄垣县供水。

（7）屯留支线。屯留支线起点位长治市郊区黄碾镇附近，终点位于屯留县路村乡官庄村附近，屯留支线最大设计输水流量为 0.7 立方米每秒，线路总长为 18.85 千米，向屯留县供水，部分多余水量通过漳泽分支入漳泽水库，作为储备。

第二节　邯　郸　水　网

根据《中共邯郸市委、邯郸市人民政府关于邯郸生态水网工程建设的实施意见》总体安排，邯郸市按照全市东部平原、中部城市和西部山区的不同特点，分别实施“东蓄、中调、西治”的生态水网建设。东蓄，即在东部沟通滏阳河、民有渠、东风渠、卫河四大骨干渠系，拦蓄地表水、补充地下水、涵养生态水，并实施水、林、路一体化建设，做好水林文章；中调，即实施连通两库“引漳入滏”、恢复高级渠“引水入沁”，将岳城、东武仕两大水库水源调入主城区，为主城区水林生态景观建设提供水源保障；西治，即在西部山区实施生态水保，搞好中小水库、生态水城和小型集雨设施建设，涵养生态水源。

邯郸市生态水网包括民有渠、滏阳河、东风渠、卫河四大河渠系，涉及 33 条骨干河渠，长度为 1200 余千米，20 座重点中型闸涵及 100 多座小型涵闸，为东部平原 200 万亩农田和邯郸城区及各县 40 余平方千米的生态水面提供水源。邯郸市生态水网管理处负责该项目整体运行管理，邯郸水利局有关直属单位及有关县水利局负责具体运行管理工作。

一、东部平原水网

为解决邯郸市水资源得不到充分利用、过度超采地下水、水生态严重恶化等问题，邯郸市于 2006 年 11 月启动实施了生态水网建设，建设阶段共投入资金 1.2 亿元，历经两年的连续实施，工程共整修疏浚骨干河渠 1200 余千米，维修新建一批桥闸枢纽，渠岸路硬化 338 千米，对重点渠段进行高标准绿化，很多 30 多年未通水的河渠实现了通水，盘活了数十亿的水利资产，滏阳河、民有渠、东风渠、卫（运）河 4 大水系实现了互联互通，构建起一个“纵横交织、河渠畅通、节节拦蓄、余缺互补”的东部平原水网，使邯郸市中东部地表水调度管理上了一个新台阶，是一项重大战略性水利基础工程。

二、综合开发

为发挥生态水网工程综合效益，邯郸市 2008 年年底谋划实施了以“三网两带”为重点的生态水网综合开发工程，即提升完善水网、路网、绿网，带动开发高效农业带、景观旅游带。经过多年的连续综合开发，使生态水网工程河渠标准进一步提高，末级渠系进一步完善，控制灌溉面积 200 万亩，1100 千米河渠实现了全绿化。结合渠岸道路，逐步形成了“水网+路网+树网”的三网格局，成为一个水生态网络系统，同时也帮助和指导东部13县实施了县城水景观工程并给予水源上的保障。围绕生态水网，沿线农业结构调整逐步显现，生态景观旅游开始走俏，目前已打造出魏县梨乡水城、临漳县邺城公园2处国家级水利风景区以及永年广府、广平东湖2处省级水利风景区，不仅提升了城镇品位，也极大地改善了县域的水利、农业基础条件和生态环境。生态水网工程是一个不断提升、不断完善、不断发挥新作用、产生新效益的一个综合性水生态系统工程。

三、生态水网效益

生态水网工程的实施，成为邯郸市的一个品牌，极大地提升了邯郸的形象，同时也是邯郸市委、市政府惠民、利民政策的具体体现，在政府和群众之间起到了重要的纽带作用。近几年邯郸市委、市政府越来越重视水利工作，将水利工作作为改善民生的重要抓手之一，与生态水网工程的实施密不可分。

生态水网自运行以来，已累计供水近50亿立方米，通水河渠长度约为1256千米。《邯郸市水网建设与保护条例》实施以来，随着滏阳河通航、地下水压采等工程的实施，对水源需求量增大，生态水网年引供水为5.0亿～7.0亿立方米，年灌溉农田达200万～300万亩次，每年可通过滏阳河、民有渠、东风渠（老沙河）、卫河（卫运河）等4大渠系输水、20座中型蓄水闸和坑塘、洼地等生态水面蓄水，蓄水量可达到6500万立方米，补充地下水1.0亿立方米左右，水网区域内地下水下降速度明显减缓，东部平原几十年来“有河皆干、有水皆污”的局面得以根本改变。13个县120多个乡镇上千个行政村百万人受益，农民浇地成本由每亩四五十元下降到10元左右，年增收节支2亿元以上，为沿渠群众的增产增收做出了巨大的贡献，群众对政府的这项民心工程也是拍手称快。

（1）经济效益。生态水网在充分利用岳城水库、东武仕水库两大基本水源的基础上，千方百计改善水源条件，2010年实施了引黄工程，近几年不断加大提卫工程建设，由水网建成前每年利用地表水不足1.0亿立方米，提高到近两年的5.0亿～7.0亿立方米，生态水网范围内涉及4大灌区，滏阳河灌区、民有渠灌区、引黄灌区和提卫灌区，总设计灌溉面积为379.27万亩。根据实际调查，平均年实际灌溉面积为119.26万亩，直接带动种粮农民亩均增加收入200元以上，每年为农民增收2.4亿元左右。

（2）生态效益。通过1200千米的渠道及沿渠的坑塘、洼地等天然水库，结合邯郸市各县县城生态水景观工程，形成约40平方千米的生态水面，改善了人居环境和局部生态环境。同时，年补充地下水1.0亿立方米左右，减缓地下水下降速度，有效地改善了地下水环境。根据河北省地下水监测结果，邯郸市地下水状况出现了弱上升的趋势。通过优化水资源配置，基本达到蓄住天上水、拦住出境水、涵养生态水、回补地下水、改善邯郸小气候的目标。尤其是许多灌区，通过引用地表水，土壤理化性状得到改善，保水、保肥、通气能力明显增强。通过完善生态水网林网建设，可以涵养水源、防风固沙、防御干热风，调节田间小气候，保护和改善农田生态环境，控制水土流失，农田生态环境向良性方向发展。通过不断完善农业用水节水机制，大力推广用水户协会。渠道防渗、管道输水、适水种植等综合措施，大大提高了生态水网范围内灌溉用水效率，有效减少了农业灌溉水资源的浪费，努力促进水资源可持续利用。

（3）社会效益。生态水网建设不仅提高了农田旱涝保收、高产稳产，而且可以提高水资源利用率和农业劳动生产率，夯实发展农业生产基础，推动土地向种植大户、种粮能手集中，发展多种形式的适度规模经营，为推进新农村建设创造了良好的物质条件。

生态水网的实施，体现了邯郸市委、市政府对群众的真正关怀和扶持，对全市农民增产、农业增效提供了最大程度的水利保障，形成了保障民生、服务民生、改善民生的和谐发展格局，给广大群众带来了巨大福祉，对改善民生、政府赢得群众的信任和拥护的政治效益更是无法估量。

第三节 安 阳 水 网

结合水生态文明建设和海绵城市建设，使水系建设有效的拉动城市发展，安阳市构建“一核二区，两横六纵、六水、多点多层次”“多源互补、丰枯调剂，蓄泄兼筹、引排得当，循环通畅、环境优美”的现代水系网络，实现“六水联调保供给，七脉清流润安阳，库河相连通八方，城水相依映苍穹”的生态水系建设目标。在安阳市城区建设自然、亲水、生态、休闲的滨水空间系统，形成“4 个水生态文明区”，构建“2 泉、3 湿地、4 渠、5 河、6 库、10 沟、13 湖”的城市水系网络格局，最终形成“水清、流畅、岸绿、景美”的城市水系风貌。

一、安阳水网体系

安阳市水网体系可概括为“一核二区，两横六纵、六水、多点多层次”。

“一核”——以安阳市文峰区、北关区、殷都区、龙安区、安阳市城乡一体化示范区和安阳市宝莲寺高端商务区为核心，加强城市水资源配套工程建设，强化水安全保障能力；全面开展水系生态整治，构建以洹河、洪河、汤河、茶店河、羑河 5 条生态廊道建设为主干的城市水系，提高城市防洪排涝标准；在城市开发建设中，按海绵城市建设要求加强规划建设管控；扩大提升污水收集、处理系统，提高再生水回用水平，还水体清洁水质，为建设生态宜居的安阳市区提供支撑。深入挖掘水文化内涵，形成湖河相连、城水相映、林水一体、人水和谐的城市水景，营造优美宜居环境，建成体现安阳城市特色的水生态文明示范中心，示范作用辐射安阳市全域。

“二区”——西部山地生态保护区，东部平原生态修复区。

西部山地生态保护区：包括林州市、汤阴县和殷都区的山区、丘陵地带。该区是绿色生态安阳的重要屏障，水生态文明建设以山区水生态系统保护、丘陵水土保持为主，增强水源涵养能力，治理农村环境和面源污染，维护水源补给区良好水循环环境，开辟新的水源、引水调水、打造独特自然景观，适度发展生态旅游等特色产业。

东部平原生态修复区：即内黄县、安阳县和汤阴县东部平原。该区是安阳市主要的农业生产区，积极发展生态农业，减少农田面源污染，大力开展农村环境连片整治工程和集中供水工程，合理配置地表水、外调水，压采地下水，实施灌区节水改造和配套工程建设，提高用水效率，提高供水保障能力，实施平原农田林网建设工程，恢复平原区良好水生态环境。

“两横”——洹河、汤永河及其与硝河连通工程。

洹河横跨安阳市，在内黄县南杨村入卫河。为充分利用洹河水，在入卫河口建闸蓄水，通过倒虹吸穿卫河入杏园沟，再连入张马沟入硝河；汤永河横跨汤阴县，在内黄县公元村入卫河，在入卫河口建闸蓄水，通过豆公灌区南三支穿卫河连通老塔坡沟，向南连通后寨沟、新张沟入硝河。

坚持生态治河理念，在保证防洪排涝要求的前提下，河岸改造和治理采用生态护坡方式，定位河段功能，确定适宜的保护、利用模式，尽量维持自然河道形态。划定河道保护控制线，以保持水土、涵养水源，营造水系生态廊道。挖掘河流两岸历史文化，系统规划景观节点，以水连接安阳的历史、现在与未来，形成深厚、丰富、灵动、富有安阳特色的水文化。

“六纵”——南水北调中线总干渠、卫河、漳南总干渠、红旗渠总干渠、跃进渠总干渠和大功引黄总干渠。

漳南总干渠始建于1966年，以岳城水库为主要供水水源，经英烈、洪河屯西，在东夏寒穿过洹河，向南至西曲沟入万金总干渠，总长为

28.735千米。

红旗渠总干渠以浊漳河为主要供水源，总干渠沿浊漳河右岸的陡峭的太行山腰行走，在山西省境内行程20千米，经王家庄到林州市河口村，在27.4千米处穿青年洞，绕露水河在53.3千米处接纳南谷洞水库放水渠放水，沿露水河右岸向北绕回山角至桑耳庄到分水岭，全长为70.6千米。

跃进渠以浊漳河为主要供水源，总干渠自林州市古城村向东经小王庄，河北槐丰村，入安阳县至都里乡李珍村分水闸，全长为35.55千米，其中隧洞长14.572千米，渡槽长375米，明渠长为20.6千米。总干渠明渠断面均为矩形，隧洞断面为城门洞型式，底宽为6~7米，渠深为4米，最大引水能力为18.0立方米每秒。

“六水”——黄河水、汉江水、漳河水、卫河水、地表水和地下水。

漳河水——通过红旗渠总干渠、跃进渠总干渠、漳南总干渠分别引入林州、安阳县、内黄县及安阳市区。

地表水——通过9座大中型水库、148座小型水库和20余座水闸拦蓄地表水，水库设计年蓄水量为4.74亿立方米，水闸拦蓄水量为0.5亿立方米。

地下水——安阳市地下水丰富，2000年以来全市平均地下水资源量为6.90亿立方米。

按照用足外来水、用好地表水、压减地下水的思路，对汉江水、黄河水、漳河水、卫河水等各种地表水源联合调度运用，保障安阳市社会经济发展和生态文明建设用水；对地下水进行压采保护，达到水资源的可持续利用；同时地下水又成为安阳市社会经济发展的应急备用水源。地表水与地下水的双水源保障，为安阳市的社会经济发展插上了起飞的翅膀。

“多点”——保护水库、泉域、湿地、湖泊等点状水域、开拓水源。重点保护小南海、彰武、南谷洞、马家岩、弓上、石门、双泉、汤河、琵琶寺水库9座大中型水库水源地保护区，保护自然植被，涵养水源，防止水土流失，改善生态环境；规划建设金牛山、泉门水库，修建4处引黄调蓄湖；着重建设汤河国家湿地公园、林州淇淅河国家湿地公园和漳河峡谷国家湿地公园3处国家湿地公园，加大生态湿地保护、建设和管理力度，维持湿地良好水生态环境，积极推进湿地生态的自然修复，着力保护湿地生物多样性；促进安阳城市规划区河湖水系连通，打造以3处湿地、13处人工湖为核心的城市景观节点，发挥其防汛调蓄、生态景观、休闲度假等综合性功能，结合中心城区绿地改造，描绘出一幅大珠小珠落玉盘的美丽画卷。

“多层次”——构建山丘区顶部生态保育、缓坡清洁小流域治理、地表水涵养和地下水保护的多层次、立体式的水生态保护框架，形成多道水生态保护防线，全面提高水生态安全保障能力。

二、安阳水文化网络体系

安阳市水文化规划建设的内容着重体现在物质水文化、精神水文化、行为水文化、制度水文化和水文化产业5个方面。

1. 物质水文化

规划形成“2泉、3湿地、4渠、6河、6库、10沟、13湖”的实体空间结构。

2泉：南海泉和珍珠泉。

3湿地：洹河西湖湿地、洹河东湖湿地、洪河广润湖湿地。

4渠：南水北调中线总干渠、漳南总干渠、五八渠和万金总干渠（包括万金北干渠、南干渠）。

6河：洹河、洪河、护城河、羑河、汤河、茶店河。

6库：小南海水库、彰武水库、双泉水库、龙泉水库、大屯水库、张王闫水库。

10沟：铁西排洪沟、西区截流渠、邱家沟、瓦亭沟、胡官屯沟、幸福沟、胜利沟、安丰沟、御路沟和漳涧沟。

13 湖：宝莲湖、龙安湖、光明湖、CBD 中心湖、人民湖、马莲湖、迎宾湖、中华湖、仁湖、义湖、礼湖、智湖和信湖。

2. 精神水文化

弘扬红旗渠水利精神、咏唱安阳水利行业歌、举办水文化高层论坛、开办安阳水文化节、开展文化体育运动会、设计安阳市水利标识、编写安阳水文化读本、保护非物质水文化遗产、拍摄水利系列专题片、创办安阳水行业刊物。

3. 行为水文化

与水有关的行为习惯、民俗风情和生产生活方式，包括饮水、治水、管水、用水、亲水等内容，是改造人与社会关系的成果。

4. 制度水文化

健全各项水利管理制度、水利操作规范、水行政执法制度等水利行业规章制度，加强完善学习考核、目标责任和监督检查等水利机关制度建设，建立水利新闻发布、水利对外交流和网络平台宣传等水利对外宣传制度。

5. 水文化产业

主要包括搭建投资融资服务平台、建立水文化产业转化机制与旅游部门协同开发水文化产业等。

三、重点工程

安阳市在水系总体形成“一核二区，两横六纵、六水、多点多层次”和“多源互补、丰枯调剂，蓄泄兼筹、引排得当，循环通畅、环境优美”的现代生态水系网络的基础上，着重对市区水系进行规划，推进水生态保护与修复。重点打造洹河、洪河、羑河、茶店河、万金总干渠、护城河等河流生态水系；修建河、湖水系连通工程，建设湖泊湿地，扩大市区水面面积；强化水环境治理，提升水景观与水文化品质；在保证城市防洪安全的前提下，结合城市规划，建设自然、亲水、生态、休闲的滨水空间系统，形成水清、流畅、岸绿、景美的城市水系风貌，以达到社会经济与生态环境协调发展。

涉及漳河流域的工程如下。

1. 漳河峡谷国家湿地公园

漳河峡谷国家湿地公园位于安阳市殷都区都里镇境内，西起都里镇上寺坪村，东至吴家河，南邻马不罗沟，北接盘金垴村。规划总面积为646.38公顷，全长为18千米，湿地率为35.48%，是“东亚—澳大利西亚”候鸟迁徙的重要中部通道。

境内河滩地、浅水湿地、河岸及岸边山坡构成较为完善的生态体系，原生态动植物资源较为丰富。共有野生动物30目76科167属244种，其中国家一级保护动物有2种（黑鹳、金雕）；国家二级保护动物有26种（青鼬、鸳鸯、黑鸢、凤头蜂鹰等）。共有野生植物70科167属330种，其中国家一级重点保护植物1种（南方红豆杉）；国家二级重点保护植物有4种（草麻黄、野大豆、鹅掌楸、榉树）；河南省重点保护植物3种（白皮松、胡桃楸、鹅耳枥）。

该湿地公园总体规划建设期限为2014—2020年，分为5个功能区：湿地保育区、恢复重建区、宣教展示区、合理利用区和管理服务区。

2. 引红入洹工程

红旗渠灌区因受来水及农业灌溉时空分布不均的影响，一干渠每年有约0.37亿立方米的水因无法调蓄利用而退水入淅河后入淇河盘石头水库流失。为了将红旗渠一干渠退水留在安阳境内，增加小南海水库入库流量，通过对其进行改线约4千米，并新建渠道约2千米，将该部分流失的发电退水引入洹河支流桃源河，在小南海水库上游入洹河，以地下河形式补充洹河南海泉水量。

3. 引彰入羑工程

为将彰武水库水引入羑河，利用32千米长五八渠引彰武水库水，通过魏家营渡槽穿南水北调中线总干渠后至五八分干渠（原五六渠），通过对9.5千米长五八分干渠进行渠道修复、全断面衬砌，引彰武水库水入羑河。

4. 引彰入汤工程

结合漳南灌区工程技术改造，对五八渠全段 54 千米渠道进行清淤、维修、衬砌。五八渠全段技改后，可引彰武水库水直至汤河水库。该项目已列入漳南灌区规划，五八渠渠首彰武水库至安林高速公路桥段 32.6 千米已利用漳南灌区技改资金进行了治理，剩余渠段有待下一步实施。

5. 引岳入安工程

为加大对岳城水库水的引水规模，并适应洹北新城和安北纺织服装城规划建设的需要，新建引岳入安生活、工业供水专用管道。自岳城水库电站引水，沿漳南总干渠铺设一条 DN1600 的生活工业专用供水管道，管道总长度为 36 千米，供水规模为 20 万立方米每天。

6. 引岳入羑工程

为了将岳城水库水源引入羑河，规划建设引岳入羑工程。从岳城水库引水，利用漳南总干渠、万金总干渠引至万金三支节制闸 31.1 千米现状渠道，在南水北调工程右岸新建 15.46 千米长引水渠道修至南水北调魏家营渡槽下游，接入长 9.6 千米的五八分干渠（原五六渠）引至羑河。

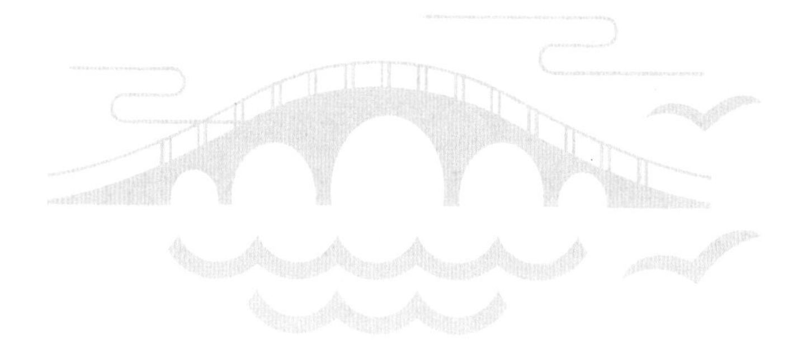

第三篇

漳河地域水文化

第八章

漳河文化寻踪

有关河流的文明，要从有关河流的信仰说起。漳河的民间信仰，充满了神话的色彩，“女娲造人”“后羿射日”“精卫填海”这些多神的崇拜，是古代先民寻求心灵安定、祈祷风调雨顺的寄托。

有关河流的文明，更要从河流的源头开始追溯。漳河上游分为浊漳河和清漳河。浊漳河与清漳河共有 5 个源头，不同的源头流淌着独特的文化与历史。

第一节　神　话　传　说

在漳河沿岸，流传着众多关于治水、战争的历史传说和故事，这些传说和故事都与漳河密切相关，承载着漳河的历史与文化。

一、精卫填海

发鸠之山，其上多柘木。有鸟焉，其状如乌，文首，白喙，赤足，名曰精卫。其鸣子扰，是炎帝之女，名曰女娃，游于东海，溺而不返，故为精卫。常衔西山之木石以填东海。漳水出焉，东流注于河。

——《山海经》

文中的西山、发鸠山就是现在位于山西省长子县西的发鸠山。这一带流传着精卫填海的传说，发鸠山上所存的庙宇大多与精卫鸟有关。在发鸠山东山脚下浊漳河源头处，古时建有“泉神庙”，后改“灵湫庙”。传说就是炎帝为纪念其女儿女娃所修建的。东海是指漳河。而精卫则本名女娃，是炎帝与其在上党所娶夫人所生的小女儿，随炎帝在上党尝百谷，兴农耕。女娃为了治理水患，不幸溺于漳河，但女娃理水的志向不泯，愤而化为精卫鸟，衔上发鸠山的树枝和小石头去填平漳河。还有一说是：上古时期，发鸠山周围是一片汪洋大海，女娃的母亲一天去海边洗衣服，不幸落水而亡，女娃为报母仇，变为精卫鸟，衔石填海，所以发鸠山上的石头都是小碎石，又为女娃未嫁人，所以葬她的坟被称为黄姑坟。今山西省长治市八一广场还有精卫填海雕塑，是广场标志性建筑之一（见图 8-1）。

二、女娲补天

往古之时，四极废，九州岛裂；天下兼覆，地不周载。火监焱而不灭，水浩洋而不息；猛兽食颛民，鸷鸟攫老弱。于是女娲炼五色石以补苍天，断鳌足以立四极，杀黑龙以济冀州，积芦灰以止淫水。苍天补，四极正，淫水涸，冀州平，狡龙死，颛民生。[1]

——《淮南子·览冥训》

[1] 流传于河北涉县，有全国重点文物保护单位娲皇宫、首批国家级非物质文化遗产名录“女娲祭奠”。

图 8-1　长治八一广场精卫填海雕塑

女娲在漳河流域的传说是：自从盘古开天地后，女娲用泥造人。用黄泥捏的小人就是现在的黄种人，用绳子沾上白石粉、黑泥甩出的小人就是现在的白种人和黑种人。女娲治理天下，镇守冀方的水神共工十分不满，就发水向上党进攻。大水冲走了许多小泥人。女娲便令火神祝融迎战。结果，共工大败，一头向擎天柱不周山撞去，竟把擎天柱撞折了，天上塌了个大窟窿。霎时，洪水泛滥，大火蔓延，人类陷入灾难之中。女娲为救儿女，决心炼石补天。她选中了上党的天台山。女娲用四年又九九八十一天炼出来三万六千五百零一块五色巨石，用石块补完天后，剩下一块放到了海边。后一大龟献出自己的四条腿，女娲用来做了擎天柱。从此，洪水归道，大火熄灭，普天同庆，女娲十分欣喜，就在天台山上吹起笙箫来。后来人们把女娲望儿女、吹笙箫的天台山称为望儿台，并在望儿台上建了娲皇庙，以此祭祀女娲泽恩万世的功绩。当地人说，传说中女娲炼石补天的天台山即是现在长治县下郝村的天台山。《潞安府志》载："天台山在县西南二十里处，高六十九丈，周二里。四周平坦，日出入胥无影。传娲皇炼石地，名望儿台。”

三、羿射九日

> 逮至尧之时，十日并出，焦禾稼，杀草木，而民无所食。尧乃使羿诛凿齿于畴华之野，杀九婴于凶水之上，缴大风于青丘之泽，上射十日而下杀猰貐，断修蛇于洞庭，擒封豨于桑林。万民皆喜，置尧以为天子。
>
> ——《淮南子·本经训》

又据《楚辞·天问》王逸注：“羿仰射十日，中其九日，日中九乌，皆堕其羽翼。”其他关于射日的神话传说很多，苗、瑶、侗、彝、黎、壮、高山、赫哲都有关于射日或射月的神话。

羿射九日在上党地区的传说是：神话中羿射九日的地方就在屯留县西北的三山（后为纪念羿射九日的恩德又称老爷山）。传说上党东边是辽阔的东海，海边长着一棵扶桑树，树上栖息着十只三足鸟。他们同是掌管天下的帝俊的儿子，每日轮流有一只上天遨游，他们吐出强烈的光焰就是人们看见的太阳。后来这十只三足鸟抢着上天，天空就同时出现了十个太阳。大地立时草枯土焦，炎热无比。人类只好躲在山洞里，夜间出来寻找食物。猛兽毒虫借机伤害人们。帝俊知道后，赐给羿弓箭，命他下凡惩治猛兽毒虫并教训他的十个儿子。可是这十个儿子根本不把羿放在眼里，羿大怒，就登上天下最高的三山，拉弓搭箭向三足鸟射去。他箭无虚发，一连射落九只三足鸟，人们顿觉清凉，一起欢呼雀跃。帝俊闻知赶来，才制止羿的最后一箭。帝俊因羿违背了他的本意，不准羿再回天野；同时也罚仅存的这只三足鸟日日遨游，不得休息。今山西省长治市八一广场建有后羿射日雕塑（见图 8-2）。

图 8-2　长治八一广场后羿射日雕塑

四、大禹治水

相传很早以前，浊漳河沿岸的河床并没有现在这样低，而且水流也很缓慢，沿岸村庄离河都比较近，因而每年雨季来临，山洪暴发，河边村庄就会出现水患，村庄和土地就会被淹没。那时，奥治村外是一片开阔地，和对岸现在的公路几乎持平，地表是巨石小山。浊漳河在奥治村即今天的小三峡处迂回壅堵，积水南浸，便形成了一个大的水湾。由于老百姓饱受水患之苦，舜便派鲧来平顺境内治理水患。鲧看到浊漳河在奥治向南浸漫，便在村西的石山上挖石开沟，想把漳水引南而出。鲧日夜不停地挖凿，终于将这条山沟凿通了，但凿通后由于沟南的地势仍比北面高，大水还是无法排出，水患仍未解除。舜见鲧治水无功，怒而将鲧召回问罪，又派鲧的儿子禹继续前来治理。

禹到奥治后，认为沟渠凿的还不够深，便又向深处挖凿。又是几年过去了，河水仍不能畅通。但由于洪水过大，积水过多，漳河便向东浸去了，最后竟在村外冲出一道壕沟来。禹跟踪察看，见河水浸流处全为砾石沟壑，便引领治水人马，向东挖掘，一直挖到车当村前，漳河水才顺当地向东而去。漳河不再壅堵后，河道受河水冲刷，渐渐低落，奥治村西大水湾的积水被逐渐排出，水患被消除了。若干年过去了，河床越来越低，奥治村渐渐被抬到了高处，村边成了一道高崖。过去积水回浸的烟舵、赤壁村，也由于河床下落，村边都出现了高崖，慢慢赤壁村外的河床裸露出了岩石，形成了浊浪排空、万马奔腾之势，赤壁断的壮观景象被称为平顺八景之一：赤壁悬流。人们为了纪念大禹开沟引漳的壮举，便把奥治村西向南凿的这条沟叫做“错凿沟”，还把大禹住过的山凹唤作“禹音兄”，并在村中修建了“禹王庙”和“禹王戏台”。每年的 3 月 13 日，村民们便在这里举办庙会，用唱戏和社火等方式来纪念大禹。同时也把村名唤作“奥治”，以奥会意禹，流传子孙后代，来纪念大禹治水之功。

五、河伯娶妇

相传，东海龙王的长子小青龙，因触犯龙规，被龙王贬到漳河。小青龙不思悔改，继续在漳河兴风作浪，致使漳河泛滥，方圆几百里荒无人烟。漳河岸边有一个叫河伯的小伙子，立志为民除害，与小青龙殊死搏斗了七天七夜，最终杀死恶龙。在搏斗中，河伯双腿被恶龙咬断，河伯因此沉到河底再也无法回到岸上。后来人们想到河伯年纪轻轻，一个人生活在河底太寂寞，就用纸糊成漂亮姑娘放到河里与河伯做伴。“河伯娶媳妇”的说法便从此流传下来。

六、县界划到临漳城

很早以前，临漳、成安之间的漳河经常泛滥，河身滚来滚去，造成县界不清，纠纷不断。

这一年，两县新任知县又到一起商量县界划分问题。几番争论之后，临漳知县见成安知县是个瘸子，便提出第二天早晨鸡叫五更的时候，双方往对方县城方向走，以双方碰头的地方为县界，想以此既戏弄成安知县又在划界时占便宜。成安知县一听就明白了他的用意，思索了一会儿就同意了。

成安知县回到县城后，如此这般做了一番安排。等到午夜刚过，成安知县拉着见证人上了事先准备好的马车，赶着马车向临漳县方向走去。不多时，马车来到临漳北关，成安知县下了马车，继续往临漳县城走。而这时，临漳知县才开门出来准备往成安走。两人见面，临漳知县虽然不服，但也只好认输。临漳、成安两县的县界就这样被划在了临漳北关。此后虽历经改朝换代、地属变更，这种划界的方式一直没有改变。

七、泥马渡康王

北宋时期，金兵进犯，康王赵构遭遇金兵追杀逃至漳河岸边。漳河波涛汹涌，马不敢过河也找不到渡船。情势危急之时，忽有一人牵白马近前，请康王骑马渡河。过河后，那人说了句“臣唐滏阳令崔珏[1]也”就不见了，坐下白马也化为泥土。此后，康王赵构在南京应天府（今河南商丘）登基即位，成为南宋的第一个皇帝，史称宋高宗。现磁县仍存供奉崔珏的府君庙，安阳市安丰乡渔阳村西寨门上原有泥马渡康王庙。

这个传说还有一个版本。据《安阳市水利志》记载，北宋末年，金兵侵犯中原，康王赵构在相州（今安阳）进行抗金活动。后来，康王抵挡不住金兵，就慌忙南逃。逃到汤阴岳家庄村头的老爷庙时，又饥又渴。正在感到绝望之际，见有一匹泥马站在他跟前，张着嘴不停地叫。康王骑上泥马，泥马飞奔，把金兵甩得远远的。转眼来到火龙岗下，泥马在这里用蹄子刨出一眼泉水开始喝水。喝饱了的时候，就

---

[1] 崔珏，字子玉，山西祁州人，唐贞元年间任滏阳县令，为人正直，做官清廉，深得百姓爱戴，死后受皇帝敕封，建府君庙祭祀，奉为神灵。

坍成了一堆泥。康王赵构背后却形成了一条大深沟，一会就涨满了水，把金兵挡在了沟后边，于是康王顺利脱险。后人便把救过赵构的那条沟叫赵王沟，把那眼泉叫马刨泉。

八、红花堤

据《馆陶水利志稿》记载，红花堤位于河北省馆陶县，自徐万仓顺漳河逆流而上2千米，长8千米。相传早年间，在大名县营镇村有个武举叫杨廷臣，擅长手脚功夫；馆陶县芦里村有个大财主叫李尚达。这两个人一个有势、一个有钱，一方要扒堤放水、一方要护堤挡水。于是，在他俩的带领下，当地群众在这段大堤上展开了一场械斗，死伤了许多人。后来，当地人们将这件事编成了顺口溜——“杨廷臣李尚达，红花堤上动马叉。死伤群众几十个，鲜血染红堤上花”。还编了一出武打戏叫《大闹红花堤》。由此，这段堤防也就逐渐被人们称作红花堤了。

九、老黄种高粱——一苗不稀

相传，古时候漳河从成安县辖区的西南角入境，流向东北。后来，漳河改道临漳县，却在成安县境内留下四五里宽、三十多里长的一道沙滩。每到春季，天旱少雨，狂风便把沙尘扬起，日月无光。在大风的呼啸声中，一座座小山似的沙丘便随风移动，附近的房屋和田里的幼苗常被沙土掩埋。因此，这一带的百姓都身受其害，苦不堪言。

一天，从很远的东方来了一位年轻后生，自称姓黄，小伙子生得浓眉大眼，身高六尺，膀宽腰圆，说话和蔼，气度不凡。他说想找活干，并且不计较工钱的多少。当天，小伙子便被沙边一个村庄里的武姓人家雇佣。他很能吃苦，并且手脚勤快，犁耧锄耙五套全活样样出色，还真称得起是把种地的好手。他不但心地善良，为人厚道，干活踏实，而且十分乐于帮助穷人，空闲时间常常帮左邻右舍脱坯打墙、修房盖屋，并且从不收分文工钱，因此全村老少都把他当作自家人，亲切地称他“老黄”。

过了两年，邻居们见他孤单无靠，便商量为老黄说媒提亲，要为他在村里成个家，但都被他婉言谢绝了。

时间久了，村里的人感到奇怪：自从老黄进村之后，春天风就是再凶再猛，沙丘却再也没有向村边移动半步，禾苗也不再受到沙害，年年风调雨顺，五谷丰登。一天，终于有人问他："老黄，为啥你到咱村这几年，黄沙不往村里刮了呢？"老黄风趣地说："那一定是黄沙和大风都怕我。"说归说，大家心里的疑团仍然没有解开。

光阴似箭，转眼四五十年过去了，老黄的脸上奇怪地长满了黄色的胡须，并且他的胡须一年比一年粗，一年比一年硬，一年比一年长，而老黄主人的家业也一年比一年大。这年的春天，老黄要到村西沙地里锄高粱、定苗。上工的时候，他问东家："主家，今年的高粱苗咋定？"主家说："你看着办吧，定苗的事也问我？"老黄说："那好，我就自己做主了。"

过了几天，主家有点不放心，到西地看老黄定的高粱苗稀稠。到地头一看，立刻被眼前的一幕气蒙了：一顷（100 亩）多大的地块，只长着五棵高粱苗，四角四棵，地中间一棵。而这时候的老黄竟然还走到他的面前问："主家，我留的苗稠不稠？"主家正在气头上，便冲着老黄吼道："还稠！"老黄也不吭气，又用锄头把四角的四棵苗全榜掉了。主家简直气得要死，他回到村里逢人便说："我要看老黄到秋后咋向我交差！"

好心的乡亲们都为老黄捏着一把汗，有人干脆到地里找到他说："老黄，你是糊涂了？还是疯了？秋后不收高粱，主家能饶你吗？"

大家的担心，主家的不满，老黄全不在乎，他每天起早贪黑，为他留下的唯一的一株高粱苗锄草、浇水、施肥……

秋后，庄稼成熟了，老黄种的高粱长成了一棵高粱树，高粱秆有碗口那么粗，穗头大得像一把巨大的红伞。老黄套上牛，拉着石头磙子，在高粱树下轧了一个几亩大的粮场。他让主家把家里的所有粮仓全腾出来，存放新收获的高粱。他还安排家里的所有长工，拿着布袋一齐到西地场里往回扛高粱。长工们提着布袋，互相挤挤眼，暗暗笑老黄。可是当大家走到地里，都大吃一惊，只见老黄正在地中间的场里抱着那棵高粱树用劲晃呢！子粒又大又饱，红得耀眼，珍珠般的红高粱从树上哗哗落下，铺了厚厚一大场。长工们别提多高兴了，都迅速装满布袋，争先恐后往主家仓库里扛高粱。大家只顾扛，谁也不记得自己扛了多少趟，尽管个个满头大汗，可是谁也不感觉累。后来，主家喘着气跑到场上，对老黄说："别晃了，咱家的粮仓全溢了！"老黄也不答话，仍然不停地晃着。他扭过头，对长工们喊："穷弟兄们，请告诉大家和十里八乡的穷人，让他们都来扛高粱，扛回自己家吃吧！"这下，一传十，十传百，穷人们乐坏了，都拿着布袋到场里扛的扛、背的背，大路上、小路上，你来我往，像流水一样，全是扛高粱的队伍，一直通向数十个村庄。穷人们让老黄歇会儿，他不答应，让他吃点干粮，他不答应，让他喝口绿豆米汤，他还是不答应，仍然一个劲地晃那棵高粱树。就这样，大家一气扛了三天三夜，最后穷人们都说家里的高粱没处放了，老黄才把两手松开。

这时，乡亲们都向老黄围了过来，个个眼里充满了感激的泪水。当人们就要抓到老黄的大手的时候，老黄一下子变得更加高大了，人们只能用手抓到他的裤边。大家仰起头，看到老黄正冲着大家在笑，他嘴角的两根黄胡须这时足有五六尺长。正当大家疑惑不解的时候，一声雷响，从东天边飘来一片黄云，云团越来越近，也越来越大。突然，黄云团向老黄的头顶落下来，紧接着是一阵狂风，狂风过后，大家隐约看见老黄站立在上升的云头上，他满面愁容，正向人们招手，两眼也流下了难舍难分的眼泪。泪水立刻化作一阵蒙蒙细雨，洒落在人们的脸上、衣服上，洒落到人们的心里。

一会儿，天晴了，从蓝天上飘下一张黄色的纸条，上面清晰地写着两行字：乡亲们，我本是东海的一条黄龙，只因错下了三分雨，触犯天条，被玉帝怪罪，贬下天庭，落入凡间受苦。如今，我的刑期已满，上天要我重归大海，天命难违，不能延误，谢谢乡亲们多年对我的照顾，告别了……

读罢，大家个个泪流满面，不约而同地跪到地上，面向东方祷告、膜拜，祝愿黄龙爷能平平安安返回大海。回村后，大家为了纪念黄龙爷，自愿集资在村西建了一座“黄龙爷”庙，好让黄龙爷常受香烟，常庇护这一带的百姓，这个偏僻的村庄也更名叫“黄龙村”。

“老黄种高粱——一苗不稀”的故事，在成安县、磁县、临漳县、邯郸县的民间至今仍广为流传。

十、龟驮城

北京到南京，魏县两道城；
每逢发洪水，水涨城墙升。

这是一首流传已久的魏县民谣，反映的是“神龟驮城”的民间传说。

明代，魏县有内外两道城，内城城周有门楼4座，东为迎恩门，西为来宾门，南为望远门，北为拱辰门。外城由环城大堤改建而来，另建四门同内城。城廓重壁叠嶂，固若金汤。魏县城形如龟，俗称“瓮城”，又名“龟背城”，民间称“龟驮城”。相传：魏县有神龟驮城，永无水患。当时，魏县城北有漳河过境，漳河连年为害。每逢夏季，洪水泛滥，巨浪过树，洪峰与城墙相平，但水涨一尺，城涨一丈。魏县虽屡遭洪水，但县城从未被淹没过。

清乾隆年间，山东监生王沛生任魏县知县。一天，从江南来了一个风水先生，他因跟人家看风水遭受冷遇，心怀不轨，竟想破魏县这块风水宝地。他一天到晚游走于县城大街小巷，胡说什么：“城内百姓若想安居乐业，免遭河水之患，一定要在城内四角和南关外各修一座河神庙，并在庙院内各挖一眼水井。不然就大祸临头，永无宁日。”消息传开，人心惶惶，叫苦连天。

王知县迷信风水，听得传闻，惊恐万分。事关城内百姓安危和自身前程，他却未加思索，仓促行事。他按照风水先生所说，亲自在城四角和南关选定了庙基，动用上千名民工，从开春动工，经百日紧张施工，建成了五座大庙，并挖了五眼深井。竣工当天，王县令又请了戏班子唱了五台大戏。一时间里，县城内看戏的，烧香的，买卖东西的，男男女女，人来人往，热闹非凡。王县令因终日操劳，累得腰酸腿疼，天一擦黑就回房安歇了。

王县令刚入睡不久，恍惚中只听房门“咣当”一声敞开了。紧接着，一个状似巨龟的黑影进入卧室。他定睛一看，原来是神龟降临。他回过神来刚想跪拜，忽然神龟怒目圆睁，发话了：“王沛生，你真是一个糊涂官。你误听误信，残害我命，自毁宝城。你罪孽深重，难逃劫难！”说罢随风而去。他惊叫了一声，一下子从睡梦中醒来。他忙点燃油灯，在屋内巡视了一遍，只见桌案上放了一张纸条，上写道：

井似钉，庙似山；
小小县令手段残；
钉子钉我头和脚；
大山压得我气断；
听信谗言害生灵；
全城百姓遭大难。

王县令看毕恍然大悟，懊悔不已，但为时已晚。忽然间，狂风大作，乌云密布。紧接着，倾盆大雨从天而降，漳河水猛涨，河水破堤而出。顷刻之间，魏县县城淹没于洪涛巨浪之中，生灵涂炭，万物遭殃，城毁人亡。王县令一家也丧生于洪灾，他为自己的荒唐失职付出了惨重的代价。洪水过后，全城仅存魁星危楼和四座牌坊，孤零零地兀立地面，向世人诉说着沧桑之痛。

“神龟驮城”的传说是魏县民间依据“城形如龟”附会演义而来，反映了魏县古人对大自然的无奈，对天灾人祸的畏惧，对安定而又美好生活的向往和寄托。史实上，清代魏县城是毁于洪水泛滥所造成的“天灾”。据新版《魏县志》载：“清乾隆二十二年（1757 年）六月，暴雨连日，漳河决口于朱河下，大水浸灌魏县城，城垣圮毁，房屋坍塌，居民流离失所。次年，魏县因城毁废置，并入大名、元城二县。”

十一、孝妇淹城

相传，当初修建大名城池时，有人向郡守献言说，把城池建在漳河、卫河之间，利用天然河流为护城河，利于防守，但易水失城池。郡守却认为，只要把城墙修成铜墙铁壁，还怕大水不成。有一天，有位术士告诉郡守说：“五日后午时三刻城池毁于水。”郡守大怒：“你敢妖言惑众，扰乱民心，绑起来杀头。”这时有人对郡守耳语一番，官员说：“为杀你个口服心服，五日后午时三刻问斩。”这天午时三刻已到，城池却安然无恙，郡守不容术士辩解，下了开斩令。当术士的人头掉下来后，从脖子里滚出一个纸团，打开一看上写一行字：“此城毁于午时三刻尾。”而此时一名穿孝衣带着水瓢的女子从西城门闯进城来，边走边哭，喊冤叫屈说丈夫被冤杀。只见她走到一口水井旁，把水瓢往井中一抛，顿时井如泉涌，孝衣女子顺势舀起一瓢水，向东北方向一扬，只见滔滔大水涌起，倾该之间大名城淹没在一片汪洋之中。据说此水井暗通城外卫河，所以才有此大水喷涌。

十二、破釜沉舟

秦二世三年（公元前 207 年），秦军数十万攻打赵国巨鹿，赵国向楚怀王求救。怀王派宋义和项羽带兵数万去解围。在漳水边扎营，接连 46 天按兵不动，对此项羽十分不满，于是要求进军决战，解困赵国。但宋义却希望秦赵两军交战后待秦军力竭之后才进攻。此时军中粮草缺乏，而宋义仍旧饮酒自娱，项羽见此忍无可忍，进营帐杀了宋义，并声称他叛国反楚。于是将士们拥项羽为上将军。

项羽带领军队立刻渡漳水。过河后，项羽下令：凿沉所有的渡船，打碎所有的锅，每人只带三天的干粮，火速赶赴巨鹿，以此表决一死战，没有一点后退的打算。在巨鹿城下与秦军连续大战九次，秦军大败，赵国之围得解。从此，项羽威震楚国，名闻诸侯。这就是历史上有名的“破釜沉舟”的典故。

第二节 水 神 崇 拜

河流文化的起源，一般总与祖先神息息相关。在民间，人们一般不会拘泥于某一位神灵的庇佑，老百姓通常会结合所处的自然和社会环境，依据生活中的不同需求衍生出诸多保佑生活方方面面的神，所以在中国古代是一个“多神崇拜”的信仰体系。在漳河的沿岸，民间主要祭祀的祖先神，主要有女娲、后羿、炎帝、大禹和河神等，表现在历史建筑遗存上，就是娲皇庙、三嵕庙、禹王庙和漳河神庙等。

一、女娲与娲皇宫

女娲是传说中的人类始祖，华夏之初的三皇之一，中国的母神。在我国的不同地方，流行着不同版本的女娲造人传说。而在漳河流域的版本中，也根据当地特殊的地理位置和生活习惯，融入了地方元素，但基本内容大体一致，是说盘古开天地之后，万物萌生，但是就是没有人，女娲在漳河边滩地上来回行走，深觉孤独，就用泥捏出小人，分出男女丑俊，并结成对子，繁衍生息。女娲的子孙们就尊称女娲为娲皇。女娲又在漳河边的凤凰山支起大锅，利用河里的石子熬制成补天的材料，才把盘古开天地时西北角的大窟窿补住。后来，女娲升天，人们为了纪念她，在涉县的中皇山上为她修建了一个大宫殿，一年四季香火不断，一直延续到现在。

娲皇宫位于河北省涉县中皇山上，是全国五大祭祖圣地之一，也是全国规模最大、肇建时间最早、影响地域最广的奉祀女娲的历史文化遗存，被誉为“华夏祖庙”。娲皇宫始建于北齐（550—577 年），至今已有 1400 多年的历史，是神话传说中女娲氏“炼石补天，抟土造人”的地方。娲皇宫依山就势，巧借天然，人称之为“天造地设之境”，当地人俗称“奶奶顶”，由于其建筑造型的奇特又被形象地称为“活楼”“吊庙”。河北涉县女娲祭典于 2005 年 6 月被国务院纳入第一批国家级非物质文化遗产名录，这里还有全国面积最大的石刻壁经群，经考证为“天下第一壁经群”，有着极高的研究价值，是我国重点文物保护单位（见图 8-3）。

图 8-3　河北涉县娲皇宫

娲皇宫是女娲故事的载体，关于女娲的神话传说只是口耳相传。而子孙们将这个故事用娲皇宫这一祭祀建筑凝固下来，并将这种祭祀的仪式逐渐固化，这对于故事的永久传播，奠定了物质的基础；而对于故事中固化在人们心中的神，更是有了承载膜拜的物质载体，成为子孙的精神寄托。这一载体虽然历经风霜，但其气势、内涵、历史价值却是历久弥新。女娲神话传说，就是活态文化流传中华大地并成为人们精神力量的具体体现。虽然在某种程度上它和现代社会先进文化还有些差距，但活态文化历史积淀的智慧，闪耀着祖先奋进的光辉，是现代社会发挥时代精神的力量源泉。

除涉县娲皇宫之外，漳河流域祭祀女娲的寺庙还有很多，现存的有晋城浮山北谷娲皇窟、潞城戚里店娲皇圣母庙、襄垣仙堂山娲皇宫、襄垣古韩镇娲皇庙、平顺堡沟村娲皇圣母庙、黎城岚沟村三皇圣母庙、武乡下合村娲皇圣母庙等。

女娲神话故事和载体彰显了明显的地域特征，这进一步强化了太行山区、漳河流域古代早期人类居住的痕迹及状况，对历史研究提供了相应的支撑，蕴含着不可多得的历史积淀和永恒价值。

二、后羿与三嵕庙

据资料记载，在晋东南的浊漳河流域，历史上先后分布着至少有二十余处三嵕庙（见图 8-4）。三嵕庙，祭祀的是三嵕神，三嵕神即是上古神话传说中伴尧左右的射师“后羿”，以其能“致雨司雹”和“福佑百姓”而广泛受到民间的崇拜。方志中所述“羿射九日”之所在三嵕山，其传说故事流传于上党地区，西汉时期的《淮南子》一书曾记载：“尧使羿射九鸟于三嵕之山。”《潞安府志》中记载：“三嵕山，一名灵山，一名麟山，在县西北三十五里，三峰高峻，为县伟观。相传羿射九日之所，有泉祷辄应。”三嵕山位于今长治市屯留县西北四十五里处，当地人称之为“老爷山”。三嵕山，意为三峰鼎峙，分别为麟山、灵山、徐陵山。地理方位上东为主峰麟山，海拔高 1226 米，北与襄垣接壤，南瞰余吾古镇，西望崇山峻岭。

河川多发源于山中，在古代人的观念中，山神也有兴云播雨之职，故在先秦以来，人们对三嵕山的崇拜只停留在对山川神的原始崇拜之上，结合“羿射九日于三嵕山”这一传说，在传播的过程中，人们将三嵕山神附会成为羿神，造就了上党地区这位擅“致雨司暴”的风雨神。此后，三嵕神也就成了羿神。由于地处高寒干燥的山区，地下水

图 8-4 三嵕庙

位较深，使得当地的水资源特别宝贵。古人经过长期的观察研究，认识到雨水对农作物生长的重要性，故而“雨信仰”成为上党地区民间神信仰的主要形式。在以农为主、以牧为辅的古代社会，社会生产力的不发达、水利工程的缺乏使人们对雨水的依赖程度日益增强，便把“向天祈雨”的夙愿转移到神灵的身上。

三嵕庙现存的建筑年代主要有金代、明代和清代。北宋年间，朝廷有司每年的农历六月初六都派官员来到屯留县三嵕山举行大型的祭神仪式，遂开始了大规模民间神祭祀建筑的建造活动。金入主中原以后，对当地的宗教采取保护与发扬政策。明代洪武三年（1370 年），后羿被改封为“三嵕山之神”，朝廷命令官吏在春秋二仲、季夏举行祭祀。祭祀“羿神”的仪式在当时得到了统治阶层的大力支持与发扬，三嵕神信仰也逐渐在上党地区发酵，相应的庙宇建设和民间活动日益繁盛。

三、炎帝与上党羊崇拜

炎帝在漳河流域也是非常重要的祖先神。炎帝，姜姓，我国上古时代姜姓部落的首领。据《史记》等记载，炎帝神农氏，父曰少典，母为女登，少典正妃。一天，其母游华山之阳，梦见太阳落在自己的怀里，有神农首感，于尚羊生下炎帝，取名石年。相传炎帝神农，人身牛首，三天能讲话，五天能走路，七天生齐了牙，三岁知稼穑。炎帝成长于姜水流域。长成后，身高八尺七寸，龙颜大唇。由于他功绩显赫，亦尊为人皇，因以火得王，故为炎帝，世号神农，曾建都山东曲阜。炎帝在位 120 年，传七代世袭神农之号，计 380 年。《炎帝祭》载，炎帝神农氏“始作耒耜，教民耕种；遍尝百草，发明医药；日中为市，首辟市场；治麻为布，制作衣裳；削桐为琴，练丝为弦；弦木为弧，剡木为矢；耕而作陶，冶制斤斧；建屋造房，台榭而居”，他带领先民所开创的农耕文化、医药文化、工业文化、市场文化、火文化和原始艺术等，是炎帝文化外延的具体内容，已成为中华民族的宝贵文化遗产。今黎城县文博馆收藏有“宝泰寺浮屠碑”，为隋代开皇五年（585 年）所立，距今已 1400 多年，是最早记载炎帝获嘉禾的碑碣（见图 8-5）。碑体通高 160 厘米，宽 74 厘米。碑首圆雕蟠龙，中刻尖首佛龛，龛内一佛二侍，两侧植菩提树，枝蟠荫蔽龛顶，碑额篆书“浮屠之碑”四个大字。碑阴首与碑阳同，无菩提树。碑文为建塔斋主、维那等姓

图 8-5 最早记载炎帝获嘉禾的宝泰寺浮屠碑

名。宝泰寺为隋代以前黎城县一古刹，始建于东汉明帝时期，弃于宋仁宗天圣年间，毁于清末。

该碑在20世纪60—70年代曾被凿为井口石，且断为两截，残损严重，文字剥落不清，参照旧本县志，互为核对，识误补缺，略识碑文。碑文详细介绍了郭杰一门在黎地两度修造九级浮屠塔的事迹和当时人们瞻仰佛塔的景象，因此该碑又称《重营九级浮屠碑》。文章用骈体文撰写，文辞优美，饱含哲理，是研究佛教的宝贵史料，尤其是文中有“秦将定燕卒之乡，炎帝获嘉禾之地”，对研究我国历史和炎帝文化有着重要价值。

炎帝曾在浊漳河、清漳河之间开创农耕文明，首创国家，引领先民进入文明时代。

关于炎帝的传说，学者们最熟悉的一条材料是《国语·晋语》中的一段记载：“昔少典取于有氏，生黄帝、炎帝。黄帝以姬水成，炎帝以姜水成，成而异德，故黄帝为姬，炎帝为姜。”“炎帝以姜水成”，这是学术间考察炎帝发祥地所在的一个重要的文献依据。但姜水在哪里呢？在漳河流域的上党（今长治市）地区太行、太岳之间就有一条河叫鄴水。这里是炎帝传说极盛的地方。据《山海经·北次三经》说：在以“太行之山”为“之首”的群山中有座陆山，“鄴水出焉，而东流注于河”。这与同在一经中、发源于“发鸠之山”的漳水的流向是完全相同的。《山海经·北次三经》说：“发鸠之山……漳水出焉，东流注于河。”这是见于文献最早的、有明确方位记载的姜水。尽管年长日远，已无法确定其所指是现在的哪条河，但其方位在太行、太岳之间则是可以确定的。而且发现这条叫做“鄴水”的河流，同时还可以叫做“郯水”（见《山海经》郭璞注）。“郯”字从“炎”，这不能不使我们联系想到它与炎帝的关系了。值得注意的是，这条鄴水与炎帝的联系不是孤立的存在。在上党地区，即太行、太岳之野，分布着大量与炎帝族有关的村落地名，同时还有大量有关炎帝活动的遗迹与传说。如唐天授二年（691年）所立的《高平县羊头山清华寺碑》中言：“此山炎帝之所居也。”在高平市羊头山上，还分布着神农城、神农泉、神农得嘉谷处、炎帝庙。据统计，这一地区与炎帝有关的遗迹有十九处之多。可以看出，上党地区是炎帝神农氏传说的密集区。

（一）炎帝与上党羊崇拜习俗

炎帝姓姜，是古羌人的一支。“羌”“姜”二字都从“羊”。在甲骨文里看得很清楚，“羌”字就是一个人装饰有羊头的形状。至今西南羌族中还有崇拜羊的习俗，专家们认为是图腾崇拜遗迹。在上党地区，普遍存在着崇拜羊的习俗。传说炎帝尝百草，是让羊先尝的。羊吃了没事，然后人才尝。高平羊头山上的碑座，不是像一般碑座那样，雕成所谓“龟驼碑”的形状，而是雕成一只硕大的羊。上党地区的各种祭祀活动中都必须蒸面羊，而且羊形态各异，有公羊、母羊、群羊、独羊、卧羊、站羊等。公羊身上披满谷穗，和面掺黍米面，用豆做眼，麦粒作唇。一头面羊麻、黍、稷、麦、豆五谷俱全。显然这与炎帝神农氏发明五谷的传说是相关联的。孩子过满月时，姥姥、舅舅家要送五只大小不同的面羊，据说是取“伍”的谐音，表示与羊为伍。大羊的头下戴一把锁，用红线把三枚古铜钱套在羊脖子上。另捏拴羊石一块，意思是把羊拴住。羊在这里已经完全变成了孩子的替代物，把羊拴住就等于把孩子拴住了，这样就不至于被恶魔拉走。孩子十五岁时要开锁。开锁时姥姥家必须蒸十五只面羊，以象征孩子十五岁。但与以往不同，面羊头下取消了锁，也没有了拴羊石。开锁仪式完毕后，孩子拿着一只面羊跑走，表示成人了，可以自由了。孩子用面羊找邻居家换一把盐，表示从此可以闯荡江湖，体味人生咸酸。这种习俗显然与原始时代的羊图腾崇拜有关。

（二）炎帝与上党羊头山

上党地区今有两座以“羊头”命名的山岭。一是长治县的羊头岭，也叫做黎岭，传说是炎帝建都的地方。一是高平、长治、长子三县交界的羊头山，山上有神农城、神农泉、神农畦、炎帝陵等。其中高平羊头山名气最大，据《隋书·律腥志》记载：古代定乐律的尺度，就是以上党羊头山的黍子为准的。《宋史·律历志》引程迥说：“体有长短，所以起度也；受有多寡，所以生量也；物有轻重，所以用权也。是器也，皆准之上党羊头山之秬黍焉，以之测幽隐之情，以之达精微之理。推三光之运，则不失其度；通八音之变，则可召其和。”为什么要用羊头山的黍定律度呢？回答很简单，因为羊头山是炎帝获嘉谷的地方。唐韦续《墨薮》卷一说：“炎帝神农氏因上党羊头山始生嘉禾八穗，作八穗书用颁行时令。”高平地方世代相传的炎帝文书说：“炎帝上了羊头山，井子坪地开荒田……七种八种种成谷，除去毒液才能餐，娘娘将谷脱去皮，人才吃上小米饭。”无独有偶，20世纪在湖北神农架发现的被学术界称为汉族创世史诗的《黑暗传》也唱道：“神农上了羊头山，仔细找，仔细看，找到粟粒有一颗，寄在枣树上，忙去开荒田，八种才能成粟谷，后人才有小米饭。”湖北神农架与上党羊头山，相隔千里之遥，传说上却惊人的一致。此外，高平有神头岭，又叫西羊头山，上有炎帝庙，也是传说中炎帝活动的重要地方。与长治为邻的潞城有羊神山，这里还有羌城、姜庄等村名，《潞史》卷十三《禅通纪》言：黄帝封炎帝之后于潞，即此。从这里我们不难发现似乎“羊头”“羊神”是伴随着炎帝的活动而出现的。

据《汉书·地理志》记载，上党郡谷远县也有羊头山，是沁水的发源地。汉代的谷远，就是今天的沁源。地以“谷”名，也暗示出了它与神农的瓜葛，这一带也是炎帝族活动的范围。而此羊头山，《山海经》中作“谒戾山”。《山海经·北次二经》说：“谒戾之山……沁水出焉，南流注于河。”《水经·沁水注》曰：“沁水出上党涅县谒戾山。”《元和郡县志》卷十七沁州绵上县云：“羊头山一名谒戾山，在县东北五十里沁水所出。”或作褐戾，《淮南子·地形训》曰：“清漳出褐戾，浊漳出发包。”高诱注：“褐戾山在上党沾县。”雍正《山西通志》卷二十五乐平县下有云：“少山，在县西南二十五里，一名褐戾山，一名何逄山，又名沾山。”据《元和志》说，谒戾山一名羊头山，此与相传炎帝建国的长治羊头岭、炎帝陵所在的高平羊头山，皆属古上党地。其间关系，亦可想见。而且古“谒戾之山”的山麓地区武乡县，发现有原始的石磨盘、石磨棒，属磁山文化时期。地理位置在漳河上游，与下游的磁山文化分布区连成一片。今长治市郊区百谷山（又称老顶山）塑有炎帝铜像，是长治市的标志，也是山西省著名雕塑之一。该铜像高 39 米，是亚洲最高的炎帝铜像（见图 8-6）。

图 8-6　长治百谷山炎帝铜像

四、大禹与禹王庙

尧帝在位时期，因受全球大气候的影响，沿海地区再次发生海侵，海洋洪水急剧上涨，海水倒灌，中华大地一片汪洋，沧海横流，大量人畜被淹死，在洪水横流泛滥天下之时，人们流离失所，无家可归，各部落的人就近逃避到山上或高地上。尧此时也被迫率朝臣从柏人（河北隆尧县西部）逃往太行山之西的高岗之上，在汾水流域建城立都。

关心民众的尧，心急如焚，到处寻找能治理洪水之人。在大臣和诸侯的举荐下，尧让有崇（今河南嵩山）部落首领鲧领导治理洪水。鲧率领治水大军在黄河上游修筑堤坝，然而到了雨季，上游水位猛涨，冲毁了堤坝，黄河像一头猛兽，带着大量泥沙咆哮奔腾，冲向下游，给百姓带来更大的灾难。舜继位之后，认为鲧治水毫无成就，劳民伤财，把他流放到羽山，鲧死在那里。鲧临死时嘱咐儿子禹“一定要把水治好”。

在人们的举荐下，舜让鲧之子禹领导治水。禹伤感父亲鲧治水无功而受到惩处。他总结了父亲治水失败的教训，改堵塞为疏导。禹认为治水的关键是引导千条江河归大海。为了使黄河顺畅东流，禹率治水大军凿了不少山口，他先从壶口（今陕西壶口瀑布处）开始，凿龙门、岐山、荆山、首山、中条山、王屋山、太行山、碣石山，导黄河入海，洪水一泻千里。大禹治水十三年，三过家门而不入，洪水终于平息。

《史记·河渠书》载：大禹治水，“北过绛水，至于大陆”。查阅上海辞书出版社出版的《辞海·地理分册》“绛水”条，说绛水即漳河。此河发源山西，屡经改道，流经邯郸平乡、广宗、巨鹿、宁晋等县。“大陆”即大陆泽也，古代大陆泽水面辽阔，跨今任县、巨鹿、平乡、隆尧、宁晋数县，是北方最大的湖泊。

在洪水泛滥成灾的浊漳河两岸，大禹就是神通广大的神仙，在河流的两岸流传着许多关于禹的动人传说和“禹迹”。在平顺县境内的浊漳河经常改道的奥治村就有一条相传为大禹治水留下的错錾沟。《潞安府志》中记载：“土人传鲧治水欲浚漳河南流，凿山势逆水不能下，被殛；禹乃改渠东流，始通。凿痕今在。”

后人徐元扯曾有诗《错凿遗渠》云：

天造津流塞未通，重华遴选拜司空。
鲧候妄竭南山力，禹圣终收东海功。
石上凿痕千古异，台端庙貌万方同。

徘徊不尽伤心事，徒切联依干盍风。

今天，在漳河两岸大禹的祭祀性建筑比比皆是。祭祀大禹的古祠庙，尤其在平顺县分布众多。在壶关、潞城等地接壤的东南山里，保留着关于大禹的故事和遗迹。《潞安府志》记载：潞城县“禹王庙，旧在县南大禹山，今移城内。春秋二仲有司致祭”，壶关县“大禹庙在辛村，元延祐六年建”。平顺县“大禹庙三：一在侯壁，一在三池北，一在东禅南。”今日潞城有座大禹山，山上还有座大禹庙，山腰有一洞据传为大禹治水时曾经驻留于此，因以山名，实乃传说也。山间有石砌大禹庙三间。《潞安府志》：“大禹山在（潞城）县南十里，高八百九十三丈，北连卢山，南连长治百谷山，上建庙。”

五、水源崇拜

河流是滋养一方水土的源泉。因河流的灌溉与浸润，当地才能麦熟稻香、子孙绵延，因此中国古代生生不息依靠土地给予的农民们，对于河流有着深厚的崇拜与信仰，尤其对于河流的源头，更是神圣不可亵渎，往往在河源之处建庙加以祭祀和膜拜。

漳河上游又分清漳河和浊漳河。浊漳河有三源：南源、西源和北源。

浊漳河南源又名潞水，发源于长子县发鸠山。发鸠山是著名神话故事“精卫填海”中的西山，也是神话人物共工所撞的“不周山”，充满了神话的韵味。《山海经·北山经》：“漳水出焉，东流注于河。”清代贾谲升有游发鸠山诗：“踏破苍茫一径出，漫将彩笔润峰纹。乘槎疑入仙源路，读碣空传帝女文。蟒影常从潭里见，松涛时向岭头闻。欲携卢杖穷流去，万里漳河一线分。”南源水出长子县，经长治县入长治市郊区，在此建有漳泽水库。水库跨长治郊区与屯留县界，出库后又流经潞城县、襄垣县，在襄垣县甘村与浊漳河西源水相汇，仍称浊漳河南源。

浊漳河西源，又称铜鞮水，发源于山西沁县漳源村附近。漳源村原名六口，宋太宗“下河东”时，开辟太行道曾过此，认为此名对行军不利，改为“交口”，后因系浊漳河一源头改今名。河出沁县，入襄垣县，在此建有后湾水库，并在甘村会南源水。

浊漳河北源亦称武乡水、县河、关河，发源于晋中市榆社县西河乡三县垴。水出榆社县，入武乡县，在两县交界处建有关河水库。后又进入襄垣县，在合河村与南源水汇合，形成浊漳河。

清漳河，其源头有二：东源和西源。东源又分北河和南河。北河又名西寨河、张翼河，发源于山西昔阳县沾岭山柳林背。《山海经》上说：“少山，清漳之水出焉。”《水经》说：“清漳水出上党沾县西北之大要谷。”南河又名梁余河，亦称梁榆河，发源于山西和顺县石猴岭园林沟。梁余（梁榆）是春秋时晋余子养邑，秦称阏与邑，卢谌《征艰赋》有“访梁榆之虚郭，吊阏与之旧郡”，说的就是这一带地方。赵奢破秦与阏与，也在这里。北河和西河，在和顺县城东汇合成为清漳河东源。

清漳河的西源，古称潦水、潦阳水、西漳水，发源于山西和顺县八赋岭人头山下。明代刘顺昌有咏八赋岭的诗句：“八赋横空路甚赊，攒元千丈半天遮。悬崖鸟雀未由下，峭壁藤萝何处挝。岭底羊肠千万径，关前蜗室两三家。衙斋久矣标堂额，何用梁余餐晚霞。”河出和顺南流入左权县（原辽县），由西北而东南过左权县境，在粟城乡下交漳村与清漳河东源汇合，为清漳河。

（一）灵湫庙与浊漳南源

长子县发鸠山，这个因为“精卫填海”而闻名遐迩的地方，更是浊漳河的南源。据《山海经》载：“发鸠之山，其上多柘木。有鸟焉，其状如乌，文首、白喙、赤足，名曰精卫，其鸣自谈。是炎帝之少女，名曰女娃。女娃游于东海，溺而不返，故为精卫，常衔西山之木石，以堙于东海。”传说，远古时期，发鸠山周围是一片汪洋，那是因山脚下的一股清泉，泉水日夜不停，喷涌而出，水漫为患，女娃为了治水而献身，化为精卫鸟后，仍然不忘治水的使命，每日里将山上的碎石树枝衔起，投入大水，恣肆的汪洋渐渐收敛起狂浪和凶涛，终于变为一条造福于人类的生命之河，这就是浊漳南源。

女娃因为治水有功，被敬为漳水之神，就在浊漳南源的旁边，并在发鸠山上修建了灵泉庙。对联上写着：

女娃理水，经南纬北，神泉汇集初灵湫。
漳源泻碧，西流东注，灌溉上党万顷田。

庙中供奉着炎帝小女儿女娃与她母亲、姐姐三人的金身塑像。《山海经》中“发鸠山”条下吴任臣所作《广注》引《律学新说》曰：“伞盖山西北三十里曰发鸠山，山下有泉，泉上有庙，浊漳水之源也。庙有像，神女三人，女侍手擎白鸠，俗言漳水欲涨，则白鸠先见……”

女娃既为漳水之神，也就兼有了润泽甘霖的责任。北宋政和元年（1111 年），夏季天旱无雨，于是四方百姓皆到发鸠山浊漳源头灵泉庙前祈雨，不到两日竟真有降雨。宋徽宗赵佶听到此事，龙颜大悦，欣然敕封山祠为“灵湫庙”，从此，此处四时祭祀香火就愈加旺盛。有灵湫庙碑文为证：

西四十里有山曰发鸠，其麓有泉，漳水之源也。有神主之，庙貌甚古，岁时水旱祈祷，无不应验。政和元年，自春徂夏不雨，夏苗尽槁。秋种未播，人心惶惶。臣大定躬率吏民，祷于祠下，未二日雨，阖境沾足。邻封接壤，有隔辙而土不濡湿者，神之灵异也。荷神之休，卒获有年之庆。以其事上闻，漕台考核不诬，以其状奏焉，天子敕名灵湫庙，褒神利国惠民之功也。

自此以后，该庙就被称为“灵湫庙”，再往前追究“有神主之，庙貌甚古”。当年庙前有碗口大小一个石渎，一股清澈的泉水，汇入庙前的四星池内。池满漫溢，向东扬长而去。

明朱载堉《羊头山新记》中，也有类似记载：

发鸠山，山下有泉，泉上有庙。宋政和年间，祷雨辄应，赐额曰“灵湫”，盖浊漳之源也。庙中塑如神女者三人，旁有女侍，手擎白鸠，俗称三圣公主，乃羊头山神之女，为漳水之神。漳水欲涨，则白鸠先见，使民觉而防之，不致暴溺。羊头山神指神农也。

如今，灵湫庙已破败不堪，唯有庙下汩汩喷涌的泉水，一路奔流，生生不息。

（二）漳河庙与浊漳西源

浊漳西源位于沁县城北 20 千米漳源镇漳河村，皆是因为居于漳河源头而得名。村中建有漳河庙，又称张仙庙、通玄先生庙。始建于唐，历五代、迨宋金，直至明清，历 1500 多年，数十次重建。据《沁州志》载：此地为八仙之一张果老栖隐处。相传他居中条山，往来汾沁间，设医卖药，治病救人。当时皆言他有长生不老之术，他自己说已活了几百岁。据说他骑一头白驴，驴是纸叠的。用时，像今人吹气球那样，把纸驴吹起来，能日行千里；不用时放了气，把它叠起来，装在口袋里，很是方便。武则天时召他入宫，他装死骗了武则天。据清乾隆三十五年（1770 年）修成的《潞安府志》载：“张祖村在城西十五里。唐通元先生张果世家，今子孙犹盛。果隐居中条山，村有栖霞观。”唐开元二十一年（733 年），唐玄宗派事舍人裴晤到恒州（今山西大同）请他，他又故伎重演，皇帝又徐峤带着加上皇印的诏书去请他，他才去了洛阳，后到长安。在皇宫，皇帝要将玉真公主许配于他，他请求还乡，得到许可，并赐其通元先生名，并为其立栖霞观。沁人即漳源隐处，立张仙庙，有祷则应。历唐至宋，在金代被毁。元至元二十一年（1284 年），里社郭整等在遗址处立庙，明代初年改祀漳河庙，在门口划八仙像，明万历三十一年（1603 年），又重修。

漳河庙依势而建，面南背北。该庙建筑分为三部分，以泉水出口南北中轴，泉之北，建台阶 30 层，拾级而上，为左中右三个院落，中院建殊应王大殿三间，东西配廊各三间，左右配院。社房三间，山门五间，为元代风格。肖通玄先生像。廓前立碑五通。庙下建水池，龙头水榭，地上设三孔桥，镂石雕栏，鱼塘水沼。池沼南十多步建乐楼一座。

漳河庙有匾题四字“漳河源头”，据载为清代康熙年间内阁大学士吴琠所书，吴琠还写了一首《漳水源头》：

漳水源头何处寻，古碑残墅碧云深。
一溪翠瀑清如醴，万里飞声势若骎。
客路无尘朝帝国，乡山有径到灵岑。
携来共羡登临事，谁识当年老子心。

古沁州是吴琠的家乡，吴琠考中进士后，曾有八年赋闲在家，这首诗是他赋闲于家的八年中到漳河西源赏游时所作。

通元先生庙记

至元二十一年毛顺

午山殿其后，漳水源乎前，左侧万峰，西揖巉崖而倚青天，右则兰若，东朝崔巍而插碧落，中有灵祠一所，云烟吞吐，林木蔽翳。当古蔡皋狼之近畿，乃通元先生之行馆也。前代土人以殊应王目之，历年久远且不可考其由来，今按唐书方技傅云：张果者，晦乡里世系以自神，隐中条山，往来汾沁间，世传数百岁。武后时遣使召之，即死，后人复见居恒州山中。开元二十一年，刺史韦济以闻，元宗令通事裴晤往迎，见晤则辄气绝仆地，久乃苏。晤不敢逼，驰状白帝，更遣中书舍人徐峤赍玺书邀礼，乃至东都，舍集贤院，肩舆入宫，帝亲问治道神仙事，语秘不传。果善息气，能累日不食，数御美酒，尝云我生尧丙子岁，位侍中，其貌实年六七十。时有邢和璞者，善知人夭寿。师夜光者，善视鬼。帝令和璞推果生死，懵然莫知其端。帝召果密坐，使夜光视之，不见果所在。帝谓高力士曰："吾闻饮堇酒无苦者，奇士也。"时天寒因取以饮，果三进颓然曰："非佳酒也。"乃寝，顷视齿燋缩，顾左右取铁如意击堕之，藏带中，更出药傅其龈良久，齿生灿然骈洁。帝益神之，欲以玉真公主降果，未言也。果谓秘书少监王迥质、太常少卿萧华曰："谚谓娶妇得公主，平地生公府，可畏也。"二人怪语不伦，俄有使至，传诏曰玉真公主欲降先生。果笑，固不奉诏，有诏图形集贤院，恳辞还山，诏可。擢银青光禄大夫，号通元先生，赐绢三百匹，给扶持二人，至恒山蒲吾县未几而卒。帝为立栖霞观，或言尸解，后发其冢，但空棺而已。沁大姓郭整郭璋父子渐显，靳晗昆仲暇日，因安君吉甫暨耿彦明者，为之绍介，携茗礼踵门而告曰：吾乡张仙公庙者，凡水旱灾历有祷，辄应焉。李唐之后，五代蜂起，迨至宋朝连延三百载，岁修月葺，寖广其宇，仍以丰碑，纪其实迹。金人乱华之际，火炎昆冈，玉石俱为煨烬，好事者复增崇之，迄今又逾百年，日月云迈，尘浸雨渍，屋宇堕毁，迩来岁因登稔，告成于神仆等，见其庙之敝坏，意欲一新，遂谋于管下七村之众，众佥诺之，未及一期而殿宇廊庑、门闾神像、壁室绘画之属，灿然可观。虽未臻于大备，亦可谓苟完者矣。今者殿功告成，庶传不朽，子其为我文之仆，闻是语则知斯人也。将欲尽力乎，鬼神致敬乎？祀享少可尚矣，于是乎摭实而纪之，仍搜素槁而姑为之名。

伟哉仙翁，丹颊方瞳。寿龄莫测，神变无穷。世钦令德，人仰高风。巍巍泰华，落落恒嵩。义皇向上，唐尧侍中。谢绝武后，应聘元宗。问以道枢，原始知终。千载以降，孰继芳踪。春秋祭祀，庙貌惟崇。邑有大姓，曰郭曰靳。内出乎心，外资于众。重修灵祠，金碧辉映。享神以诚，事神以敬。唐宋以来，于斯为盛。神之为神，聪明直正。感而遂通，祷之斯应。亏盈益谦，天道之信。福善祸淫，神明之圣。小子作铭，惟神之听。

重建通元先生庙碑记

万历三十年

古蔡皋狼旧都，漳河水之源，唐通元先生栖隐处也。先生隐中条山，往来沁汾，时止漳源，世称张果老，云常乘白驴，休则叠之如纸，置巾笥中，乘则以水喷之，即策以往。人莫知其邑里世系，善息气，累月不食，数御美酒至千钟，自云生尧丙子，位侍中。貌不逾中人，世传数百岁，亦莫知其年寿。武后临朝，召之即死，后见恒山中。刺史韦济以闻，元宗召之，即仆地，以状驰白帝。遣中书以玺书邀礼，乃至集贤馆，命以肩舆入，帝亲问治道神仙事，语秘不传。帝密遣夜光邢和璞觇之，皆莫测。帝以药酒试之，齿黑，先生取铁如意击之堕，须臾更生，帝益神之，欲以玉真公主降先生，先生笑不奉诏，坚辞还山，赐号通元先生，至恒山卒，葬蒲吾县，后发其棺惟只履而已。沁人即漳源隐处，立张仙庙，有祷则应，时以殊应王称之。历唐至宋，烬于金。至元二十一年，里社郭整等即遗址立庙，广平毛顺记其事于石，丰碑穹然在也。国初改祀漳河庙，而图八仙像于门，余遵祀典，往祀焉。其庙则是，其祀则非，读其文有深慨焉。旁有新创三圣堂，像释迦老子，而以孔氏侧其右，余谓先师祀在泽宫，易像以主，有勅谕在而乡民妄作，若此使陟降有灵肯居二氏下哉？乃毁先师像以遵时制，迁释迦老子于漳河故庙，增饰之以存里社愿力，即三圣堂改通元祠，肖先生像于中，以复千年故典，移旧碑于祠，而漳河神如故焉。是役也，不费官帑，不烦巨费，里社输其力，余以俸余助之，不逾月而告成，祀典正神人和，虽玉虚紫馆先生别有洞天，而灵源上流亦足以识先生隐化之迹矣。庙不甚宏丽，先生以土阶视之，余志恬淡亦不敢以华藻辱先生也。

六、河神祭祀

灾害作为一种客观存在，必然要反映到人们的头脑中来，并通过社会实践对人们的心理和行为发生影响。漳河流域频繁发生的水旱灾害，导致这一地区河神信仰盛行。当地先民希望借助神灵之力镇慑、平息洪魔旱魃，保障人民生命财产安全。

在今临漳县境，流传有战国时期“河伯娶亲”的传说。东汉建安三年（198 年），河南省修武县人张导任巨鹿太守。时漳河泛滥，民不能耕，张导按地图“原其逆顺，揆其表里，修防排通，以正水路。水患既绝，人寿年丰。黎民于铜马祠侧建漳河神坛碑，以志其德。”这一事迹记载在今河北省沙河市境内的“漳河神坛碑”的碑文中,《水经注》对此有收录。[1]

清代，临漳知县骆文光在其《重修临漳县漳河神庙碑记》中云：“漳河，冀豫间一巨浸也，溯其源来自太行山右，汇清、浊二流，东至

[1] （北魏）郦道元:《水经注校证》. 北京：中华书局，2007：264。

旧闸口。闸以上，山石夹护，虽湍流迅激，不能为害。自雀台以下一带，平原旷野，夏月水势涨发，汹涌异常。往往淹及田畴，甚且为城郭、村墟之患。而临之民处漳下游，耕凿为业者，独能当横流而不惊，集中泽而无虞，非有神明为之呵护乎？……能捍大灾、御大患，是即有功德于民者，固宜列入祀典也。”

时至今日，漳河流域及周边很多地方都留有漳河神庙。嘉庆《涉县志》记载：“在南关，始建无考，乾隆元年重修，以六月二十四日祭。别有庙在原曲村，明万历间建，任令澄清记。”咸丰《大名府志》记载大名府河神庙在府治南关陲高岸上，即艾家口，咸丰元年，道、府、县捐资重修，漳、卫龙神合祀。魏县漳神庙在县城东郭外。光绪《临漳县志》记载临漳县漳河神庙：“在南关外，同治七年，知县骆文光重修，旧地五亩，知县陈大玠新充西太平村河地一顷八十亩，又附县四关厢官地四十七亩三分三毫以供香火。”清人王履泰《畿辅安澜志》记载成安县漳河神庙：“在县城外东南河滨，顺治十一年，知县张一霆建，康熙十一年重建。”曲周县漳、滏二神祠：“在曲周县东东桥南河畔。”民国《肥乡县志》记载肥乡县漳河庙：“在城北堤上，耆善修庙三楹，知县王建中增修墙壁。”雍正《馆陶县志》记载馆陶漳神庙：“在城西南四十里，雍正四年，奉旨敕封为惠济漳河之神，知县赵知希设立牌位，悬挂匾额，每年春秋致祭，行礼如制。”民国《邱县志》记载邱县漳河神庙：“在北极庙后，康熙四十五年，知县杨兆亿鼎建。”

各地漳河神庙的人物原型，说法不一，但主要是张果老、女娃、汜水孙孝廉。漳源村和发鸠山都位于漳河上游，庙宇建立年代久远，承载着当地的历史和文化，民众多对其进行演绎和改造，故充满浓厚的神话和传说色彩。临漳县漳河神庙建立时间相对较晚，故其人格神的形象更为突出。临漳知县骆文光在《重修临漳县漳河神庙碑记》中对临漳县漳河神庙中所供漳河之神做了记载：“世传乾隆间，有祀水孙孝廉，北上渡河，没于漳水，遂为兹川之神。”

第三节 泉与寺庙

一、襄垣县仙堂寺

襄垣县仙堂寺位于漳河上游山西省襄垣县仙堂山上，为仙堂山主要古建筑之一，依山而建，靠石崖，临深壑，四面环山，泉水萦绕，松柏苍翠，环境清静优美，寺址内外五泉涌出，故又名“五泉寺”，至今泉水仍蜿蜒寺侧。

仙堂寺创建年代不详，现为三进院落，中轴线由低向高，层层向上，整个建筑，布局独特完整，错落有致，从沟底登162级天梯到达山门，两侧设钟鼓二楼。前院东设关圣殿（关公赤面美髯，关平、周仓持刀侍奉），西为乐楼。前院拾级而上进入中院寺门。中殿面阔三间进深两间，五踩斗拱，单檐歇山顶，现辟为法显纪念馆。法显是山西襄垣人（335—420年），是我国佛教史上的一位名僧，一位卓越的佛教革新人物，是中国第一位到海外取经求法的大师，杰出的旅行家和翻译家。早在399年，法显等从长安出发，经西域至天竺，游历20多个国家，收集了大批梵文经典，前后历时15年，对传播佛教文化起到了重要作用。

仙堂寺两侧为东西配殿，各五间。由两侧拾级而上到后院，中为三佛殿，面阔三间，进深两间，斗拱五铺作，单檐歇山顶，保留着宋代建筑风格，两侧设东西配殿。西南角设大殿，寺内现存药师佛、伽蓝佛、燃灯佛、释迦牟尼佛、弥勒佛等彩色塑像，均为明代遗物。仙堂寺留有记载仙堂寺之僧建功德的宋代碑刻，明、清、民国寺院重修碑记及经幢3通。

仙堂寺往南里许到达黑龙洞，名曰“洞天福地”，洞口有两条巨龙腾跃而起。从月门入洞，有9个龙头迎面伸出，个个口内喷水。再往里走有一石平台，台上有一汪清水，龙嘴之水即源于此，当地人说此水可治百病，实为甘美矿泉水。洞后端的洞底盘石宛若两条弯曲而卧的黑龙，传为龙王夫妇的起居之地。洞前有龙王殿，内塑龙王像。寺院里山崖如削，峭壁上凌空而建娲皇宫一座，宽五间，为全木结构两层楼阁。宫底层木柱林立，共 32 根交错排列，柱头补间斗拱密布，重檐跋山顶，构造奇巧独特。周围高山峻岭相衬，犹如古画中的玲珑小屋。还有峰悬石碣观音洞、云嗽仙乐铙钹洞、夜鸣纱车纺花洞、丹炉经烟株砂洞、山间明珠金灯岩、点头迎宾人面石、养僧济贫滴谷洞等景点。

二、涉县清泉寺

涉县清泉寺位于涉县东南约 7 千米处的石岗村南青头山腰“卧云”之巅。此处因山峰碧翠，高耸入云，形如螺髻，故称青头山。又因其高出周围诸山，亦称崇山（金代涉县由此山曾设为崇州）。此山之北有一山峰略低，曰“卧云山”，其三面似刀劈斧砍，峭壁陡立，只有一条盘山石磴可通山顶。山顶平坦，清泉寺就坐落在这里。四周怪石嶙峋，柏树林立。为涉县古“八景”之一，名曰“青头卧云”，游人多有题咏。另据石岗村通往清泉寺石蹬路旁的岩壁上石刻记载，唐代称净化寺，梁宋叫清碧寺，明清叫清泉寺。清泉寺居高临下，地势险峻，古柏参天，泉水长流，极目远眺，太行风光尽收眼底。寺前原有二泉，一名甘露，一名玉液。泉水出自石壁间，细若悬丝，白如素练，甘美清洌，故名清泉寺。清泉寺建筑古朴雄伟，是清静幽雅的名胜之地。

据考，清泉寺始建于汉代，初名累通寺。清嘉庆《涉县志》载：“清泉寺在青头山，汉时建，嘉靖二十七年（1548 年），僧果年更拓而大之。”又载“北齐天统间有释居此山，苦节峻行，能断思想，通书史工诗——号嘉定禅师。”北齐天统年间，靖定和尚在此居住，原有北齐所立靖定大师碑。前后梵室三十余楹，缭垣一里，僧房百五十间，有潘国主记在水陆殿。寺周有围墙，前有山门，钟鼓楼，有大殿四座，另有东西配殿、藏经殿、伽蓝殿、仙境台竺。在寺东南，有一建筑，下为石券，深均为三间。石券上刻有“宝访”二字，内书“林泉”。寺内有书法碑刻，艺术精湛，有汉代法道陵所书的“龙”字、康熙帝所书的“虎”字和晋代王羲之所书的“白鹅飞到池中”。

清泉寺规模宏大。整个寺院建筑面积为 15 万平方米，原有房 86 间，四周有围墙，钟鼓楼，正院建有雷音殿、毗卢殿（罗汉殿）、大雄殿、天王殿（水陆殿）。还有东西配殿、仙境台、没梁阁、月牙井、石柱、八角连池，前有山门。1980 年 12 月，因一社员用火不慎造成火灾，将清泉寺大部烧毁，共烧房屋 67 间，现存 19 间，有藏经殿、天王殿、山门、钟鼓楼。另有宝坊、仙境台和门外石狮一对。1982 年清泉寺列入省级文物保护单位名录。

第四节 民 风 民 俗

特定的地域和自然环境决定了特定的民风民俗。在传统社会，漳河流域因为降雨不足，种植条件有限，在耕作方式和饮食文化中都形成了独特的习俗，一直延续至今（牛静岩，2014）。

一、耕作方式中的水文化

在传统社会里，由于降水不足，旱灾频发，没有稳定的灌溉来源，漳河上游山地很多地区的作物生长完全依靠自然降雨，人们种植的作物主要是有较高抗旱能力的谷子。后来也逐渐建有水地，一般都在漳河沿岸的河滩里，人们在河滩里挑选地势较高的地方，尝试种植一些作物，并将这一小块河滩用石块垒成的简易的堤坝保护起来，就形成了一小块一小块的水地。这些水地的收成并不能保证，往往作物还没成熟，河水上涨就把辛苦搭建的堤坝和庄稼一起冲走。

因为缺雨多旱，有的年份，水地能够得以保存，就要解决灌溉的问题，水地的高度高于河水，人们需要工具将河水提高。在田块比较平整的地方，水车可以发挥更好的作用。但是河滩水地比较分散，高低不平，水车造价较高，所以一般都使用简易的“豁水斗”，实际上是用绳子把装水的木桶提到高处，这种浇灌方法比较费力。由于灌溉效率低下，所以当时的水地，实际上一年只能得到一次或者两次灌溉。

20 世纪 60 年代末以后，“靠天吃饭”的雨养农业逐渐被灌溉农业所取代，随着新中国成立之后农村水利设施兴建的高潮，漳河上游开始出现大大小小各种水利工程，如 1960 年浊漳河北源开始拦洪蓄水的关河水库、1960 年浊漳河南源开始拦洪蓄水的漳泽水库、1969 年全线竣工通水的红旗渠等。这些蓄水、引水工程的建成客观上造成了漳河水大幅减少，更多滩涂从水下暴露出来，同时也使洪水的规模得到了一定控制，水地的风险降低。

浊漳河携带的泥沙较多，每次泛滥的洪水退去之后，河滩上就会留下细腻的泥土，人们便开始利用这些泥土淤积土地。先期工作是在河滩上修建方向不同的两种坝：第一种是顺水坝，顺着河流的方向延伸；第二种是淤地坝，修建在顺水坝隔阻出的滩涂上，方向垂直于顺水坝，淤地坝作用是用来拦截洪水，在距离地面约 2/3 的高度处留有排水洞。通常情况是秋收之后，一个村子的劳动力在大队的组织下，到河滩里开始打坝。在集体化时代以前，村中也有以家庭为单位或者是以家族分支联合起来的几个家庭的打坝淤地行为，由于规模很小，河滩里的乱石足够作为建筑材料。当全村劳动力都投入到这项行动中后，对材料的需求加大，就需要用炸药开山取石了。打坝的活动一直要持续到第二年春耕开始之前。夏秋季节，如果有山洪暴发，挟带大量的泥沙的洪水漫过顺水坝，上层较为清澈的河水顺着淤地坝上部的排水洞流走，下层质量较大的泥沙就被拦在坝内。洪水消退后，淤地坝与顺水坝围成的区域内，原有的碎石块与砂烁被就泥土覆盖了。而淤地也需要一个长期的过程，有的年景天气干旱，压根不会发洪水，淤地就无从谈起，即便有洪水，一次洪水过后留下来的土层通常也很薄，不够作物生长需要的厚度。通常要在几次洪水之后，才能形成一块可以用于耕种的土地。

20世纪70年代初期，跃进渠、大跃峰渠等河渠开凿后，农田就开始种植一些水稻、小麦和玉米等，此外也较少种植棉花、黄豆和红薯等作物。一般，一年到头的农活安排时间最直观的就是用节气来记录的。农历五月收完小麦之后，在节气小满和芒种之间，农民们一般在这段时间插秧，如果渠里有水，水稻先后能得到及时浇灌，而这段时间恰好是漳河上游地区降水最少的一段时间，如果渠水不够，村与村之间，甚至村中各农户之间，就会发生水事纠纷。

但是在漳河上游，有水地的地方只是少数，因为地处河南、河北和山西的交界地带，用水需求大，降水又少，水利工程并不一定能完全满足沿岸农家的灌溉，在有些地方，水利工程修建以后，用水拦截到别处，农业用水更加不方便，水田也不再适用于当地，又慢慢转成了旱地，玉米小麦一年两作的方式是更为普遍的现象。

二、饮食方式中的水文化

位于山西、河北、河南三省交界地区的漳河流域地域辽阔，错综复杂的自然环境，悠久的文化传统，形成了其独特的饮食文化。

灌溉用水的丰缺决定了庄稼的种植结构，而种植结构决定了当地人们的饮食方式。在粮食稀缺的时代，因为缺水，漳河流域主要的种植作物是耐旱作物谷子，又被称为粟，脱壳后就是小米。小米产量低，人们常常将谷子的内壳磨碎制作成食物，填饱肚子，也称为糠，糠还和当地所产的柿饼等混合在一起加工，填饱了艰苦岁月里多少农民的肚子。灌溉农业和家庭联产承包责任制发展之后，农民食物逐渐由匮乏转向充足，面制品面条、馍甚至米饭逐渐成为一家一户的主食。目前在漳河上游地区，小麦磨出的面制品是人们饮食生活中的主要食物，一天三顿，以面条、饼和馍为主食，配以米饭和小米稀饭。由于水资源的匮乏，粮食种植的收成在漳河流域被分外重视，而蔬菜在地方面食结构为主的食物体系中处于从属的地位。在传统社会，人们认为只有粮食才是决定生存的决定性因素，以菜充粮是一种被迫而无奈的选择，菜和糠被放在同等的地位。至今，在漳河上游农村的饮食结构中，菜仍然处于可有可无的地位，而且并不被加以精心烹制，这是长期以来地方的气候、水资源特点所形成的饮食风俗和习惯。

1. 嗜好面食，兼喜汤饭

漳河地区日常饮餐具有粗粮细作、花样繁多的特点。由于地处丘陵地区，农作物以小麦、豆类为主，兼有小米、高粱、玉米等杂粮，常用的材料是玉米面、小米、玉米疙剩（玉米加工时筛剩的米粒状碎瓣）、米面（小米磨成的面粉）、豆面（用黄豆、黑豆磨成的面粉）、小粉（用玉米面和高粱面制成的面粉）、黍米、黍米面、白面。其中玉米面占绝对优势，小米次之。小粉不能单独制饭，常与其他面粉掺合起来食用。黍米是杂粮中最好吃的粮食，由于产量低，不易消化，平时很少食用，只在年节改善饭食用。

大部分地区为一日三餐制。冬闲日短时节，一般改为两餐，称“一老晌”。民间称一餐饭叫“一顿饭”。早饭为“早晌饭”，午饭叫“晌午饭”“后晌饭”，晚饭叫“夜饭”。早饭多食小米稠饭加凉菜丝。午饭比较丰盛，吃面条、饼子、馒头，加上土豆、粉条、白菜烩菜及腌菜。晚饭也多备有汤类杂锅饭、面食等，但不讲究多吃。一些农村在夏秋暖和时节，有站街吃饭的习惯。各家各户盛一大碗饭走出院门，或站蹲门口，或到街中碾盘上、大树下，聊天吃饭两不误，趣闻笑谈、家长里短得以交流。

漳河地区喜喝汤饭的习惯由来已久。邻里相见，开口先问：“喝了没有？”由于地处丘陵地区，大部分地区常年干旱多风，百姓“日出而作，日落而息”“面朝黄土背朝天”“汗珠子摔八瓣”的辛勤劳作，绝少有饮水啜茗的条件，全靠吃饭时的汤水一并补充；且山西人过去吃饭少有蔬菜，全凭盐、醋相佐，口味明显偏重，从生理上需要大量水分，形成了喜汤食的习俗。在居民的日常食谱中，汤饭的种类最多，吃法也最为讲究。低档的可果腹，中档的可款待普通宾客，高档的则为高级筵席中的佳汤美羹。如晋中一带的三合面流尖、三合面抿蝌蚪、什锦空心拌汤等，都是比较讲究的汤饭。民间还有这样的说法："吃饭先喝汤，一辈子不受伤。"吃干饭前先喝点汤饭，是许多居民家的"饮食规范"。这从生理角度来讲，这是很有道理的。吃馍、饼之类的干食，大多要熬些米汤，或做点汤面，有条件的家庭还要熬些油茶之类的汤食。吃干面条后喝点面汤则是居民最为突出的饮食习惯。"喝原锅汤，化原锅食"，据说是传统饮食古训。许多农家代代相传，至今仍保持这种习俗。

2. 爱吃盐醋，又喜辛辣

漳河地区民间百姓爱吃盐、醋的习惯，历史悠久，区域广泛。这同当地的水土特征、自然气候和多数人以杂粮为主的生活条件有着直接关系。例如，贫乏的餐桌上，全靠盐、醋来调味；艰苦的劳作之后，身体需要大量盐的补充。民间百姓的饭菜中用醋量很大，这种饮食习惯是众所周知的，而这之中又以山西人为最。由于"水硬"，即碱性强，加上以杂粮为主，如高粱、莜面等，都是不大好消化的，需靠醋来中和、助消化。一个土生土长的山西人，从能吃饭开始算起，一直到他寿终正寝那一天，最少也得吃掉 150 ～ 200 公斤醋。难怪外地人戏称山西人为"老醯"。山西人无论吃面条类食物，还是包馅类食物，或者烹调菜肴，都离不了醋。调和须见醋色，饭菜须有醋香，否则，就不算好饭，吃着就不香。仅观普通农家餐桌上必备的醋具，如瓶、盆、壶、碗之类，就知醋在山西人的饭食中的作用了。在山西广大农村，几乎家家都有一套制醋的经验，庭院中备有一两个酿醋大缸。平原地区酿造高粱醋，山区居民酿制米醋、枣醋、柿子醋、沙棘醋等，各有其独特风味。用以调和饭食或烹调菜肴，醋营养价值颇高，并有一定的食疗作用。山西各地几乎都有自己的名醋，其中"山西老陈醋"味道最好，堪称调味佳品。山区居民还有以腌酸菜汤代醋的习惯。用这种酸汤调和的饭菜，别有一番风味。

民间百姓日常饭菜用盐量也非常之大。过去，许多农家调和饭菜都习惯用小盐，并有"露咸"的讲究。民间有"咸香咸香，无盐不香"

之说，民谣云："能说会道离不了钱，五味调和离不了盐。"人们对盐重视由此可知。如同备醋具一样，每个家庭餐桌都备有盐具，便于就餐者随时调饭。民间百姓喜吃味重食物还表现在佐餐小菜上。普通农家的餐桌上，常有一两样咸菜或酸菜佐饭。四五口人的家庭，一顿饭吃掉一两个大头咸菜或五六条腌黄瓜可算常事。酸菜则要整盆调和，作为"浇头"，有的地方甚至与饭合二为一，更是一种特殊的饮食风俗。过去，冬春季没有新鲜蔬菜，又没有保鲜手段，全靠咸菜和酸菜佐餐。许多地方都有"茶饭赖，咸菜拽"之说，反映的是过去广大群众饮食的艰辛和无奈。各种各样的咸菜和酸菜，几乎是百姓常年的必备之物。20世纪50年代以后，小盐逐渐被湖盐、海盐所取代，人们食用小盐的习惯始有改变。然而，漳河地区吃"味重"食物的习惯至今仍无多大变化。

除盐醋之外，各地居民对辛辣食物的需求量也是相当可观的。人们一向将大葱、韭菜、花椒、大蒜、辣椒乃至生姜等视为必不可少的佐餐小菜和烹调佐料。比较富裕的家庭将白皮蒜、青辣椒等腌成咸菜佐饭，居民称其为"细咸菜"。这还是款待亲朋好友的佳肴。也有用大葱、大蒜直接佐餐的习惯，将辣椒切碎，调以盐醋佐餐更为普遍。有的地方甚至每餐都离不开辣椒面，里面加盐拌成佐餐小菜。

3. 主食的文化符号

在漳河流域，小麦不仅是当地重要的主食，还是这一地区传统的礼物性作物，人们在各种仪式上，将小麦磨成面做成的食物呈现给神灵或者祖先，并且在各种节庆活动、婚嫁活动中将这些面制品作为礼物送给亲朋好友。比如在春节时期，家家户户都要蒸各种各样的花馍作为供品，供品包含着整个家庭对神和祖先的敬意。农历的初一、十五人们到庙里烧香的供品也是馍，每年的农历六月麦收以后，女儿要携带12个用新面做成的馍回娘家看望父母，而之后没几天，姥姥也要开始准备蒸面羊去看外孙，当地的说法是"割罢麦子打罢场，谁家闺女不瞧娘？瞧娘不为全瞧娘，是让娘家去送羊"。面食制品承载了血缘关系之间爱的表达。

另外，水稻在当地的饮食结构和婚嫁活动中也表现出不同于小麦的地位。由于缺水，水稻受地域和降水量的限制，在当地种植范围十分有限，大米也就成为日常生活中相对奢侈的食物，漳河上游地区人们的饮食结构中，一般以面制品为主，大米只是作为调配，一般放在每天的中餐里。在作为礼物流动的方式中，婚嫁活动中，随礼的粮食有小麦和水稻，但是水稻体现出了比小麦更高的等级和品位。作为生长周期总需水量较高的作物，水稻的有限和稻文化在全国传播的广泛，映射出人们把过去本地很少种植的水稻置于整个粮食体系中的顶端，超过了原本位于顶端的小麦。

随着物质生活水平的提高，现在农村的小麦、水稻包括小米等各种粮食作物都十分充裕，但是历史传统和气候水资源特点形成的饮食结构和饮食方式依然延续至今。

三、居住文化与水

漳河地区住房变化较多，可以说是各种住房都有。有瓦房、砖房、平顶房、窑洞房，更有特点的是当地人的二层楼房，二层上一般不住人，只是放些粮食、家具、杂物之类的东西。一层一般是居室。

旧时，平民百姓住房多是平房、矮房、土窑、土楼，宅院狭窄，居室简陋，住宅多为正北，建筑结构多数是三间三檩或是五间三檩。间架结构，一般入深为八尺，间架为七尺左右，而且以土木结构房屋居多。在山区偏远地区，住窑洞房者很多。当地的窑洞，一般是顺山势、地势切成平面，而后向平面纵深处挖掘而成，这种土窑洞一般比较简陋。乡绅人家住房讲究几合几串，院子以四合楼院为主，房屋多达两串三串院子。楼房多数软装、露明柱、施明暗八仙、猫头滴水、屋顶半圆通瓦，五脊六兽，院内设亭、台、楼、阁。“功名”人家，更是富丽堂皇，竖旗杆、挂匾额、装建门面。匾额多数为功名、节、孝、贺、寿之类。有钱人家室内摆设，颇为讲究，抽屉板箱、连三柜、八仙桌、太师椅、案头条几等。官宦人家，则要摆时辰表、挂自鸣钟、供“金佛牌位”、贴中堂屏对及八景诗书画等。

新中国成立后，居住情况变化很大，与其他地区一样，新盖房屋多选择干燥、通风、向阳、眼宽的地方。而且，新建房屋结构简单、门窗宽大、室内亮堂，结构、造型、光线、取暖都要考虑到。所建房屋一般坐北朝南，间架一般丈余，入深均为两丈多。一般房多为五檩、七檩进深的。这些新建房舍，砖木结构居多。多数都是单门独院，行走自在，出入方便，院子讲究方正，卫生。近年还在许多城乡出现了个人修建的钢筋水泥结构的二层楼。

在民间，建房造屋后，每个院落都要有雨水流出的通道，俗称“阴沟”，从街门底下流出为宜。一般建造于门口一侧。在山西民间，一般主要是用作排污和下雨天把雨水顺利排出。民间还有一种说法，水主财，意指财运，按风水讲，财运要绕门而过，民间认为门的方位及水道的位置，都是有讲究的，有的在门的左侧，有的在门的右侧，有的是门两侧都有。在新时代，民间的水道主要起保护和改善环境，消除污水危害的作用。利于院落清洁，对保障家里人的健康具有深远的意义。污水的妥善处理，以及雨雪水的及时排除，是保证家庭正常秩序的条件之一。

四、交通文化与水

漳河流域的商业重镇，都无利用水运，这是它与南方商业重镇的重大差别。不论支流还是干流，漳河都因水量太少而缺乏航运的起码条件，历史上少有水运航道。而漳河从山西发源后，东流入华北平原后河道摆动频繁，明清时期入卫河进入南运河，或又曾夺滏阳河北流入海，这不仅对于明清北方漕运构成威胁，而且对于南北交通顺畅与否产生了影响。明清更迭，漳河在直隶和河南交界地区有一段成为直隶与河南的省区交界线，即直隶广平府磁州与河南彰德府安阳县、临漳县的交界河段，东西走向的河道成为南北交通的障碍，这一河段与北方地区南北大动脉交汇（明清时期这里也是华北平原两条驿路交通大动脉之一，今京广铁路即南北贯通于此），在现代化交通设施出现之前，漳河洪枯水期只能通过摆渡和修筑简易桥梁的方式沟通南北。

漳河流域河流易涨易退、善淤善决的特性，使得桥梁的修筑并不能如南方地区一样能充分发挥效用，故而一些河流之上固定的桥梁不太常见，渡口却很多。在民众日常生活中，摆渡完全可以解决交通问题，而无须兴建桥梁以便沟通，而且在河流枯水期，水退沙出，一些河床也可以通行。如乾隆五十七年（1792 年）五月十五日，蒋攸铦奉命典试贵州，由北京南下经过漳河时“山水未发，河中淤成沙路，南北分而为二，俱可径行”。但这种情况毕竟与河流降水补给量的季节性关系密切，只能出现于“山水未发”时期，通常情况下河流还不至断流，对于交通的阻隔作用仍旧存在。如临漳县境内漳河之上虽有多个渡口，但嘉靖《临漳县志》仍说：“临漳漳水经流，不假舟梁，民必病涉，公私阻滞。”

由于南北交通多取道太行山东麓，后世相沿，成了古今南北交通的要道，明清时期也是北方驿路最为重要的一条，清末京汉铁路（民国称平汉铁路）、今京广铁路也贯通于此。虽然由北京南下经真（正）定府西跨太行由山西亦可南下、西行。磁州、彰德府（今安阳）正处于南北之冲，驿路冲烦，为南下南方诸省之要道，故有“十省之冲衢”之称。不过，漳河的横亘阻隔了这条官道，而且漳河善淤善决，河槽宽广，不易设置石桥。乾隆《安阳县志》说“漳水湍悍，迁徙不常，而沙土性松，不可叠石，秋冬寒河以架草桥，则可耳。明郡守刘聪曾作漳河石桥，后废不复，亦地势使然”。于是漳河之上除常设渡口外，古代多设置草桥或柴桥沟通南北。漳河草桥秋冬搭建，春夏撤桥，其原因还是北方河流的水文、生态因素，河流流量随季节性变化，桥梁难以持久。草桥以木桩架成主体结构，上面再铺草蒙土，每年农历九月兴修，次年夏初五月撤除。

五、节日活动与水文化

漳河沿岸，历来多干旱，灾荒频繁，庄稼常常收成甚微，在这样的自然环境下，漳河两岸的人们为了生存，把农耕看作是人们生活的第一需要，但是古代生产力落后，科学技术不发达，只能靠祈求上苍来抵御灾害，祈祷风调雨顺，庄稼丰收，这就形成了漳河两岸特有的民俗和水文化，而这些水文化，大多体现在特定的节庆活动中。

1. 祈雨习俗

漳河地区山多水少，十年九旱，农民们认为天上的龙王握有行云布雨的权力，要想赐雨人间，甘霖大地，就得向龙王爷祈祷求雨，龙王庙遍布各地。民间不仅信仰龙王布雨，还认为其他神灵玉皇、雷公、雨师、风伯，以至地方神如关公、麻叶仙姑、荀息土地公公、山神爷爷等，也都有降雨职责。求雨习俗一般在农历五六月，正是庄稼最需要雨水的季节，求雨的方式有：

跪庙求雨。由里社纠首组织，杀猪宰羊，祭祀神灵，全村众人轮流跪拜，直至下雨方停。

唱戏求雨。每逢天旱，组织当地民众集资唱戏，戏台对联为：诸神保佑众生，雨神降雨纳福。认为神灵高兴了，就会下雨，有些地方是在下雨以后唱戏，叫“演戏谢雨”。直至现在五台东冶一带，每年要唱好几场大戏，几个村轮流唱戏，主要目的还是祈雨的心理。

选人求雨。在晋中一带，有的是挑选七个年轻少女求雨，有的是挑选七个守寡老太太求雨，有的是挑选七个德行好的男子（俗称“善人”）求雨。

鞭身求雨。俗称“恶求雨”，在大庭广众中，用鞭子抽打自身，用锨、刀等刺割自身，皮开肉绽，鲜血淋漓，有的是两臂伸展，绑一条扁担，将铡刀挂钩在胳膊上，血肉模糊，让神灵看后感动不已，怜悯百姓，从而降雨。

烧香祈雨。当出现旱情时，群众自行到有关神庙如玉皇庙、昭泽王庙等一一焚香祈祷。若再三烧香不见落雨，说明旱情比较严重，则要举行跪香。

跪香祈雨。以村为单位，由村社召集若干群众在一定神庙举行，早晚两次。每次燃一把香别在香炉里，进香者跪地默祷，一直到香火燃完为止。一般连续 3 天，若仍无雨或无透雨，则以踩旱的形式祈雨。

踩旱祈雨。就是赤足抬着神像沿村巡游，让神灵观察旱象，显灵降雨。过去，神庙里的神像一般分两种：一种叫坐殿神，另一种叫行神。坐殿神都是泥塑的大型神像，不能移动；行神是小型的木偶神像，可以搬动。踩旱用的是行神。这种行仪也由村社举办。踩旱时，全村遍插柳条。参加仪式的人必须光背膀，戴柳冠，组成一定的队形。正午举行踩旱，抬着行神，敲锣打鼓，转村巡游。一般也是连续 3 天。踩旱后，若仍未解除旱象，那就是特大旱灾。特大旱灾，举行最隆重的祈雨仪式。这样的祈雨仪式由一定村镇联合举办，而且还必须通过府县衙署。历史上，漳河一带流行的这类祈雨仪式有“二十四神朝玉皇”。

如果用种种办法还求不来雨，乡民们就会迁怒于神灵，将神像扳倒于地，用绳捆绑，鞭打责罚，强迫神灵降雨。春夏度过，还有秋天一关，“七月十五看旱涝，八月十五定收成”。遇上被称为“卡脖子”的秋旱或秋雨连绵的沥涝都会成灾减产。到了农历七月十五时，许多庄稼虽已接近成熟，仍提心吊胆，恐出意外，过去在这一天，全省多数县份的农民都于早晨把五色纸拴在自家地里的禾苗上，预祝丰收，俗称“挂谷彩”。

向龙王求雨习俗，20 世纪 50 年代还较盛行，以后随着科技知识的普及和气象部门的天气预报，求雨习俗已为农民摈弃，代之以科学种田的方法，以抗旱夺丰收。

二十四神朝玉皇

二十四神朝玉皇的祈雨仪式起源于明代。明代天顺年间，沈藩庄王朱幼埒镇守上党。传说沈王府后门使的腰闩有个奇异的特点，上面会自动产生水气漉漉的现象。天长日久，人们发现，每当腰闩出现水气时，天就会降雨。沈王府感到惊奇，就把这个情况呈报到北京钦天监。钦天监派专人前来查勘，用阴阳迷信的观点作了一番解释。说是这条腰闩牵连着“水平星”，所以一旦有雨，腰闩就会有预兆。既然腰闩，有如此神灵，就不能继续用它来挡门了。于是，沈王府差使工匠，将腰闩雕成一尊玉皇偶像。神像雕成后，竟然淫雨不止。阴阳家说，这是玉皇显灵，必须把神像安置到高岗之地。随即将偶像送往长治城东南里六十处的壶关县沙埚村玉皇庙内供奉起来。从此，每逢大旱之年，就组织隆重的仪丈，把玉皇偶像接来长治，采用二十四神朝拜的仪式祈祷甘霖。神像的腹腔内原有一副特制的“金心玉胆珍珠肠”。神像送到沙埚后，“金心玉胆珍珠肠”留存在长治一家当铺，接玉皇时再赎取出来，带到沙埚，装入神像腹腔里。

这种仪式从产生时起，就形成了各种定例。二十四尊行神有：大禹王、天齐王、岱阳王、崔府君、唐王、大仙姑、二仙姑、三仙姑、河神、三冕王、炎帝、华阳君、灵仙、炳灵王、五龙、朱太尉、皮疡君、东马神、西马神、城隍、雾陇、昭泽王、关帝神、二郎神。据说，二十四神代表二十四个节令。

与二十四神相适应，承担筹办仪式的是特别选定的近郊二十四村庄：车辕店及其临近三村——附城村、角沿村和紫坊村；西八村——堠北庄、堠南庄、堠西庄、南寨、湛上、崔漳村、暴马村、宋家小庄，以堠北庄为首；北十二村——北寨、屈家庄、暴河头、小神村、小常村、小泽头、大辛庄、梁家庄、化家庄、关杜庄、漳泽村、壁头村，以北寨为首。二十四村按照阴阳八卦排列：车辕店位居中央，是戊已土；

西八村是庚辛金；北十二村是壬癸水。从而象征土生金，金生水。同时，车辕店象征一时；临近三村象征三刻，又象征天、地、人；十二村象征十二个时辰。

将玉皇神接来后，在西关二郎庙落辇。

二十世纪以来，二十四神朝玉皇的祈雨仪式先后举行过五次。分别在一九零七年、一九一四年、一九一六年、一九一九年和一九二四年。每次仪式，大体都是这样五步：标票，接玉皇，朝拜，诵经，谢雨。

标票 大旱之年，经烧香、跪香和踩旱等方式祈雨后，仍不能解除旱象，有关村庄就要协商接玉皇（一般在农历六月间）。车辕店首先到堠北庄车辕店撞钟。钟声一响，堠北庄便立刻派出跑社役人，召集所属其余七村社首前来堠北庄会商。取得一致意见后，当即拟好呈文，以西八村的名义呈报县长（民国前是知县）批示，划行标票。县政府传西关社首进具体安排。由北十二村派人到西关二郎庙打扫布置，并通知临近三村及二十四尊行神所在街、村，按规定积极准备。还要通过有关部门（民国前是潞安府）行文壶关县，通知接玉皇的日期。县政府派专人到沙埚村开启庙门，同时通知沙埚村准备接待。

接玉皇 接玉皇的仪仗组成人员必须是龙、蛇两属相者，由西关村选派。包括十二名水官，八九名护驾执事。水官一律穿对襟黑袍，头戴柳冠，手执柳棍，跣足步行。

出发前，水官必须斋戒三日。随带水瓶、神辇和“金心玉胆珍珠肠”。临行，到城隍庙烧化牒文。然后，按一定路线上路。出东门，经五马、贾掌、东西顺布、南北羊护，到沙蜗玉皇庙。

次日，参拜玉皇。水官在神像前燃香设供，行三叩九拜大礼，诵读牒文：“玉皇赤子，钦差五湖四海；行雨龙王……

风伯雨师，雷公电母，早下清风细雨，搭救黎民，雷声普化田中。南无阿弥陀佛！”

接着举行拜水仪式。大殿暖阁内有一个洞，洞里有一股泉水。先由僧人把水官随带的水瓶用泉水洗净拭干，瓶里插一条上端散开的纸捻，陈放在供桌上。香炉里燃起一百二十炷香。十二名水官分两边站立，然后成对轮流拜水。每拜一次磕一个头，从香炉里拔一炷香。这样，每对水官拜二十次，总共拜一百二十次，将一百二炷香拔完为止。拜水中间，僧人报告，瓶里的纸捻旋转开了，说明瓶里有了水。于是，用红布封住瓶口，派一名水官先送回长治。

第三天，把玉皇偶像搬上神辇，按照“神道”返回长治。神辇由沿途各村交替抬送。从沙埚玉皇庙启程，途经皇上村，南北羊护、东西顺部、元村、贾掌村、北董村、马坊头，进南门，由十字街折向西大街，最后将神像接到西关二郎庙。这条“神道”是阴阳先生按五行生克的道理规划的。沙埚村在长治城东南，是甲乙木；南门是丙丁火；十字街是戊己土；二郎庙是庚辛金，从而象征了木生火、火生土、土生金、金生水的趋势。玉皇神进入二郎庙，势必显灵降雨。

是日，沿途各村各街商家，民户，均须在门前摆设香火神位，水缸里插柳条。神辇经过，跪拜迎送。若有延误，执事人员即行抄砸。神驾所到之处，穿白衣者、戴草帽者、持手巾者、打雨伞者及妇必须回避，否则就会遭打，鸡、犬、牲畜也要遭到棍棒的驱逐。

朝拜“玉皇”将到，县长亲率僚属与当地群众同在马坊头村外跪地迎候，人人手持一束香火，神辇落驾，先在神像前焚香参拜，诵读牒文。然后，给“玉皇”更换珠冕龙袍。将脱下的旧袍抖三下，祈祷玉皇显灵降雨。如果碰巧落下一阵雨，叫做抖袍雨。接着，玉皇接受二十四尊行神的朝拜。

每尊行神在玉皇御辇前三进三退，表示行朝拜大礼。随后入城，关闭城门，断绝出入。

玉皇神辇前排列两名行神——关帝神和二郎神，作为保驾大臣。大禹王开路，昭泽王殿后，一前一后叫做“龙头凤尾”。两抬神为挺驾，前后左右横冲直撞，观者躲闪不及就有被撞伤的危险。抬驾的差夫都是贫苦农民，他们有意撞打那些一贯敲诈盘剥劳动人民的盐号、当铺等大商家。行至十字街，玉皇落辇暂停，等候降雨，叫“磨雨”。观者如同赶会。“磨雨后”玉皇被送到西关二郎庙升殿。庙院有事先用海骡石构筑的一个石洞，叫做“海眼”。二十四神绕行“海眼”三周，依次朝拜玉皇。水官把水瓶陈放香案上，设燃香，叩拜祈祷。

诵经 从翌日起，用僧道各四名，对坛诵经。铺坛期间，封前门，拉旱绳，置岗哨。行人及牲畜、鸡、犬均不得穿越旱绳。

铺坛期限一般为三天。每日县长率僚属前来进香祈祷，并用阴阳先生唱礼，鼓乐吹奏。若三天期满落透雨，即解旱绳。否则，再复三天。

铺坛期间，全城禁止屠沽，官商居民一律不得茹荤饮酒。

谢雨 祈雨成功后，在西关二郎庙唱戏庆贺，酬谢玉皇，叫贺雨戏。庙内增挂“东顶圣母”“风伯雨师”“五湖四海”“当方土地”四个神牌。

秋后还得唱一次戏，叫秋报戏。然后，给玉皇更换一套崭新的龙袍，并将神辇修饰一新，送回沙埚。同时给县长（民国前是协台、知府知县）送万民伞或牌匾。

2. 节日与水文化

（1）添仓节。每年正月二十四日，称为添仓节。这天家家都要过添仓节，人们把过节留下的麸子磨成黑面，添仓节这天蒸成黑馒头，在馒头里包上柿子、枣、豆馅儿。蒸馒头时在每个黑馒头的顶上用指头摁个圆圆的坑儿，叫作天仓。一个笼里一共蒸十二个馒头，代表着一年十二个月，第一个馒头代表正月，第二个馒头代表二月……黑馒头蒸熟后，揭开笼盖，首先要看天仓里水多少，如代表正月的天仓里水满满的，那就代表正月里雨水多，代表二月的天仓只有半坑水，那就是二月里只有一半雨量，雨水不足，代表三月的天仓里是干的，那就预示着三月里干旱没雨，不能下种。人们要把十二个月的降雨量记住，作为安排一年耕作的依据。比如三月要种谷，可三月里天仓没雨，就要安排在二月底早下种或推迟到四月初下种，或者不再种谷，改玉米或豆子别的庄稼。过添仓节这天，人们要用新蒸的黑馒头，在天地神前上供，人们也要吃黑馒头来过节，把节日和雨水的预卜融合在了一起，这是漳河两岸人对一年雨量的预卜。

（2）过七河（新文，1993）。漳河两岸，还流传着过七河的民俗。就是在正月十四日夜里，选七个不同姓氏的未出嫁的姑娘，传说天上的北斗星由七颗星星组成，是玉皇大帝的七个仙女。过七河也要有七个女子来扮。十四日这天夜里，七个女孩子要住在一个屋子里，那屋里敬着天神、五谷神、龙王、石头神。姑娘们夜里要在屋里烧香，求天神、五谷神赐给一年的丰收。待夜里零点，星星出全以后，有村里的社头选定的另一个大属相男孩，属龙是大属相，还必须是孤儿，领上七位姑娘，手提一个早预备好的水罐，罐子上有两个鼻儿，可串上麻绳作系子，他们去村子东南方向的井里打一罐子水来。传说远古时候，共工触倒不周山擎天柱时，天倾西北，地陷东南，东南方向有水。在到水井上打水时，由男孩把水罐儿放下井里，七个姑娘口中念道："井龙王、井水多，帮助七女过七河。"每个女子都接过井绳来，将水罐在井里墩三下，然后把水拔上来，由男孩儿提着，女孩子在后边跟着，不准回头看。把这一罐水提到女孩子住着的那个院子里，那个院子已准备着一个捶布石，把水罐放在捶布石上。院子里也有白天七个女孩子，从七家门朝南，灶门也朝南的人家搜集来的煮水饺汤和灶火灰，已和成了泥，堆在院子里。这时把泥灰摊在捶布石上，把水罐和捶布石粘在一起。边粘姑娘们边口中念叨：“石头爷来，井龙王来，帮七女把水罐和捶布石粘起来。”用灶灰泥把水罐和捶布石粘住后，就在院子里放着，让它慢慢凝固到一起。第二天是正月十五,七个姑娘在院子里洒下七条河，就是用谷子洒第一条线，麦子洒第二条线，玉米洒第三条线，豆子洒第四条线，黍子洒第五条线，高粱洒第六条线，荞麦洒第七条线，称为七条阿。河与河相距二尺。然后姑娘们抬起那个水罐子，罐子上有麻绳，可用木棍抬起。水罐子儿已和上百斤重的捶布石粘在了一起，一块儿抬起来走过七河。如果只过去一条河，捶布石就掉下来了，或水罐鼻子坏了，那预示着今年只收谷子，如果第二条河也过去了，就预示着今年收谷子和麦子，如果七条河都过去了，那今年七种庄稼都丰收。哪一条河没过去，今年就不种那种庄稼或者少种那种庄稼。

七河过去了，如果水罐和捶布石还牢牢粘在一起，村里的小伙子们就要接过去，抬上大街，全村人锣鼓喧天，鞭炮齐鸣，在大街上转个遍，引得全村人都来看，预祝今年的大丰收。

（3）七月初一大会。长治地区的七月初一会约形成于明代中期，与当时的祈雨活动有关。明代天顺年间（1457—1464 年），长治产生了“二十四神朝玉皇”的祈雨仪式。这种仪式逢大旱之年举行，声势浩大。接玉皇时，关帝神和二郎神同为“保驾大臣”，最后将玉皇接到西关二郎庙拜雨。两尊行神被当作祈雨的“功臣”而备受尊崇。为了酬谢两位大神，同时也为了祈祷风调雨顺，每年六月二十四日西关二郎庙会演出社戏请他们观看，由于接玉皇的关帝行神取自新街关帝庙，所以，届时，特意把“关帝庙”从新街请到西关二郎庙看戏，并且留住到月底，七月初一，新街关帝庙接关帝神回銮，也要演社戏庆贺。于是庙内外也就形成了交易会。

第九章

漳河 因水兴城

城市是人类文明的集中地，更是创造文明的人类得以栖身的居所。城市建设是一个包罗万象的综合体系，涵盖地理、气候、产业、人口、发展战略等各个方面的经济、文化因素。不论城市如何发展，都离不开水而生存。沿漳河流域而生的城市的文明兴盛，与水有着深厚的渊源。

第一节 水与邺城古都

邺城，古代著名都城，即今邺城镇，位于河北省临漳县西南 18 千米，漳河左岸。早在春秋时期，齐桓公即在漳水河畔修筑了邺城，“筑五鹿、中牟、邺、盖与牧丘”（《管子·小匡篇》），是为邺城建城之始。战国初年，邺地属魏，魏曾一度定都于此。《太平寰宇记》载：“魏文侯出征，西门豹守邺，即为魏都也。”魏文侯任西门豹为邺令，西门豹治邺，开凿十二渠，引漳水灌民田，促进了当地农业经济的繁荣。魏襄王时，史起为邺令，在十二渠旧址基础上改建后进行灌溉，民受其利。秦并天下后，邺属邯郸郡。自从修了漳水十二渠，邺的田地“成为膏腴”。这种巧妙的工程建筑，受到后人的称赞。在晋人的《魏都赋》中曾有过这样赞美的诗句：“同源异口，蓄为屯云，泄为行雨。”水利的开发加速了农业的发展。此后，从东汉末至北朝时期的数百年间，邺城长期作为中国北方的重要政治经济中心，三国曹魏、十六国后赵、冉魏、前燕、东魏、北齐均以邺城作为都城。

西汉初置邺县。据《后汉书·郡国志》记载，东汉时，邺县曾扩大至今河北省磁县。东汉末年袁绍占据邺城后“始营宫室”。东汉建安九年（204 年），曹操“遏淇水入白沟，以通粮道”，攻克邺城后，自领冀州牧，按王都的规制营建邺城。为防止漳水泛滥，遂筑渠堰、陂池，以解决城市防洪、供水、运输、训练水兵，同时，也改善了农业生产环境。建安十一年（206 年），开挖平虏渠、泉州渠、新河等，使白沟漕运航线逐步向北延伸，以适应军事斗争的需要。建安十八年（213 年），曹操又开利漕渠，凿渠引漳水入白沟以通漕运，扩大邺城漕运航线、航程。据邹逸麟的《中国七大古都》：“邺城水运可由漳河利漕渠进入白沟，向北可达河北平原北端，向南可向黄河抵达江淮，使邺城成为黄河下游平原上水运交通的枢纽”。畅通的水运网络（见图 9-1）不仅为邺城带来了军事上的优势，也带来了市场的活跃和经济社会的发展。此外，《水经注》记载，在战国时期引漳十二渠的基础上，曹操“遏漳水回流东注，号天井堰。二十里中，作十二墱，墱相去三百步，令互相灌注，一源分为十二流，皆悬水门”。大力发展农田水利，并实行屯田政策，邺城在这个时期经济繁荣，政治稳定，成为北方的政治、经济中心。

曹丕代汉建魏后定都洛阳，魏以洛阳为京师，长安、谯、许昌、邺城、洛阳为“五都”，足见邺城之重要。邺城作为魏晋、南北朝的六朝古都，在我国城市建筑史上占有辉煌地位，堪称中国城市建筑的典范。全城强调中轴安排，王宫、街道整齐对称，结构严谨，分区明显，这种布局方式影响深远。特别是对后来的长安、洛阳、北京等城市的

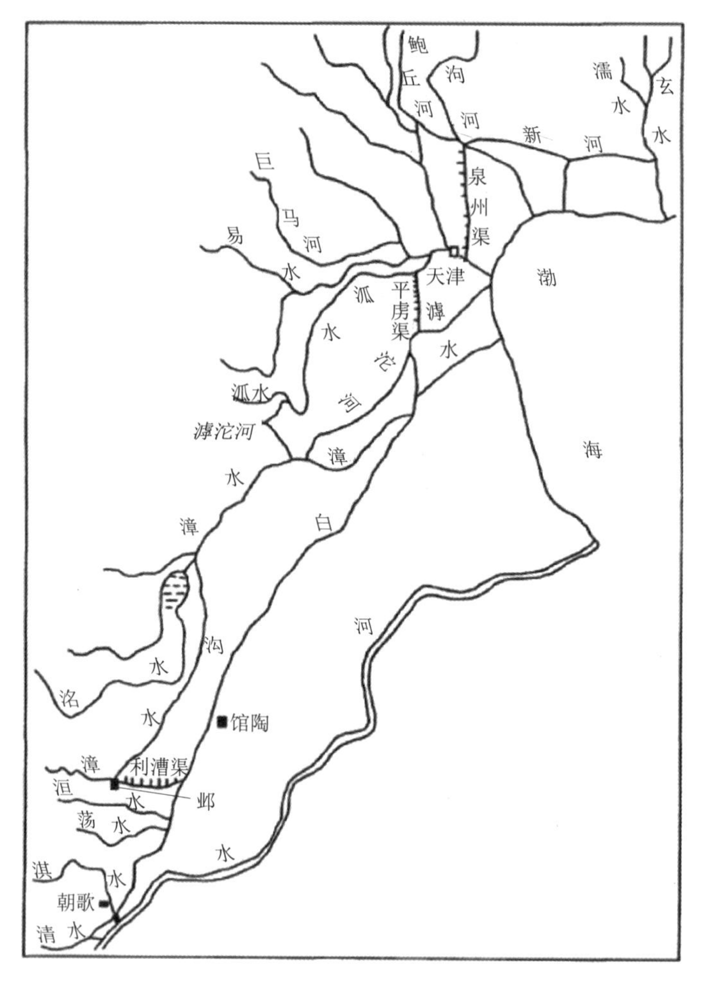

图 9-1 邺城周围水系图
（张子宇 等，2015）

兴建乃至日本的都城建设，都有着很大借鉴和参考价值。

曹魏之后至西晋武帝太康年间（280 年），政局相对稳定，曹魏时期修建的白沟、利漕渠、平虏渠等运河渠道和其他水利设施都较为完好的加以保存利用。西晋建兴二年（314 年）为避愍帝司马邺讳易名，因北临漳河而得名“临漳”。西晋“八王之乱”及以后的十六国和南北朝时期，政局动荡、战火连绵，田园荒芜、民不聊生，邺城在此期间也遭受重大破坏。北周大象二年（580 年），杨坚在平定北周镇邺大将、相州（治于邺城）总管尉迟迥的反叛后，将邺城居民连同相州、魏郡、邺县三级政府南迁至18千米外的安阳城，将临漳县治所东迁至邺城东7.5千米旧县小庄（今河北省临漳县杜村乡东、西小庄一带）并火焚邺城。隋代开通永济渠，邺城远离运河水道，从此一蹶不振。

隋开皇十年（590年）邺与安阳各复旧名（《隋书》卷三十《地理志》）。邺县治故邺都（今河北临漳境内）大慈寺。唐贞观八年（634年）筑小城，为邺县治所（《旧唐书》卷三十九《地理志》）。北宋熙宁六年（1073年），改邺县为镇，邺县地并入临漳县，县名迄今未变。邺都终于废为邺镇（今临漳县邺城镇）。邺的相州地位被安阳所取代，邺县地位被临漳县所取代。

明洪武十八年（1385年）临漳县城毁于漳水。洪武二十七年（1394年），县治移至理王村（今临漳县城，距离邺城遗址20千米处）。民国初年，隶属河南河北道，道治在卫辉；民国13年（1924年）废道，直属河南省。新中国成立后，属邯郸专署。1958年并入磁县，1961年复置临漳县。1993年后归邯郸市辖。

第二节 水与长治

长治，古称上党、潞州、潞安府等，明嘉靖八年（1529年），取长治久安之意易名长治。明代《潞安府志》云："其称上党，谓居太行之巅，地形最高，与天为党也。"故上党又被称为天脊，苏东坡说："上党从来天下脊。"

上党历史悠久，周显王二十一年（公元前348年）韩国在此首置上党郡。秦代，上党郡即为秦三十六郡之一。长治市区现今留存有古上党郡署大门——上党门和国内现存规模最大、中轴线长408米的城隍庙——潞安府城隍庙。

古上党的核心区域即今天的长治市，长治为狭义的上党。上党盆地，通称沁潞高原，与今天长治市的辖境大体相当。盆地底部平坦，海拔为900米左右，四周为太岳、太行两座山脉环抱，最高峰为太岳山北台顶，海拔为2453米。除了西部的沁源县，整个上党盆地的径流，绝大部分汇入东出太行的浊漳河。浊漳河上游属于扇形水系，共有三个源头：南源、西源和北源。它们在襄垣县先后合流。浊漳干流穿越黎城、潞城、平顺境内，东下太行，奔河南省林州市和河北省涉县，然后在广袤的华北平原徐徐流淌。

有水的地方才有可能发展文明。上党盆地的河流，从远古一直流到今天，哺育了源远流长的上党文化。浊漳河，这条天脊上的河流，历经所有王朝兴衰，堪称中国最悠远的一条河流。

浊漳南源是长治市的母亲河，她滋养着这方水土，竭尽心力地哺育着她的子民，她孕育了这一区域的风俗人情，安顿着这一区域的百态生活，在《长治郊区志》中对其有详细的记载。

> 南源发源于长子县西南发鸠山黑虎岭，流经上党盆地，从堠北庄乡下秦村入境，途经堠北庄乡、店上乡、上常乡、富村乡流入漳泽水库，后经故漳乡、马厂乡、黄碾镇入潞城县。境内主河道长约为30.5千米，多年平均流速为5.79立方米每秒，年平均流量为2.64亿立方米，河床比降为1/500～1/1000。

南源发源于“发鸠山”，提到发鸠山不免让人想到“精卫填海”的故事，这则故事记载在《山海经·北山经》中：

> 发鸠之山，其上多柘木。有鸟焉，其状如乌，文首，白喙，赤足，名曰精卫。其鸣子扰，是炎帝之女，名曰女娃，游于东海，溺而不返，故为精卫。常衔西山之木石以填东海。漳水出焉，东流注于河。

“东流注于河”此处之“河”即指黄河，而历史上因黄河发生过几次大规模的改道，致现今的漳河，早已“脱黄入海”，由黄河流域归并入海河流域，由“注入河”更为“注于海”。

精卫填海是《山海经》中最让人同情的悲壮故事，炎帝的小女儿女娃游于东海溺死后，为了报仇，便化作精卫鸟，“常衔西山之木石以填东海”，这里所说的“西山”即指发鸠山。世人常因炎帝小女儿被东海波涛吞噬，化为精卫鸟而叹息，更为精卫鸟衔运西山木石以填东海的顽强执着精神而抛洒热泪。

发鸠山脚下，原有一道清泉，乃为浊漳河主要源头。古时候，在此建有“泉神庙”，后又改为“灵湫庙”，传说就是神农炎帝为纪念其小女儿女娃所建，女娃因此被称为“漳源水神”。灵湫庙现位于长子县的石哲镇房头村。当年的庙宇，堪称宏大，布局和造型都很别致，庙的周围，建有摩天塔、上天梯、通天桥、南天门、八角琉璃景、四星池等建筑。此庙虽历经时代变迁，时兴时废，但房头村村民没有忘记炎帝，没有忘记炎帝的小女儿女娃，更没有忘记有关精卫鸟的传奇故事，他们为炎帝的小女儿女娃新建“灵湫庙”，2017 年，又对其进行了重修。庙前，老的出水口已经无水，残断的石龙头委弃在地，南源变成了附近的一口井，细流汩汩溢出。村民说，井水从不枯竭，庙后的发鸠山脉，已再无泉水。

发鸠山是古老的，文化古老，山水自然也古老。它不但有着博大的文化底蕴，而且苍翠毓秀，有林有水，极富自然情趣。除了东麓浊漳南源与灵湫庙，山间还有灵应侯庙、太和宫、南崖宫、真武宫、无风台、黑虎庙、栓虎石、跑马坪和歪脑山等许多的名胜景观。

长治市最大的水利工程漳泽水库，又名太行湖，位于山西省长治市区以北 20 千米的交漳村与淹村之间，是浊漳河南源干流上的一座以工业、城市供水、灌溉、防洪为主，兼顾养殖和旅游等综合利用的大（2）型多年调节水库。1959 年 11 月开工兴建，1960 年 4 月竣工蓄水投入运用。1989年10月至1995年6月进行了除险加固改建。水库控制流域面积为3176平方千米，总库容为4.27亿立方米。防洪标准为100年一遇洪水设计，2000年一遇洪水校核。

漳泽水库自投入运用以来，为上党盆地，特别是对长治工农业发展发挥了巨大作用。为长治钢铁厂、漳泽发电厂、王曲发电厂等十个工业企业承担供水任务。由于防洪、供水作用显着，经济效益和社会效益可观，被誉为“太行明珠”。2006年，漳泽水库管理局被水利局被评为“国家一级水利工程管理单位”。

漳泽水库是在浊漳南源北流进入上党盆地，在长治北郊与绛河、岚水河、杜家河、石子河、陶清河汇合后形成的一处天然湖泊基础上建成的，上统八方来水，下关岳城安危。水面面积为24平方千米，因处于长治市区之西，当地人也称西湖，与东面百谷山统称为“东山西水”，是长治市着力开发的旅游区之一。库区湿地总面积为45平方千米，生物丰富，种类繁多。细弱的苔藓小草、密集的芦苇香蒲，低矮的灌木、高大的乔木，静静的天鹅、飞翔的海鸥，追逐的鱼虾、鸣叫的青蛙……春夏秋冬，风霜雨雪，朝晖夕阴，气象万千，构成了迷人的生态景观和湿地风光。湿地具有保持水源、净化水质、蓄洪防旱、调节气候、美化环境和维护生物多样性等重要生态功能，漳泽水库库区湿地成为长治这个国家园林城市的重要组成部分。2007年，漳泽水库被山西省授予“省级水利风景区”称号。2010年被住房城乡建设部授予“国家城市湿地公园”称号。

第三节 水 与 黎 城

黎城县隶属于山西省长治市，古称黎侯国，太行山革命老区，地处山西、河北、河南三省交界，是山西省“东大门”，素有“三省通衢”之称。黎城县主要河流为浊漳河和清漳河，分别从南北由西向东过境，以横岭为界，流入浊漳河的有平头河、中庄河、原庄河、小东河，流入清漳河的有龙王庙河、大南河、白寺交河、南委泉河、柏官庄河、源泉河、香炉交河。

黎城县具有历史的悠久，是中华文明发祥地之一。靳家街古文化遗址表明，早在新石器时代就有人类在黎城这块土地上繁衍生息，文明史长达5000多年。塔坡西周古墓群发掘，证明黎城县是古黎侯国所在地。

黎城为上党山城，地处太行山腹部，四面群峰环抱，中、西部地区多山泉曲涧，为黎城主要的农业种植区；南、北部二漳交流，土肥田美，是典型的河谷灌溉区。这些地区“人民务农而外别无他业可图”，经济发展与水资源息息相关。东部多为山区，农业发展受到水资源的严重限制。“虽间有河道，恒视水旱为盈涸，当夏秋雨集，水湍石激，不适灌溉，其长流者惟清、浊二漳与源泉数水而已”（《黎城县志》卷二《山川考·营建考·沟渠考》），因此，在水资源极为缺乏的环境下，黎城民众修建了大量的龙王庙，以此来祈求雨霖苍生，捍患除乱，庇佑一方。

由于黎城地处潞安、邯郸之孔道，进出燕赵、秦晋之通衢的地利，商贾络绎不绝，驼队川流不息。随着市场体系的扩张，商业发展日益兴盛，庙宇所倚仗的神祇灵力也开始多样化和复合化。之前流行于当地，显现传统农业社会型灵迹的龙王，逐渐被拥有商业型神力的关帝所取代，渐居次流。

明清以来，在对水资源的不断认识、开发和利用中，黎城乡村社会逐渐形成了一套以“水”为中心的组织化、仪式化和规约化的生活方式。

黎城的河谷流域区和盆地泉域区，采用引河灌溉和引泉灌溉的水渠组织。明清以来，黎城主要水渠有3条：引源泉水灌田六百余亩的源泉渠、引北寺水灌田千余亩的看后渠、引清漳水灌田五百余亩的清泉渠。黎城对水渠的利用早从金大定年间就已开始，主要以泉水灌溉为主。但受限于区域社会发展、技术手段落后等因素，黎城至清末才开始围绕浊漳河流域开展较大规模的水渠建设，修筑了漳源渠和元亨渠。漳源渠由西水洋村乡绅张景曾提倡开凿，修成于1919年。自西水洋村西北浊漳北岸石门头起，分内、中、外三渠，东经东水洋、隔道二村，至赵店镇南池旁止，约长九里余，共灌田一千三百余亩。今存于西水洋村昭泽王庙内的漳源首渠规条碑为探究黎城水利组织的管理与运行提供了重要线索。

勇进渠是黎城县最大的水利工程，取意“激流勇进上太行”。该渠建于1966年，1974年竣工。渠首位于襄垣县西营镇龙王山下的浊漳河左岸，流经襄垣县的西营、下良和黎城的上遥、西仵、黎侯、洪井、停河铺、东阳关、程家山等乡镇，尾水在程家山范家庄泄入浊漳河。干渠全长为102千米，襄垣县境内26千米，黎城县境内76千米。设计引水量7立方米每秒，控制灌溉面积约14万亩，是黎城农业经济的支柱工程。

第四节　水　与　馆　陶

馆陶县隶属于河北省邯郸市，地处河北省东南部，以卫运河为界与山东省冠县、临清市毗邻。馆陶是千年古县，赵王“在城（今山东冠县东古城）西北七里陶丘侧置馆，故名馆陶”，自西汉初置县，已有2200多年历史。

馆陶故为冀州地，春秋时为晋国的冠氏邑（今冠县东古城），战国时属赵国，到了秦朝则属东郡管辖，西汉平帝二年（公元2年）设置馆陶县。三国魏黄初二年（221年）置阳平郡，馆陶县属阳平郡。到了北魏、北齐、北周时，仍属阳平郡。北周大象二年（580年），阳平郡置毛州，馆陶县遂属之。隋开皇三年（583年），废阳平郡入毛州。隋大业二年（606年），废毛州。从此，馆陶县由原来的县城北徙四十里于北馆陶为馆陶县驻地（今冠县北馆陶镇），改属魏州。次年，魏州改属武阳郡，馆陶仍属武阳郡。唐初，又属魏州。到武德五年（622 年）复置毛州，馆陶属之。至贞观元年（627 年）废毛州，馆陶县又归属魏州。大历七年（772 年），馆陶县曾改名永济县，不久又复故名。宋建隆四年（963 年），复置永济县于馆陶，即在原来的馆陶县分置永济县。熙宁五年（1072 年）将永济县为镇，并入馆陶县，属大名府。元代属中书省东平路。明洪武二年（1369 年）七月，改属山东布政司东昌府。弘治二年（1489 年），改属临清州，清朝属东昌府。民国元年（1912 年），东昌府废，改属济西道；民国 3 年（1914 年），济西道改名东临道，馆陶县属之；民国 17 年（1928 年），废道，直隶于山东省政府；民国 26 年（1937 年），属山东省聊城专区。1949 年 8 月 1 日，河北省人民政府成立，馆陶县划归河北省邯郸专区管辖。1952 年 11 月 7 日，馆陶县划归山东省德州专区。1965 年 1 月，馆陶县境域以漳卫河为界，河东地区分别划归山东的冠县、临清县，河西地区仍归馆陶县，又一次改属河北省邯郸。

据雍正年《馆陶县志》记载，漳河“在（馆陶）县南五十里，源出山西长子县，曰浊漳，源出乐平县沽岭，曰清漳，俱东经河南临漳县，一北流入滹沱河，一东流至馆陶入卫河。明万历初，漳河北徙由武安肥乡入曲周釜阳河”。战国时，魏国史起重修十二渠，引漳河“以灌斥卤之地，而河内绕足”，至唐渠因淤塞而废，“漳水突发挟卫流汹涌而来”，馆陶县城屡受其害，自漳河北徙釜阳河后，河患才得以平息。

明清两朝，随着漳河上游植被的大量开垦，沿途泥沙不断淤塞河道，漳河屡次发生改道与迁徙，给沿河百姓造成了巨大灾难，加之明清政府为保障漕运，采取引漳入卫的策略，以工程措施使漳河南流于馆陶等地与卫河交汇，更加剧了洪患发生的频率，使河南、直隶、山东沿河州县备受其害。

对河神的膜拜与祭祀也是中国古代百姓祈求洪患减轻与漕运畅通

的一种普遍的做法。在古代社会，由于科技水平落后，单纯依靠人的力量往往难以改变自然，于是神灵祭祀成了慰藉心灵、安抚创伤的重要手段。馆陶县有一座漳神庙，“在城西南四十里，雍正四年，奉旨敕封为惠济漳河之神，知县赵知希设立牌位，悬挂匾额，每年春秋致祭，行礼如制”（雍正《馆陶县志》）、“乃直隶、河南、山东三省轮奉旨致祭之大祠”，影响地域非常广泛。每逢旱灾与水灾时，附近百姓都会前往漳神庙进行祭祀，祈求河道安澜，风调雨顺。

漳河下游作为界河，划分河北与河南两省边界，到河北省馆陶县合流卫河，称漳卫河、卫运河。

卫河是海河水系南运河的支流，春秋时因卫地而得名，是由古代的白沟、永济渠、御河演变而来。东汉献帝建安九年（204 年），曹操为了讨袁绍、征乌桓，在古淇河筑坝，逼淇水东流，并沿河北、山东、河南边界，开白沟以通漕运。建安十八年（213 年），曹操开利漕渠，引漳水于馆陶南入白沟，从此开始了漳、卫两河屡分屡合的历史。而且由于漳河洪水入卫，卫河容纳不及，经常溃决，因而逐渐形成了隋唐时期的高鸡泊（即恩县洼）。隋大业四年（608 年），隋炀帝为了外侵高丽，转运粮辎，“发河北诸郡男女百余万”，开永济渠一千余里，其馆陶、临清、武城、德州一段，大体上沿汉代屯氏河北行，从而代替了汉代白沟，清河逐渐以“卫河”为名。为接济运河水源，元代曾使漳河支流引入卫河以减其势，到了永乐年间已经堙塞，但是旧迹依然存在。正统十三年（1448 年），御史林廷举奏请引漳水由馆陶入卫河。于是在广平大留村“发丁夫凿通，置闸”，自此“漳河水减，免居民患，而卫河水增，便漕”，自此“漳水遂通于卫”。此次漳卫合流是通过疏通永乐年间已经阻塞的旧河道，这便是明代“引漳入卫”的开始。到万历二年（1574 年），“漳河北溢由魏县、成安、肥乡入曲周县之滏阳河，而馆陶之流绝”。万历初年，漳河又北徙入滏阳河，不再入卫。由此可见，明代漳河和卫河时分时合，北流的时间远多于南流。

直到顺治九年（1652年），漳水再次入卫，此时自万历二年漳水不入卫已124年。顺治十七年（1660年），“卫水微弱，粮运涩滞，乃堰漳河分溉民田之水，入卫济运。”康熙三十二年（1693年），“卫河微弱，惟恃漳为灌输，由馆陶分流济运。”康熙三十六年（1697年），漳河“仍由馆陶入卫济运”。从以上可以直接看出引漳入卫的目的是济运。康熙年间，因卫河水流微弱致使漕运难以进行。康熙四十五年（1706年），济宁道张伯行建议“引漳入运”，以补卫河水不足。到康熙四十七年（1708年），漳水“入邱之上流尽塞而全漳入于馆陶，自此漳、卫汇流，舟行顺利无胶涩虞”。从而实现了全漳入卫。1942年，漳河在河北省馆陶县徐万仓入卫至今，形成了现在漳河、卫河合流的态势。

第五节 水与古村落

一、渔洋古村

渔洋古村位于河南省安阳市西北22千米处。临水择高而居是古人选居住地的主要标准。渔洋村西望太行，北临漳河，这样的地理位置有着适宜人类生存的优越性。依河而居，取水便利，可以饮水、灌溉；河内有大量各式各样的卵石，可以就地取材，制作石器；与山距离不太远，可以采集野果、打猎。因漳河水在村东经常泛滥，涨水时往低处流泄，洪水退后，洼地里往往有河鱼可捕。河滩上又因为土质松软，特别适宜草木生长，人们就在滩地牧羊。渔洋原名“鱼羊”，明代改为“渔洋”（见图9-2）。

2002年，中国社会科学院考古研究所一支考古队进入该村进行考古调查，证实该村建于仰韶文化时期，距今6000余年。渔洋村的仰韶

图 9-2 渔洋古村落一角

文化遗迹主要分布在村东北地、漳河南岸一带。仰韶文化因彩陶而著名，亦称彩陶文化。紧随仰韶文化发展起来的新石器文化是龙山文化。黑陶是龙山文化的代表性器物。渔洋村的龙山文化遗迹主要分布在村西北地一带。除相关文物外，在渔洋村还能见到不少龙山时期的遗迹，有穴居的窖室、河卵石柱础、建筑用的红烧土块、保存火种的小坑及窖穴、灰坑等。

先商时期，先民们继续在这个地方生活着，创造了先商文化漳河类型的一个组成部分。目前发现的先商时期的遗迹、遗物主要分布在渔洋村北漳河南岸一带。整个商代，渔洋村的先民们一直在漳河流域居住。商代的遗迹和遗物，分布在村庄北部、漳河南岸的台地上。在渔洋村还发现了无字甲骨，证明了文字最初只掌握在贵族手里，平民是没有受教育的机会的。渔洋村至今未发现一件象征权力和地位的青铜器，这说明渔洋和殷墟不同，数千年来只是一个普普通通的平民村落。

到了周代，这片土地上的居住群体进一步扩大，这从渔洋村出土的种类繁多的陶器、陶片和铁器中可以得到证明，这一时期渔洋制陶业兴盛。战国时期渔洋属魏。在渔洋村采集到大量的铁器，铁器的大量使用，充分证明了当时高度发达的生产力水平，也从另一个侧面反映了战国时期我国应用铁器的广泛性。

两汉时期，特别是东汉时佛教传入，渔洋出土的器物上出现莲花纹和佛教内容的装饰。东汉末年，曹操击败袁绍后占据邺城，包括渔洋在内的邺城周边地区成为当时的政治、军事、文化中心。曹魏、后赵、冉魏、前燕、东魏、北齐先后在邺城建都，这也给离邺城仅20余千米的渔洋文化发展提供了很大帮助，留下了大量的历史遗存。据专家考证，渔洋在后赵时期，应是京都邺城附近的一个建筑窑场。在渔洋烧制的陶瓦沿漳河顺流而入邺城，为邺城建筑所使用。

从仰韶文化、龙山文化、下七垣文化，到商、春秋战国以来各个朝代，乃至民国、新中国等各个历史时期文化的发展和演变，在这里都留下了实物和印记，完整保留了持续6000年的中华村落文明史。

二、漳源村

漳源村隶属沁县漳源镇，位于沁县城西北部。漳源村历史悠久，文化底蕴深厚，至今保存有漳河古道原型及部分明清时期的古民居、古街巷，石碾、石磨、犁、耧、耙、杖散落各处。

漳源村中有一座千年古庙“通玄先生庙”，也称“漳河庙”（见图9-3），建于唐末，屡经修葺，保存良好，规模宏大，庙貌辉煌。《沁州志》记载，此地为八仙之一张果老栖隐处。后人于水源之上建张仙翁行馆。漳河神庙南北各有一个泉眼，水流丰富，庙前泉水出露汇入西源，当地群众习惯以此为浊漳西源源头。清代大学士陈廷敬在《漳水源》一诗中写道，“水石漳源镇，清漳自此流。金风吹素濑，玉镜写灵湫。科斗收形小，蛟龙托势幽。土人思德泽，鼓笛赛春秋”，对漳河源头大加赞美。

图 9-3　浊漳西源的漳河庙

第十章

漳河水文化景观

漳河从山间流出，河水一路潺潺不息，与沿岸的山峰、田地、村落、人家构成了无数水造奇观，宛如人间仙境，引人流连忘返。古往今来，留下了许多脍炙人口的诗篇。而进入现代，人们利用漳河沿岸许多自然景观，又打造了许多风景名胜区，为人们的生活、休闲、娱乐创造了美不胜收的环境。

第一节　山水文化景观

一、浊源泄碧

位于浊漳河南源，长子县古八景之一，在山西省长子县西30千米发鸠山东麓（见图10-1）。

发鸠山又称西山，由三座主峰组成。主峰方山海拔为1646.8米，山势矗立，蜿蜒南北，峰峦叠起，怪石峥嵘，云涛雾海。发鸠山脚下

图 10-1　浊漳河南源

浊漳南源处，古时建有“泉神庙”，后改为“灵湫庙”，庙宇宏大，造型别致，庙周围原有摩天塔、上天梯、通天桥、南天门、八角琉璃景、四星池等建筑。庙内所供之神，中为女娃，右套间为女娃母亲，左套间为女娃姐姐，旁各有二侍女。庙旁有碑，碑文记曰：“长子县西发鸠山，山下有泉，泉上有庙，泉由庙出。宋政和间祷雨有应，赐额灵湫。盖浊漳之南源也。”浊漳南源的出水口，缓缓喷涌，从不枯竭，常年供应附近村民的生活用水。

浊漳河名为浊漳，却不吐黄汤浊水，而是清泉淙淙，碧水翻波。古人题咏曰：

漳河一碧漾涟漪，孰溯源头月涌时。
湫处深山人罕到，灵通大海鸟先知。
宫亭覆处天光隐，石窦喷来水色齐。
不向鉴塘看注泄，休将清浊浪题诗。

（刘檝，清陕西绥德人，长子知县）

二、漳源泻玉

清漳河、浊漳河在河北省涉县合漳村汇合于一处，从此便称漳河。

清漳河有东源和西源两个源头，浊漳河则有南源、西源（见图 10-2）和北源三个源头。其中，浊漳西源又称铜鞮水，发源于沁县漳源村附近。漳源村原名六口，宋太宗赵光义“下河东”时，开辟太行道路过此地，认为此名对行军不利，改名“交口”，后因此处是浊漳河的一个源头，便改名为“漳源”。漳河源头是古沁州八景之一，名为“漳源泻玉”，位于沁县城北 15 千米的漳河村西山脚下，此地海拔 1050 米，山幽水清，风景优美。

图 10-2 浊漳西源

漳河村内有漳河泉，泉上有庙，庙因泉来。漳河神祠，又称通玄先生庙。该庙依山势而建，始建于唐朝，元代改建。正殿门额有“漳水源头”匾额，殿内供奉通玄先生。旁有侧殿及其他院落，规模较大，有历代碑刻数通。在漳河神庙前的台阶右侧，有一石雕龙头为浊漳河西源的出水口。一座三孔石拱桥穿过前面的大水池，后面有一方形小池，上下两边各有一个石头雕成的龙头，分别用于进水和出水。泉水从上龙头口中流出，注入下面一大一小两个水池，一座三孔石拱桥又把大水池一分为二，水池周围镂石雕栏。

三、西流晚渡

西流晚渡位于潞城市西流乡，古为潞城八景之一。漳水行至潞城东北 20 千米的西流乡，山明水秀，气候温和，有“小江南”之美称。据旧志记载：西流涓滴之水，遇旱或湮鸟足以当巨浸之源。水势汪洋，风景优美。传说，每日夕时观水面，环山倒映，霞辉粼波，绰影群舞，似神仙临流，千帆竞渡，十分奇妙，称“西流晚渡”。古人题咏曰：

波水潺潺沂浅流，斜阳残照漾津头。
往来农务村村急，满岸垂杨不系舟。

（张士浩，清陕西泾阳人，潞城知县）

四、漳河晚渡

安阳“古八景”之一，位于河南省安阳市殷都区丰乐镇村北。漳河源于太行山，河水由西向东，蜿蜒曲折，滚滚东流。水涨时，河水汹涌澎湃，犹若无羁之马，迅猛异常，吼声如雷，令人生畏；水落时，流势平稳，波光粼粼，状似彩虹，河岸渡口，舟船扬帆，往来如梭，其乐融融。“漳河浪荡无牵羁，唯有一景堪人睹”指的就是“漳河晚渡”之景。清嘉庆《安阳县志》载，这里古代是南北御路官道，也是通往京城的必经之路，往常要修建草桥，亦名“岁修桥”，桥一般用木桩架成，上面铺草蒙土，每年农历九月兴修，第二年五月汛期来临时撤除，过往行人以船筏渡河。

五、漳河落涧

在涉县城东南 50 千米处的山西、河北、河南三省交界处，浊漳河自西向东沿涉县、林州边界而过。因这里地势高低悬殊，河水在这里突然跌断，飞泻成瀑，坠入深涧；就在这峭壁对峙的峡谷间，凌空腾架着一座“天桥”，故得名“天桥断”。天桥，实为一人工渡桥，长 25 米，宽2米。由四束铁索拴在河两岸的石鼻上，铁索上铺设耐腐蚀的柏木桥板，木板又紧紧系在铁索上。人行桥上，晃晃悠悠，侧观飞流狂涛，俯瞰深涧幽潭，既惊又险。天桥连接河北、河南。

何谓“天桥断”，当地方言管瀑布叫作“断”，断者，断落下跌也。浊漳河素有“九峡十八断”之说，此处是一较大的断堑跌水，上面有连接冀、豫两省的峡谷索桥，故称“天桥断”，意思就是天桥处的瀑布。天桥断是漳河十八断中最为壮观的一断，被列入涉县八景，名曰“漳河落涧”。《涉县志》曾把其列为沙阳八景之一，留诗赞曰：“环绕山城屈曲流，远涵碧树半沉浮。危湍溜石声如烟，为写烟波一色秋。”所谓“断”与“落涧”者，实指瀑布也。一泓巨瀑由悬崖飞流直下，坠入无底深涧，其声其势，蔚为壮观。

据传，天桥断最早为长生寺里的和尚所建，说是万历年间，长生寺和尚到浊漳河上游的平顺县化缘，化得一棵数围粗的大杨树。施主为和尚搬运大树而犯难，和尚却说：“不消三五日，我自有办法。”三天后，天降暴雨，只见河水托起大树，没费吹灰之力，就运了回来。和尚就用这棵大树架起了第一座独木桥。后来，此桥被泛滥的河水冲走，后又屡建屡毁，两岸乡民才议及建一座铁索桥。在茫茫之中，滚滚浪涛之上，架起了这座颤颤索道。

天桥上游是“小壶口”，千百年来，瀑水流对石壁进行精雕细琢，成了天然的佳作，层层叠叠，奇形怪状。瀑布下的深潭名“络丝潭”。因其潭深一络蚕丝而得名。作枯水季节，碧绿清透的潭水，波光潋滟；对岸是一绺瀑布，从高高的岸上跌落潭中，珠玉飞迸，游客可乘船穿峡过谷，领略“小三峡”的旖旎风光。每到夏季多雨时节，河水暴涨，飞泻成瀑，巨浪翻滚，石破天惊，声若雷鸣观。

天桥下还有黑潭，因激流常年奔腾，在潭壁上淘出一个20米高、8米宽、数十米深的天然石洞。该洞过去淹没水中，相传是万年神龟的居所，叫“神龟洞”。据说神龟颇通人性，古有一木匠为东家购得大批木料捆绑顺河漂运而回，不料扎入潭底不得出。木匠万念俱灰，投潭自尽，神龟将其托出水面，又入水驮出木料，救了木匠全家性命。如今水位下降，此洞露出水面，临河修建了铁旋梯，可下到洞内，还在洞中雕了一个十米见方的石龟，是对助人为乐者的永久纪念。

六、漳水拖蓝

漳水拖蓝，长治县古八景之一。明弘治《潞州志》载："蓝水，在州城西南二十二里，源出屯留县方山，东北流经州境，入于浊漳水。"清乾隆《潞安府志》，"蓝水，出屯留县西南盘秀山之阳，东南流至丰村入长子界""又东流至长治界店上村入浊漳"。明万历年间人王致中言："乘便游发鸠，见泉源清而且冽。西与蓝水合处，清浊不淆，如玉带长拖，顺流数里，乃没。"

漳河水大，水浊；蓝河水小，水清。蓝水入漳，清浊不淆，如玉带长拖，顺流数里，画出本地有名的八景之一"漳水拖蓝"。蓝水之名来源于蓝夷之族。蓝夷来源于古山东之东夷族，以种植蓝靛、染蓝衣料、穿蓝衣而得名。商朝初期，蓝夷西迁于屯留盘秀山一带。

也有人把蓝解释为"蓝颜色"，浊漳河流经长治西时，落差较小，清澈、宽阔，远望平静如湖，亦清亦蓝，蓝蓝的天空，清清的河水，蓝天白云映衬，河水天空一色。清人蔡履豫《漳水拖蓝》云：

何人误拟浊漳名，禹贡当年纪至衡。
波绕鸠山常自净，源分鹿谷本来清。
春风荇藻鱼梭跃，秋月芦花雁字横。
更共蔚蓝天一色，教人思染一襜盈。

七、漳江春渡

漳江即浊漳河，襄垣县为浊漳河西源、南源、北源三条主流流经地带和汇合区。据旧志载，唐玄宗为潞州别驾时曾巡游至此，正值春光明媚之季，渡河时有赤鲤腾跃，特作《漳江春渡》和《漳江跃鲤》。

古人题咏曰：

城郭抱江斜，春柳漾浅沙。扣舷人度曲，喷沫浪生花。
归牧依残照，征帆落晚霞。红尘纷扰攘，羡此泛仙槎。

（清，襄垣知县，李廷芳）

八、漳水回澜

浊漳河北源古称武乡水，俗称关河，为武乡县第一大河。河水由榆社县北来流向东南，武乡境内全长30千米，沿途有涅河、南亭河、贾豁河、大有河、活庄河、监漳河等支流汇入。旧志载：漳水在县西三里余，秋水时至，百川灌河，奔涛若山，令人惊怖。古人题诗曰：

出郭叹汪洋，
云是清漳，
波澜壮涌乱流狂。
顿使涟漪成激湍，
一片寒光。

望处总苍茫，
浩浩荡荡，
如斯逝者为谁忙？
若得渔人夸自在，
曲奏沧浪。

（清，邑人岁贡，程步堂）

九、鬼滩落雁

龟山位于今沁县县城西北里许，独峰秀起，下临漳水，合成龟蛇之形，故名龟山。旧时，龟山山下河滩雁起雁落，风光迷人。古人题咏曰：

翩翩南征雁，翔集漳河干。饮啄各有偶，一一刷羽翰。
警夜凭雁奴，安稳宿沙滩。行人偶惊起，飞过蓼花湾。
（清，王省山）

十、乱柳啼莺

漳河由北而南绕沁州城而过。旧时为防河水浸城，曾修筑长堤，堤岸遍植柳，遂成一景。古人题咏曰：

出郭五六里，遥望绿云平。万柳绕长堤，处处闻啼莺。
隔溪声相和，绵蛮如有情。何当携斗酒，来此林下听。
（清，王省山）

第二节 水利文化景观

一、漳河三峡景区

位于河北省磁县与涉县交界处，东起磁县白土镇吴家河村，西至涉县郊口村，距离磁县县城 40 千米，全长约 20 千米，自东向西为吴家峡、皇岩峡、马鞍峡。吴家峡峡谷宽阔，水流舒缓，两侧山峦挺拔俊秀，花果飘香。在峡口有一圆山，这里是著名的历史遗迹插剑岭。相传，当年曹操在这里插剑调兵遣将，大败袁绍，并由此向东入驻中原。皇岩峡河水曲折向东，水流时缓时急，两岸青山气势雄伟，陡峭挺拔。皇岩峡山间有一个洞常年往外流红水，人们称为箭眼，传说当年刘秀被王莽追赶到此，刘秀受山神保护，王莽用箭射刘秀，红水即刘秀的血水。马鞍峡河水曲折向东，是一座马鞍状的山，故这里被称为马鞍峡。马鞍峡呈圆弧状，水流急促，自然景观优美。沿河风光秀丽，景点独特，有无底洞、神牛峰、北朝佛洞、吴家河水电站、稀有植物龙须草、北方奇观溶洞群、中原第一热情漂流、农家乐旅馆、千亩稻田香两岸，令人流连忘返。景区内还有邯郸人民在高山绝壁上开凿的人造天河——邯郸跃峰渠，似玉带盘绕山间，近年来新建的海乐山水电站巍巍壮观，美不胜收。

沿河两岸物产富饶：十里稻田飘香，一派江南风光，山中有酸枣、柿子、花椒、苹果、核桃、野葡萄和各种中草药，河滩奇石遍野。峡谷两岸叫不出名字的各种野花开满山坡，朵朵鲜花引来各种彩蝶在花间嬉戏，成群的鸭子在河中觅食。此外，山村农舍依山傍水，水磨、石碾别具一格，古风犹存。农家有山韭菜、野洋姜、土鸡蛋、香椿等绿色风味小吃。

二、红旗渠水利风景区

红旗渠水利风景区位于河南省林州市境内，由分水苑、青年洞、络丝潭三个风景区组成。三景区各有特点。

分水苑风景区位于林虑山北部向东分支的大驼岭、猫儿岭之间凹腰处，距林州市区 18 千米，是将红旗渠总干渠分为三条干渠之处，南去北往延伸林州腹地。各景点排列有序，规划严整，翠柏簇拥，渠水奔腾。1965 年 4 月 5 日，红旗渠总干渠竣工通水庆典在此举行。苑区主轴景观带上分布着水利科普园、精神之柱、演艺广场、红旗渠纪念碑、中南海翠柏、红旗渠分水枢纽工程分水闸和红旗渠总干渠、一干渠、二干渠等，与红旗渠纪念馆一起构成虚实结合的景观群落，呈现出现代与古朴兼而得之的风貌。红旗渠纪念馆通过 515 米长的展线，采用空间环境、雕塑、绘画、多媒体等艺术手段，营造了再现历史、触摸历史、穿越历史、对话历史的效果与氛围，使人们深刻感悟红旗渠精神，不忘昨天的苦难辉煌，不负今天的使命重托。

青年洞风景区由分水苑风景区上行 30 千米，是以红旗渠的代表性工程——青年洞为主景，以太行山为依托的融人文景观和自然景观为一体的综合性景区，是红旗渠艰苦奋斗精神的实景体验场所。“青年洞”靠断壁而凿，从大山之中穿通而过，将太行美景“雄、险、奇、秀”凝集于此。登临青年洞红飘带廊桥，可俯瞰三省风光、漳河奇观（见图 10-3）。行走在不足两米宽的渠墙上，向前看不见头，向后看不尾，抬头是陡立的峭壁，俯首是数丈高的悬崖。号角嘹亮、踏遍青山、推独轮车等英雄的形象已凝固为雕像，融入太行红岩。这里昭示青春，也展示巍峨，更有郭沫若等名人题词摩崖石刻点缀其间。“铁姑娘打钎”“凌空除险”现场表演，怀旧，惊险，与英雄再次握手，进行一次心灵的交流，浮躁的心情也会变得寂静，从而更加深刻地体会毛泽东“人民，只有人民，才是创造世界历史的动力”的真谛。

图 10-3　红旗渠青年洞景区入口红飘带廊桥

络丝潭风景区亦名天桥断，坐落在青年洞西约 1 千米处，因其潭深一绺蚕丝而得名，又因浊漳河有九峡十八断，此处为一较大断堑跌水，上有连接河南、河北两省的峡谷索桥，故称天桥断。有漳河名胜小三峡、神龟洞和铁索桥等古迹名胜。

2002年，红旗渠水利风景区被评为国家AAAA级风景区，同时也是国家重点风景名胜区、国家水利风景区、国家地质公园、全国文物保护单位、全国廉政教育基地、全国红色旅游经典景区等，已成为进行爱国主义教育、艰苦奋斗教育、廉政教育的理想场所。

三、漳泽水库水利风景区

漳泽水库水利风景区位于山西省长治市北郊浊漳河南源干流上，主要依托漳泽水库库区和枢纽工程，2014年9月，被评为国家水利风景区。

主体漳泽水库属海河流域漳卫南运河水系，是一座以工业、城市供水、灌溉、防洪为主，兼顾养殖和旅游等综合利用的大（2）型水库。兴建于1959年11月，1960年4月竣工蓄水投入运用。水库坝址以上干流长为72.3千米，控制流域面积为3176平方千米，占浊漳河南源全流域面积3580平方千米的89%。总库容为4.27亿立方米。防洪标准为100年一遇洪水设计，2000年一遇洪水校核。漳泽水库流域包括壶关县、长治县、长子县、屯留县、长治市城郊区。流域上游壶关县境内的庄头水库、西堡水库、长治县境内的淘清河水库、长子县境内的申村水库、鲍家河水库、屯留县境内的屯绛水库等6座中型水库共控制流域面积1551平方千米，区间流域面积为1625平方千米，设计天然年径流量为2.25亿立方米。

漳泽水库长约18千米，跨长治市郊区和屯留县，水库总面积为37平方千米，仅水面就有30平方千米，是西湖的4倍，是山西省第三大人工湖泊风景区。在水库大坝的东西中各建有仿古建筑的亭台，与水库润泽园码头的仿古建筑浑然一体。风景区山青、水碧，工程宏伟、碧水浩大，既有烟水悠悠的湖泊水乡风貌，又有灰鹤成群、鱼虾畅游的田园仙境，站在湖边，湿润的空气夹杂着清新，使人心旷神怡，自有一种安静祥和的意境。在水库的上游是纵横交错的河道和大片的湿地，总面积为45平方千米，湿地内生物丰富多彩，种类繁多，遍布着多种动植物，并有成片的芦苇荡，具有丰富的动植物资源，有十余种禽类在水库常年栖息，在每年的秋冬季节有大群的野鸭从南方迁徙到水库越冬，白天鹅在这里也是屡见不鲜，构成了迷人的生态景观和湿地风光。由于湿地具有保持水源、净化水质、蓄洪防旱、调节气候、美化环境和维护生物多样性等重要生态功能，这里也是国家园林城市长治市东山西水的重要组成部分。

风景区毗邻的上党古城，具有得天独厚的悠久历史文化内涵，古时神话传说的精卫填海、炎帝神农尝百草的故事都发源于此，隋唐演义中的秦琼卖马就发生在长治市二贤庄，这里还流传着慈禧童年的故事。

四、平顺县太行水乡风景区

太行水乡风景区位于山西省平顺县北部浊漳河沿岸，与河北、河南两省接壤，涉及平顺北县耽车乡、阳高乡、石城镇的 70 个行政村，西起山西长治辛安桥，东至河南林州河口桥，纵线长 53 千米，区域面积 439.7 平方千米，其中水域面积 8 平方千米、水库面积 15 万平方米。从上而下，依次有大云寺风景区、南垴山风景区、柳树湾风景区、天鹅湖风景区、太行三峡风景区、月亮山风景区、恐龙谷风景区、世外桃源风景区、芦苇荡风景区等 9 大景区，这里有 6 处国家级文物保护单位，3 处省级文物保护单位和汉寨、唐堡、赵长城等 1566 处文物古迹。

太行水乡风景区充分利用区域内的奇山异石、天然峡谷、蓄水平湖、急流涌浪、原始森林、文物遗址等自然景观和古代建筑，开发了恐龙谷、天鹅湖、西大门、南垴山、大云院、柳树湾、小三峡、月亮山、水上漂流、藏兵洞、龙门寺等旅游景点，以水上娱乐、生态观光、自然人文古迹景观为主，吃、住、行、游、购、娱 6 大要素同步推进，努力打造文化内涵丰富、和谐文明健康的名胜景区，充分体现了自然山水风景旅游开发的魅力，展示了当代水利水电科技发展的成果。

如今的太行水乡风景区，悬瀑飞泻、高峡平湖、水上游艇、高空溜索、激流冲浪、激情漂流、恐龙卧滩、孔雀开屏、森林奇树、红叶飘香、花椒核桃，闻名遐迩，令人目不暇接，流连忘返。与侯壁水电厂相邻的恐龙谷风景区是太行水乡最具特色的景点之一，该景区面向卧龙山，背靠卧虎山，东接闻名于世的人工天河——“红旗渠源”，西看谷顶天然巨型盆景，既可乘船领略峡谷幽深，穿越瀑布体验刺激欢乐，又可天然浴场戏水休闲，尽享自然情趣。在历史文化遗产方面，天台庵为全国仅存的四处唐代木构建筑之一；龙门寺集五代、宋、金、元、明、清 6 朝木构建筑于一寺，为国之仅有；大云院的五代壁画是全国仅存的两处之一；还有 3000 亩原始次生林、太行溶洞等。

太行水乡风景区集“古、雄、奇、险、峻、秀、幽”于一体，山川秀丽，风光如画，钟灵毓秀，古迹景点点缀其间，历史底蕴深厚，更有近几十年来规模巨大的水利、水电资源，将天赐美景与人类创造有机地结合起来，是长治市文明景区、长治市十行百佳优秀景点、山西省环境与资源保护协会团体会员单位、山西省文明和谐景区。

五、太行大峡谷风景区

太行大峡谷地处晋、豫两省交界，位于山西省长治市壶关县东南部，南北长 100 华里，东西宽 8 华里，它北起任村镇回山角，南至山西井底，两岸为典型的嶂石岩地貌，台壁交错、谷幽峰奇，形成气势恢宏的大峡谷风光，海拔为 800 ～ 1739 米，相对高差达 1000 米以上，景区总面积为 120 平方千米，其植被覆盖率为 90%，森林覆盖率为 80%。境内断崖高起，群峰峥嵘，阳刚劲露，台壁交错，苍溪水湍，流瀑四挂，峰、峦、台、壁、峡、瀑、嶂、泉姿态万千，是北方山水风光的典型代表。图 10-4 为太行大峡谷——马鞍垴。

太行大峡谷风景区是国家重点风景名胜区、国家 AAAAA 级旅游区、全国农村商业战线上的一面旗——石板岩供销社“扁担精神”的发祥地。

图 10-4　太行大峡谷——马鞍垴

全区以五指峡、龙泉峡、王莽峡三大峡谷为主线，串联真泽宫、紫团洞、九龙洞、女妖洞、云盖寺、崇云寺、万佛寺、“猫路”险道、“天桥”奇观等风景名胜。景点有实有虚，有明有暗，有光有色，有奇有险，鬼斧神工，使景区的自然景观和人文景观珠联璧合，相映生辉。自然景观有桃花谷、太行天路、太极冰山、仙霞谷，有浓荫蔽日、绿浪滔天的林海，刀削斧劈的悬崖，千奇百态的山石，如练似银的瀑布，碧波荡漾的深潭，雄奇壮丽的庙宇，引人入胜的溶洞。人文景观有王相岩，商代国王武丁时期奴隶出身的宰相傅说曾在王相岩居住与生活；东汉末年名士夏馥因“党锢之祸”削发为僧隐居王相岩；三国曹丕曾在蚁尖山屯兵立寨，谋划大业；北齐神武帝高欢、明代名将左良玉在桃花洞统帅兵将，南征北战，打天下，建大业。明代河北肥乡神道赵得秀在王相岩、清代兵部督捕右侍郎许三礼都曾在此居住；有太行平湖即南谷洞水库，是景区内露水河的蓄水工程，因拦河大坝的建设，在太行大峡谷景区内形成了长约5千米、宽约0.5千米的高峡平湖景观，也是人工天河红旗渠的补源工程之一。自20世纪60年代开始，这里也是《李双双》《平原游击队》《红旗渠的精神》《难忘岁月——红旗渠的故事》等影视作品的拍摄地。

第三节　泉水文化景观

一、辛安泉

辛安泉，又称王曲泉，由王曲、实会两大泉群组成，属侵蚀溢流型泉水。辛安村以上的林滩、西流、王曲、南流等泉组，统称王曲泉群，以下的石会、安乐、东流、北耽车等泉组统称石会泉群。图 10-5 为辛安泉涌泉亭。该泉出露于山西省平顺、潞城、黎城三县（市）交界处的浊漳河干流河床左右两岸，西自西流村，东至北耽车村，约 15 千米，以泉群形式呈股流和散流状分布。多年平均流量为 11.9 立方米每秒，总面积为 10950 平方千米，包括长治市的 12 个县（市、区）和晋中市的榆社县，是山西省和华北地区第二大泉，为浊漳河干流的主要水源。

图 10-5　辛安泉涌泉亭

历史上，有关辛安泉的记载可追溯至唐宋年间，距今有1000余年的历史。据考证，在1920年大旱以后，辛安村附近的泉点增多、流量增加，西流、南流、王曲、辛安、石会等大泉喷涌，形成多条泉水河流，潞城市西流至平顺县北耽车的十几千米的浊漳河河谷内，大大小小的泉眼难以计数。时至今日，依然是玉泉流畅，汇集奔腾，泄入漳河。

浊漳河行至辛安泉出露地段遭遇辛安泉群后，无论河水涨至多高，始终不淤泥沙。新安村附近大小泉点有170多个，较出名的有大如碗口、咕咕喷涌的“涌泉”；小如蝼蚁、连片成群的“筛泉”；不显不露、从地下渗出的“隐泉”和应声而涌的“响泉”（见图10-6）。

图10-6　辛安泉域中应声而涌的“响泉”

辛安泉是华北地区最大的岩溶大泉，其补给面积达到13500平方千米。泉水由其独特的地质结构和地理环境形成，浊漳河从西向东穿越太行山，向华北平原东流，对太行山进行了强烈的向下切割、侵蚀作用，使西流至北耽车一带河谷成为区内最低泉口排泄区，加上泉口排泄区与上游补给区高差达300多米，上游的降水渗到地下，顺岩层倾斜向下游泉口区流动，至平顺北耽车受隔水岩体阻挡，溢流地表形成泉水。

辛安泉水的大规模开发利用始于20世纪80年代，现在是长治市工业和城市的主要供水水源，为长治市经济社会的长期发展发挥了巨大支撑作用。

二、圣人泉

黎城县的黄崖山，有个圣人泉。相传，当年二郎担山赶太阳，路经此地住了一宿，他看到这里一片干石山，田地禾苗枯焦，生灵涂炭，起了恻隐之心。第二天拂晓，他拿起半葫芦神水，朝着山下的村民，发出雷霆般巨喊："接水！"谁知此时正是黎明，村民都还沉浸在梦乡里，那鲁莽的二郎神见无人理睬，便烈性大发，将葫芦踢倒，使神水渗进了黄崖山里，钻入地下。1941年夏天，左权将军带领战士经过艰辛探求，终于将这股清澈的泉水挖了出来。左权将军离开这里不到半年，便牺牲在辽县的十字岭。为纪念左权将军，当地老百姓就把这股泉水称为圣人泉。

三、圣泉洞

圣泉洞位于长治县城东南13千米荫城镇桑梓村北，又名洞云宫，俗称"天下第四泉"。据明弘治《潞州志》载：洞云宫，在城南53里桑子村，唐天宝十四年（755年）建，金大定三年（1163年）重修。

清光绪《长治县志·古迹》记：第四泉（圣泉），县东南50里二仙山下，司马李公之华额题于亭上谓"镇江冷泉居一，苏州虎丘剑泉次之，常州惠泉第三，上党雄山圣泉居第四。"故俗称"天下第四泉"，环以池，有五色鱼。

从桑梓村十字路口向北1000米大路西侧，有一断崖，坐西向东，矗立巨石璇窑洞，洞首镌刻"圣泉洞"字迹可辨。洞深、宽、高约4米，正中有莲花台，其上敬俸石雕菩萨，头顶佛冠，口含微笑，面部安详，泉水从莲花台下涌出。莲花前设置清泉蓄池，四六成方，约计 2.6 平方米，供游人敬香者饮用携带。池前设有石板供桌。圣泉洞历经百世千年，尚保存完整，泉水依然流淌，水质清爽甘甜，纯正自然，常饮可延年益寿，育子者可增加奶量。从唐宋至今旅游观光、览胜敬香的游人香客不曾间断。

第十一章 河名和地名文化

正如黄河孕育了中华民族的文明一样，漳河也孕育了当地的文明，形成了当地特有的文化质地和文化底蕴，并且渗透到生活的每一个方面，不论是漳河自己的波光浪影，还是漳河两岸的沃土良田，都深藏着历史的沧桑与文化的命脉。

漳河历史悠久，漳河的称呼最早出自《尚书》。漳河沿岸的许多地名，也因为漳河的绵延而赋予了与漳河有关的历史意义。

第一节 河 名 文 化

一、漳河——衡漳

漳水，是清漳与浊漳两河的并称，最早出现在《尚书·禹贡》，“覃怀底绩，至于衡漳”，历来注者认为：清漳至邺县与浊漳合，所谓“衡漳”即漳水“横流”入河的那一段。宋代林之奇《尚书全解》卷七云：

“孔郑诸儒亦谓漳水横流入河，当从孔氏之说。清漳水出上党沾县大黾谷，东北至渤海阜城县入河。浊漳水出长子县，东至邺县入清漳。盖此二水相合，横流而入河也。曾氏曰，河自大伾折而北流，漳水东流而注之。地之形南北为纵，东西为横。河北流而漳东流，则河纵而漳横矣。”也有说法认为，漳河得名取清浊相揉之义。宋代沈括曾在《梦溪笔谈》中说：“水以漳名、洛名者最多，今略举数处。赵、晋之间有清漳、浊漳……予考其义，乃清浊相揉者为漳，章者，文也，别也。漳谓两物相合有文章，且可别也。清漳、浊漳合于上党，当阳即沮、漳合流……此数处皆清浊合流，色理如蝃蝀，数十里方混。”大意是说，漳乃是清浊相混合的意思。章有文采、区分之意。所谓漳，就是两件东西相混合后既有文采而且能够区分的意思。清漳、浊漳，汇合于上党……这几个地方的漳水也都是清浊合流，色泽纹理如天上的虹一样，绵延几十里才混合如一。更有说法认为，漳河之名，早于大禹治水，“漳”即“章”，漳水的发源地是尧出生和初期活动过的地方，漳河的名称来源于“彰显”帝尧的伟大。

二、浊漳河

浊漳河在《禹贡》《水经》等经典中已有记载。《禹贡》称作“衡漳”，孔安国说“衡，横也”是说漳河横流。《汉书 · 地理志》谓浊漳出自上党郡，“东至邺，入清漳”。历史上明确提出浊漳河为浊漳水者，首推汉人桑钦《水经》（亦有说《水经》为三国时人所著）。若论全面翔实介绍浊漳水者，则是北魏人郦道元《水经注》。《水经注》直称浊漳水为漳水，《水经》说漳水“出上党长子发鸠山，又东过壶关县北，又东过屯留县南”，《水经注》正其曰：“不得先壶关而后屯留。”按今行政地域划分，浊漳南源出长子，先经长治县过屯留（不经壶关），向北流经潞城，入襄垣县与其西源汇合。《水经注》称浊漳西源为铜鞮水，因沁县古称铜鞮之故。称浊漳北源为涅水，“有涅水西出覆甑山”。今覆甑山在沁县西部，亦属太岳山余脉伏牛山的支脉。今审察浊漳之北源,《水经注》中源出武山西南的武乡水，由其长度而论，方可谓浊漳之北源。武山现属晋中市榆社县，系太行山脉西侧余脉之一。

浊漳河南源和西源先在襄垣县甘村交汇，又东至襄垣县合河口与北源交汇，往东南经黎城、潞城、平顺出晋境。有学者考证,《国语·郑语》中周王朝北部的潞、洛、泉、徐、蒲，以及《春秋·大事表》中“东山皋落氏”的“落”，皆是位于浊漳流域的地名；洛是今长治县，潞是今潞城市，落即皋落，在今壶关一带。《周礼·职方氏》记载：“河内曰冀州……其浸汾潞。”这里的“潞”就指浊漳水，也是把浊漳河称为“潞水”的记载依据之一。潞城的远古历史也源于“潞水”一河。因“潞水”，潞城有潞县、潞城县之名。同样，潞城的潞河村、西流村、南流村等这些村名也都源自这条河流。

第二节　地　名　文　化

漳河曾经多次泛滥迁徙，所到之处冲毁家园，破坏农田，对沿岸人民生产生活造成极大破坏。地名中冠以“漳”或直接以“漳河”为名的做法，证实了漳河对当地村民影响之深，同时也为我们探寻漳河昔日的足迹，留下了线索。

一、县名中的水文化

武乡县。西晋泰始中置武乡县，北魏改乡县，唐武周时复改武乡县，中宗神龙初又改乡县，天宝初又改武乡县。以城临武乡水得名，武乡水发源于榆社县境内之武山。

临漳县。地处河北省东南部。战国置邺县，三国魏建邺都，西晋建兴二年（314 年）因避愍帝司马邺讳改临漳县。东魏复名邺县，析设临漳县。以地临漳水得名。《读史方舆纪要》：“漳水有二源：浊漳水出山西长子县之发鸠山，经潞安府西南二十里，东北流历襄垣、潞城、平顺县北、黎城县南，入河南彰德府林县境，过县北至临漳县西而合于清漳；清漳水出山西乐平县西南二十里之少山，入辽州和顺县，经县西至州东南，又历潞安府黎城县东北，入彰德府涉县南境，过磁州南，至临漳县西而合于浊漳。此漳水之上流，历久不变者也。"

涉县。涉县在河北省西南部。古沙侯国地，西汉初置沙县，东汉改涉县。据《水经注》，东汉末漳水溢入县境，百姓涉水迁徙，因改涉县。又《读史方舆纪要》："漳水，在县南……亦曰涉河，县以此名。"

潞城市。春秋为潞子国，西汉置潞县，北魏太平真君末（450年）改刘陵县，隋开皇十六年（596年）改潞城县，唐天祐二年（905年）改潞子县，五代后唐复改潞城县。以潞水（今浊漳水）为名。1994年改设潞城市。

磁县。三国魏为临水县，北周分置滏阳县。隋开皇十年（590年）置慈州，唐贞观初废，广德初（763年）复置。《读史方舆纪要》："《旧唐书》：'磁州以地产磁石而名。'"北宋政和三年（1113年）改磁州，明初省滏阳县入磁州。1913年改磁县。

二、村镇地名中的水文化

据不完全统计，因漳河而得名的村庄至少有几十个，如回漳、章里、夹河、河图、堤上、五岔口、二分庄、漳潮等。

监漳镇。位于武乡县中部、浊漳河畔。传说宋朝时，监漳一带一片荒凉，漳河水连年泛滥，生活在浊漳河下游的人民苦不堪言，朝廷得知消息后，派出钦差大臣，携带家眷，驻扎在漳河中游对漳河水进行长期监测，以便加强治理，监测点后形成村落，取名监漳。

漳源镇。山西省沁县境内。因浊漳河的西源源于此而得名。

上交漳和下交漳。在山西省左权县境内清漳河畔。漳河上游清漳河的东、西两河在此交汇，历史上成为交漳口。交漳口上游之村为上交漳，下交漳村在交漳口的下游。

南漳镇。位于长子县城15千米处，东与长治县相接。原为南漳乡，

2000年改为南漳镇。位于浊漳河南岸，与中漳、北漳统称为“漳南重镇”，简称“三漳”。因其在漳南三镇之南，故名南漳。

合漳村。在河北涉县境内，清漳河和浊漳河在此相汇为漳河干流，故称“合漳”。

回漳村。回漳村位于河北省临漳县香菜营乡闻名中外的邺城遗址境内，相传因漳河迂回曲折，在此打下了一个弯而得名。

河图村。据明《彰德府志》记载，临漳县习文乡河图村在宋代形成了村落，它与后赵国都邺城的古佛寺有关。史料记载，后赵皇帝石虎迁都邺城后，西域僧人佛图澄在邺城传道，以烧香、咒水、生莲花等道术取得了皇帝的信服，授予其“大和尚”的称号，尊为国师，参与国家大事，后又誉为“国之大宝”，广推佛教。据慧皎《高僧传》记载，佛图澄“前后门徒几且一万”。所历州郡，兴立佛寺893所，浮图寺就是当时邺城城外的一所寺院，历经东魏、北齐、隋唐兴盛了几百年。经隋唐的灭佛运动，唐末，浮图寺成为了一片废墟，宋代，有人开始在寺院附近居住，逐渐形成村落，村庄因而得名浮图村。宋末，邺城附近的百阳渠、洪善渠、昭德渠的开凿，在浮图村南边交汇处形成了一个村庄叫河头，明后期，浮图村与河头村合并，称为河图村。雍正《临漳县志》记载，清雍正年间，河图村为临漳十三大集镇之一，同时，兴起了纪念佛诞日的四月初八庙会，这一庙会兴隆了近几百年。道光年间，漳河发洪水，河图集被淹，集市东迁至杜村集，庙会也随之消失。咸丰年间，名河图庄，后村民留恋当初集镇的繁华和荣耀，得名河杜村。光绪年间，又更名为河图村至今。现在村东头的浮图寺在建国前被毁，但四月初八这天村民们仍会到寺庙祭祀、上香。

大章村。大章村地处临漳县城西北，距县城7.5千米，隶属于章里集乡，位于乡政府驻地东北4千米处。后发展成为集市，明正德年以来皆为大章集，今为大章。大章村西望太行山脉，地处漳河故道，建村较早，历史悠久。此村早在北宋已形成村落，明嘉靖《彰德府志》记载，北宋为大张。其属河北西路相州（今安阳）邺郡（治在今安阳老城）临漳县（治在今杜村集乡小庄）杨贾管统。元代，属中书省彰德路（今安阳）临漳县（治在今杜村集乡小庄）。明初，临漳县城从原址搬迁于东北 18 里理王村（即现在的临漳县城），逐步繁荣兴盛；大张村也发展成为集市，明正德《临漳县志》始载为大章集，为全县“十集”之一，属直隶彰德府临漳县。清初，属河南彰德府临漳县东路，大章庄统村四：大章村、新庄、堤上村、王家庄。清乾隆间，复称大章集；咸丰间，为临漳县北乡大章庄集。清光绪间，属临漳县北路北五保，大章庄统村十：大章庄、王家庄、部家庄、常家庄、王耳营村、堤上村、王耳庄、郝辛庄村、大善村、小平营村。民国 17 年（1928 年），属河南省安阳专署临漳县第三区，大章庄改称建安乡，统村四：大章村、堤上村、王家庄、部家庄。今大章村属于河北省邯郸市临漳县章里集乡。

柳园集。据《临漳县志·邺下苦宁跋》记载：“临漳有涉县地也。查询父老人等，咸谓明永乐年间，涉县势官郭太师花园内有三川柳被漳水冲走。家人沿河岸踏寻，至临漳属，见三川柳，遂指柳，指地名曰涉县柳园地。”柳园以此得名。后来柳园发展成为集市，明正德年为柳园集，村名沿用至今。

二分庄。二分庄位于河北省临漳县柳园镇。清乾隆年间，漳河泛滥，洪水冲毁了一些村庄。李姓老二迁此定居，取名二分庄。清咸丰年有二分庄。村名沿用至今。

漳潮村。漳潮村位于临漳县县城正东 4 千米处。该村历史悠久，北宋为“张超”，因该村濒临漳河，曾为渡口。明正德年《临漳县志》记载为漳潮渡口。乾隆年至光绪为张潮。今为漳潮。

东烟寨、西烟寨。东烟寨、西烟寨位于河北省临漳县临漳镇境内。相传，此地原靠漳河，大雁栖落，烟雾缭绕，笼罩大地。后在此形成村落，名曰雁落寨、烟落寨。又据村民传说，原村紧靠漳河，时遭水患，村庄大搬迁，但不知迁往何地为好。于是村民将大量香箔点燃，叫神指点。香箔的烟落在何处，即在何处定居。此地为“烟落处”，在此定居，取名烟落寨。清《乾隆彰德府志》记载为烟落寨。清咸丰年至今为东烟落寨、西烟落寨。现简化为东烟寨、西烟寨。

东五岔口、西五岔口。东五岔口、西五岔口位于河北省临漳县临漳镇境内。明代漳河在此村附近流过，村北有五条路通向河口，因而该村得名五岔口。明正德《临漳县志》记载：五岔口。清乾隆年至今为五岔口。1962 年该村一分为二，分成两个行政村：东五岔口、西五岔口。

第三节 水利工程名称文化

岳城水库。岳城水库位于磁县城西南偏北 21 千米处，水库大坝在岳城而得名岳城水库。水库于 1958 年 10 月动工兴建，1960 年开始拦洪，1970 年 11 月全部竣立。

红旗渠。红旗渠位于河南省林州市（原林县）境内。林县历史上是个山穷、水穷、地穷、人穷的贫瘠山区。全县不仅水源匮乏，而且自然灾害频发。据旧志和碑文记载："林县每遇干旱，河干井涸，地裂禾焦，颗粒无收，饿殍遍野，惨不忍睹。"因为缺水，难讲卫生，地方病和传染病时而流行。"光岭秃山头，水缺贵如油，豪门逼租债，穷人日夜愁"，就是旧林县的真实写照。中华人民共和国成立后，随着水利事业的日益发展，中共林县县委决定重新安排林县河山，引漳河水入林县，兴建"引漳入林"工程，彻底改变林县水资源匮乏状况。工程于 1960 年 2 月开工兴建，正是我国国民经济困难时期，且刚经历 1959 年大旱，但林县人民热情高涨，斗志昂扬，在 70 千米壁立如刃的悬崖峭壁上拉开了战场，涌现出很多感人的英雄事迹。不过，由于工具、材料、技术等因素限制，一月多的奋战，只换来了零星的坑坑洼洼。关键时刻，林县县委书记杨贵审时度势，紧急召开了"盘阳会议"。这是红旗渠开凿中的一次重要会议，也是一次战略性会议，为红旗渠的顺利建设奠定了基础。会议做出了三项决定：①"树立长远作战思想，拿出愚公移山精神，渠不修成决不收兵”；②“调整部署，缩短战线，集中力量打‘歼灭战’，把总干渠分为四期，先把山西段20千米的第一期工程拿下来”；③是“把‘引漳入林’工程正式命名为‘红旗渠’，要高举红旗前进”。此后，红旗渠的名称就传开了。红旗渠因多处渠段位于山腰的悬崖峭壁上，工程极其艰险，因此被誉为“人工天河”。周恩来总理曾自豪地对国际友人说：“新中国有两大奇迹：一个是南京长江大桥，一个是林县红旗渠”。

大、小跃峰渠。河北邯郸市和磁县，都有跃峰渠。磁县跃峰渠建设较早，1957年冬开工建设，取其跨越山峰之意，名曰跃峰渠。邯郸（地区）跃峰渠修建于1975年冬，作为磁县跃峰渠的继续工程，仍叫跃峰渠的名字。邯郸跃峰渠是邯郸人民劈开太行山，引漳入邯战天斗地的伟大实践。1977年1月17日，《河北日报》在一版头条发布消息：河北省最大的山区灌渠——跃峰渠主体工程胜利竣工。同日发表长篇通讯：大干社会主义的一曲颂歌。又因其所处地区（市）、县的关系，邯郸地区（市）跃峰渠称大跃峰渠，磁县跃峰渠称小跃峰渠。

跃进渠。跃进渠位于安阳市殷都区西部山区，渠首在林州市古城村西。因初动工于1958年大跃进时期，故名跃进渠。1968年重新上马，1977年11月竣工。又因引漳水灌溉安阳县，又名引漳入安工程。

勇进渠。勇进渠原名“黎城县三五红旗渠”，意为以河南林县红旗渠为榜样，在第三个五年计划期间完成，后取意“激流勇进上太行”，更名为勇进渠。该渠始建于1966年12月，1974年7月干渠全线竣工。

战备渠。战备渠位于山西省平顺县北部河谷浊漳河畔，是平顺县唯一的万亩自流灌区。该渠为泄退边山各涧河的水而挖，曾定名为烂水渠。1974年进行了深挖、改线、延长等工程，当时正处于备战备荒的战备时期，故改名为战备渠。战备渠的开通，改写了平顺县浊漳河沿岸靠天吃饭的历史，为当地工农业发展提供了可靠的水资源保障，沿河台地的大部分农田实现了自流灌溉，极大地改善了灌区人民的生产条件，被当地百姓称为“幸福工程”。

第十二章

治水人物与文献

第一节 治 水 人 物

一、西门豹（战国）

西门豹（生卒年不详），战国时期魏国人，魏文侯时治世名宦，以善于地方治理和开凿引漳十二渠著称于世，流芳百世（见图 12-1）。

战国时期是新兴地主阶级逐步取代奴隶主阶级的时期，封建地主阶级处于早期活跃的上升阶段，反映在社会经济上，生产力得到很大解放，农业及水利有了新发展。魏国是东周列国中最强大的诸侯国，魏文侯是一位英名君主，主政五十多年，广招贤能，推行政治经济改革，西门豹就是他选用的贤能之一。

邺地位于魏赵两国交界处，是魏国的北大门，战略地位重要。经名相翟璜举荐，魏文侯任命西门豹为邺令。西门豹到任后，首先革除弊政，奖励农耕。他访察民间疾苦，抓住河伯娶妻的症结，漳河投巫，

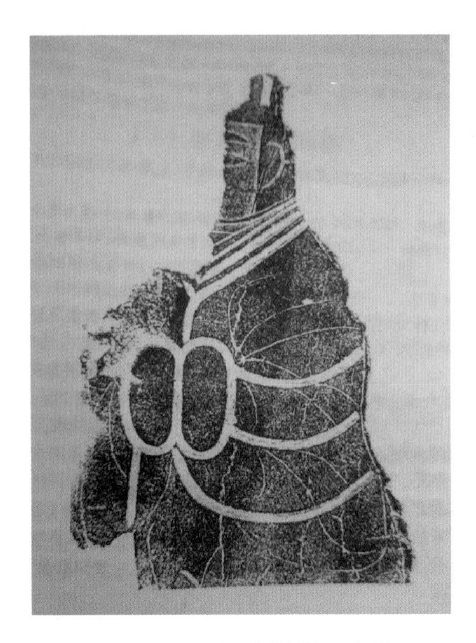

图 12-1　西门豹勒柱石刻像
（后赵建武六年，现存邺城博物馆）

机智果断地惩治了贪官巫婆，革除陋习。又发民凿十二渠，引漳水灌田，水不为患，田益饶沃，邺地灌以漳水，成为膏腴，粮食产量比周围高出数倍，农业生产较快发展起来了。

西门豹仕途并非一帆风顺。到任初期，他廉洁勤勉，秋毫无私，却慢待了国君左右待臣，待臣皆恶之。年终考察政绩时，君收其玺，豹恳请复得。西门豹二次到任后，重敛百姓，急事左右。又到考核时，文侯迎而拜之。西门豹说："往年，我为国家利益治邺而您罢了我的官；今年，我为您的左右治邺而您出城拜迎我，我不能再这样治理了。"遂交印辞官。文侯知错，竭力留住。这收印辞印之间，表明了西门豹的品格能力与刚正自信。

西门豹为巩固边防，在邺地推行藏富于民、藏兵于民、取信于民的政策。人数言其过于文侯。文侯巡视邺地，豹请文侯升城，击鼓，民众被甲括矢，操兵弩、负辇粟而至，文侯大悦。为履与民约信，西门豹奏请文侯，率部举兵击燕，收复了被燕国侵占的八座城。

西门豹精明强干，律己甚严，为改性急的毛病，佩韦以自缓，以便时刻警醒自己，故治邺期间，民不敢欺。魏武侯时，"西门豹不斗而死人手"，似因政治纷争被杀。韩非子叹曰："世之仁贤忠良，有道之士也，不幸而遇悖乱暗惑之主而死。"

邺地因十二渠而日益富庶，邺城遂为国都达四百余年，西门豹因而被人民代代感念，"投邪巫于河，以除邺人之害；引漳水灌田，以利邺人之生，惠民之功多矣"。

远在汉代，漳河边的人民就立祠纪念西门豹，并年年举办庙会娱之，祠宇历代均有修葺。现存西门豹祠位于邺城西南15千米安阳市殷都区丰乐镇附近，漳河南岸京广铁路与107国道之间，汉末即有，宋明重修。民国年间毁于战火，现仅存宋、明、清和民国时的石碑，但是大部分石碑上字迹漫漶，难以辨认。殷都区丰乐镇西门豹祠存碑见图12-2。2008年，临漳县文物部门发现了距今1600多年的后赵石虎时的西门豹祠奠基石，此基石今收藏于临漳县邺城博物馆。据考，西门豹祠历史上至少还有四处：一处在今临漳县仁寿村南，始建年代不详，明正德十五年（1520年）毁于漳水改道；一处在今临漳县城西北隅，为明代嘉靖年间临漳知县骆王道所建，因漳水灌城遭毁，具体年代不详；一处在临漳县城东北隅，为清雍正年间临漳知县陈大玠捐俸所建，毁于清光绪年间；另外，元城县城北也有一处，存废于唐中叶。

图12-2 殷都区丰乐镇西门豹祠存碑

二、史起（战国）

史起，战国时期魏国人，生卒年不详。魏襄王（？—前296年）

时任邺令。西门豹时修建的漳水十二渠，因年久失修，不堪使用。《吕氏春秋·乐成篇》记载，史起到任后，组织民众“决漳水，灌邺旁，终古斥卤，生之稻粱”，邺地生产得到发展，民众生活显著改善。邺地民众深感他的功德，民间流传着称颂他的歌谣：“邺有贤令兮为史公，引漳水兮灌邺旁，终古舄卤兮生稻粱。”（《汉书·沟洫志》）

三、曹操（东汉）

曹操（155—220年），字孟德，沛国谯（今安徽亳州）人，东汉末年著名的军事家、政治家和诗人，三国时期魏国的奠基人和主要缔造者。曹丕称帝后，追尊为魏武帝。建安九年（204年）“遏淇水入白沟以通漕运”，建安十一年（206年）开通平虏渠，建安十八年（213年）修建利漕渠“引漳水过邺入白沟以通河”（见图12-3）。踞邺城后，先后修建天井堰、长明沟等灌溉引水工程，保障邺城的生产生活用水，促进了当地经济社会的发展。

曹操还引漳、洹二水（见图12-4），建立农业灌溉体系，使邺城周边的农业生产呈现出一片兴旺发达的景象。

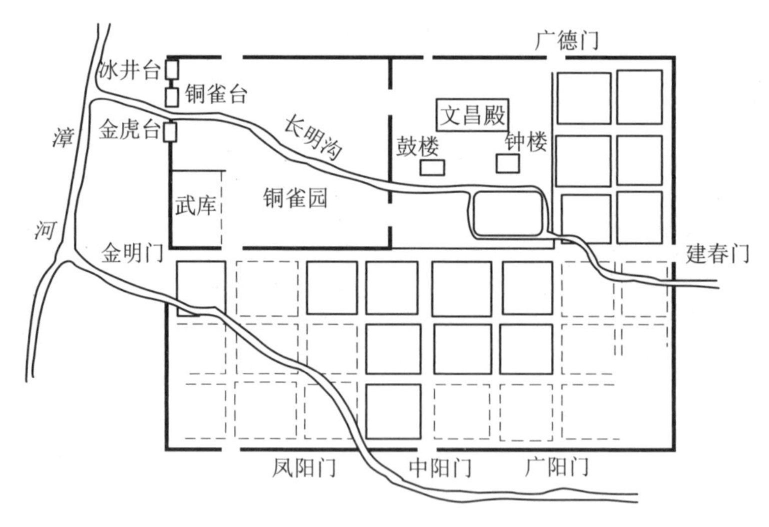

图12-3　引漳入邺示意图
（张子宇 等，2015）

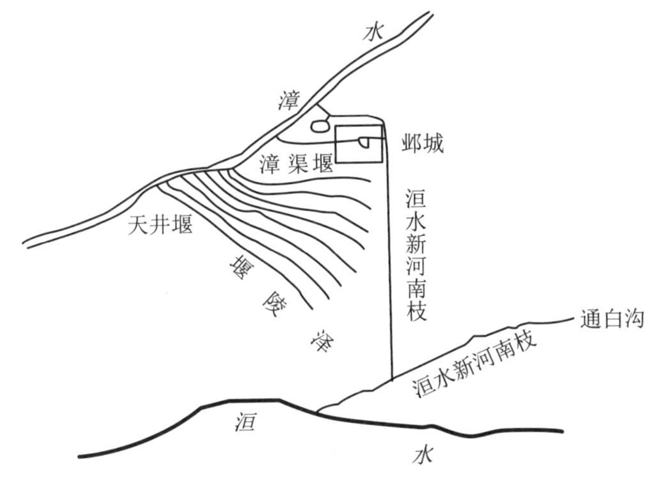

图 12-4 引漳、洹二水灌溉示意图
（张子宇 等，2015）

四、高隆之（北齐）

高隆之，生卒年不详。本姓徐，字延兴，南北朝时期洛阳人。曾任北齐尚书右仆射，后官封太保，阳夏王。主持邺都营建工程，邺南城的规划实施由高隆之全面负责，“京邑制造，莫不由之”，并修筑漳河长堤以防河水泛滥之灾，“以漳水近于帝城，起长堤以防泛溢之患。又凿渠引漳水周流城郭，造制水碾磴，并有利于时”（《北齐书·高隆之传》）。

五、阎毗（隋）

阎毗（564—613 年），榆林盛乐（今内蒙古和林格尔）人，主持开挖隋永济渠。

隋大业四年（608 年），隋炀帝“诏发河北诸郡男女百余万，开永济渠，引沁水南达于河，北通涿郡。”永济渠的开凿，较充分地利用了自然水道。自黄河北武陟至汲县（今卫辉市）段，是沿沁水、清水（即卫河）凿成；浚县至馆陶段，基本上利用曹操遏淇水入白沟故道而成；馆陶至沧州（长芦）段，部分利用了汉代屯氏河和大河故渎而成。沧州以下则多为开辟新河道，部分利用了漳水和平虏渠故道。

六、薛大鼎（唐）

薛大鼎（？—654年），字重臣，唐蒲州汾阴（治今山西万荣县西南）人。贞观、永徽年间为沧州刺史。在贞观年间（627—649年），时任沧州刺史，他看到州界有无棣河，隋末填废，遂奏开之，引鱼盐于海，无棣渠西起南运河，贯沧州全境而东入海。无棣渠的修通，既大大减轻了水害、灌溉了沿渠田地、便利了沧州地区的交通，又使东海的鱼盐之利得以转输沧州境内及其他地区。百姓歌之曰："新河得通舟楫到，直达沧海鱼盐至。昔日徒行今骋驷，美哉薛公德滂被"（《旧唐书》卷一八五《薛大鼎传》）。薛大鼎又以州界卑下，遂决长卢及漳、衡三河，"分曳夏潦，境内无复水害"。

七、姜师度（唐）

姜师度（约653—723年），唐魏州魏县（今河北魏县）人，曾先后担任大理卿、将作大臣及多地刺史，"勤于为政，又有巧思，颇知沟洫之利"（《旧唐书》卷一八五《姜师度传》）。他深知农业的兴衰与水利的兴废有着密切的关系，因此，对于农田水利，他不惮辛劳，尽心竭力。当时，太史公傅孝忠善占星纬，时人为之语曰，"傅孝忠两眼看天，姜师度一心穿地，传之以为口实"（《旧唐书》卷一八五《姜师度传》）。

唐中宗神龙二年（706年）二月，姜师度兼御史中丞，为河北道监察支度营田使及沧州刺史。姜师度首先"始于蓟门之北，涨水为沟，以备奚、契丹之寇，又约魏武旧渠，傍海穿漕，号为平虏渠，以避海艰，粮运者至今利焉"（《旧唐书》卷一八五《姜师度传》）。姜师度通过在蓟州（今天津蓟县）渔阳之北修水利，涨水为沟，增强了北境的军事防御能力，有利于阻止来自北境的奚及契丹的入侵。他又沿海岸依循曹操旧迹，开挖平虏渠，取代风波险恶的海道，并在蓟州城北加筑堤防，用于漕转军粮。

姜师度作为沧州刺史，亲自主持兴修了一些农田水利工程。如于鲁城（今青县以东）引水改良盐碱地，兴置屯田种稻；于棣州（今山东惠民县东南）开渠引黄河水灌溉农田；于贝州经城县（今巨鹿县以东）开张甲河，此河在汉代是屯氏河的支流，曾分排黄河水，后因黄河南徙，该河除排当地的洪水外，还用于灌溉农田。这些水利工程，除用于灌溉农田外，还兼有排涝及防洪的作用。

八、韦景骏（唐）

韦景骏，雍州万年人。明经举人，神龙中（705—707年）任肥乡县令。韦景骏看到县“北界漳水，连年泛溢，旧堤迫近水漕，虽修筑不息，而漂流相继，景骏审其地势，拓南数里，因高筑堤，暴水至，堤南以无患，水去而堤北称为腴田。漳水旧有架拉长桥，每年修葺，景骏又改造为浮桥，自是无复水患”（《旧唐书》卷一八五《韦景骏传》）。韦景骏通过对漳水的治理，及桥梁的改造，使百姓深受其利。

九、李景（唐）

李景，生卒年不详。唐咸亨三年（672年）为相州（今河南安阳市）刺史。主持开凿县西二十里高平渠，“引安阳水东流溉田，入广润陂”（《新唐书·地理志》）。据明嘉靖《彰化府志》卷一“安阳县”条下，云：“高平湖源出县西三十里，自高平村堰洹水入渠，东流灌溉二十村，至县西南流至官道七里，越道入广润陂。”高平湖主要灌溉安阳县西境之地。尧城县（今磁县东南），北四十五里有万金渠，引漳水入故齐都领渠，以溉田，咸亨三年（672年）开。

十、李仁绰（唐）

李仁绰，生卒年不详。唐咸亨年间（670—673年），邺地久旱不雨，禾苗枯死，民众挣扎在死亡线上。咸亨四年（673年）李仁绰任临漳县令，他察访民情，研究地理，走村串户，决定开挖渠道，引漳水灌溉农田，治理邺地。他首先统一规划引漳水灌农田的方案，然后组织民众开凿菊花渠、利物渠引漳河水灌溉。《读史方舆纪要》记载，“菊花渠，在县东南四十里，自故邺县引天平渠水溉田，屈曲三十里。其北三十里有利物渠，自磁州下流入广平之成安县，皆取天平渠水以溉田”。渠修成后，境内灌溉农田相当便利，农业特大丰收，人民丰衣足食，幸福安康。

十一、羊元圭（唐）

羊元圭，生卒年不详。唐延载元年（694年）为衡水县令。组织民众从县城西南方的漳河上游处，开渠引水入城，自东北方向的桃花村出城，复入漳水，人称羊令渠。明万历以前，羊令渠灌注旧县城护城河，自唐至明永乐四年（1406年）的700多年内城无水患，同时沿渠两侧耕地得享灌溉、排涝之利。有诗赞曰：宦绩传闻廷载中，渠流乐只羡羊公。

十二、谢思聪（明）

谢思聪，生卒年不详，字崇谋，号联塘，山东滋阳人。明万历二十年（1592年），任林县知县。

万历二十一年（1593年），在林州南关旧水池西侧新挖阜民池，并将旧池辟深拓宽，挖淤治漏。疏导水源，引桃园水灌池，两池俱溢，取水者不限晨昏，络绎不断。

万历二十四年（1596年），组织民众于洪峪山下引瓮峪泉，开凿宽约0.5米、深约1米、长9千米的洪峪渠，曲折东流，经杨家庄、椒园、小屯等十几个村庄，至辛安池，解决沿渠40余村人畜用水并浇灌部分土地。人称谢公渠，又名洪山渠。清乾隆五十年（1785年），沿渠村民自发在渠首修谢公祠，纪念谢思聪修渠事迹，祠旁留有明清等历代碑刻十多通。新中国成立后，洪山渠渐废，但有 1 千米渠段仍为当地村庄所用。

十三、姚柬之（清）

姚柬之（1785—1847 年），安徽桐城人，清道光年间三次出任临漳知县，前后共八年。任职期间，漳河、卫河、洹河、汤河同时发生洪水，魏县被淹。未经批准即"运粮救济"。后奉命承办灾务，亲自到灾区查勘灾情，赈济灾民。时人提议恢复黄河故道，他认为"改河易道，一县之地全废"，因而"力陈民生不可夺，故道不可复"。着有《漳水图经》一书。

十四、杨贵（当代）

杨贵（1928—2018 年），河南省卫辉市（原汲县）罗圈村人，曾用名杨绍青、杨苏甡。红旗渠总设计师、原河南林县县委书记。

1954 年 4 月，杨贵任林县县委书记。经过调查研究，他下决心要改变林县山高坡陡、土薄石厚、水源奇缺、十年九旱的落后面貌。

红旗渠工程开工建设时，正值国家三年困难时期，以杨贵为首的林县县委一班人面临着资金缺乏，物资、粮食紧张和险恶施工条件等重重困难，杨贵没有退缩，他给自己准备了一个刻有"千古罪人"四个大字的石碑，以"我不下地狱谁下地狱"的大无畏气概，团结带领全县人民自力更生，艰苦奋斗，挖山开渠不止，终于修成人工天河——红旗渠，创造了伟大的红旗渠精神（图 12-5、图 12-6 为杨贵与群众一起，辟开太行山，凿筑红旗渠的场景）。

红旗渠的建成在国内外产生了巨大的影响，成为我国水利建设上的一面旗帜。杨贵也因此受到高度评价："古有都江堰，今有红旗渠；古有李冰，今有杨贵。"

图 12-5　杨贵率领群众辟开太行山，凿筑红旗渠

图 12-6　杨贵与修渠群众在一起

第二节 水利文献典籍

一、《禹贡》

《禹贡》是《尚书》(一作《书经》，简称《书》)中的一篇，是我国第一篇区域地理著作，其地理记载囊括了各地山川、地形、土壤、物产等情况。《禹贡》因托名为大禹所作而得名，对其作者说法不一，王国维在《古史新证》中认为《禹贡》为周初人所作；史念海在《论〈禹贡〉的著作时代》一文中，则据《禹贡》中有“南河”“西河”之称，认定作者为魏国人；顾颉刚认为出自战国时秦国人之手；此外还有日本学者内藤虎次郎的战国末至汉初说。以前的学者都以为《禹贡》为夏朝史官甚至是大禹本人的著述，现在早已为学界所否定。

《禹贡》载，“覃怀底绩，至于衡漳”“北过降水，至于大陆”。《禹贡》中所指的衡漳和降水都是漳河，古代漳河是黄河中下游最大的一条支流，后来黄河南徙，漳河脱离黄河，汇流入海河水系。

二、《史记·河渠书》

《史记·河渠书》出自《史记卷二十九·河渠书第七》，作者司马迁。《史记·河渠书》是中国第一部水利通史，简要叙述了从上古至秦汉的水利发展情况，表明了司马迁对治水重要性的明确认识和深切关注。《史记·河渠书》记述从大禹治水开始，延续到汉元封二年(公元前109年)黄河瓠子堵口，及其以后各地区倡兴水利，开渠引灌等史实，所叙河流有黄河、长江、淮河、济水、淄水、漳水等。它是系统介绍古代中国水利及其对国计民生影响的权威性著作。《史记·河渠书》是以后历代史书撰述河渠水利专篇的典范。

三、《水经注》

《水经注》是中国古代的地理名著，作者是北魏晚期的郦道元。三国时，桑钦著《水经》一书，郦道元为此书作注，因此得名《水经注》。《水经注》原有四十卷，北宋初年已经散失五卷，后人将三十五卷分开，补足四十卷。

《水经注》卷十《浊漳水　清漳水》首次清晰地记述了浊漳水、清漳水及漳水的流经全程，从漳水的发源地、沿途支流、途经郡县城邑、山川分合，以及故渎变迁等与河流相关的地理要素，清晰地反映了它们之间的相互关系，让人们第一次全面、清晰地认识漳河。

四、《汉书·沟洫志》

《汉书·沟洫志》是中国第一部纪传体断代史《汉书》中的一篇，同时也是与《史记·河渠书》一样的水利通史，史实下延时间至西汉末。著作者东汉班固（公元32—92年），扶风安陵（今陕西咸阳市东）人。《汉书·沟洫志》继承和发展了《史记·河渠书》的撰写原则，作贯通古今的历史记述。全文篇幅是前者的3倍，其前半部分基本照引《史记·河渠书》从大禹治水至武帝太初元年（公元前104年）的水利史实，后半部分则记述西汉后期的水利发展历程，一直到元始四年（公元4年）。关于漳水十二渠开凿，该篇记载与《史记·河渠书》不同："以史起为邺令，遂引漳水溉邺，以富魏之河内。民歌之曰：'邺有贤令兮为史公，决漳水兮灌邺旁，终古舄卤兮生稻粱。'"

五、《汉书·地理志》

《汉书·地理志》是《汉书》中十志之一，包括上、下两分卷，是班固新制的古代历史地理之杰作。内容包括西汉及之前中国疆域及政区的划分及消长演变情况全书共3个部分：① 黄帝之后至汉初疆域变迁；② 西汉疆域政区及各地的山川、湖沼、水利、物产、民俗及户口的沿革等，是全书的主体；③ 秦汉以来中国与东南亚一些国家和地区的关系和海上交通情况。该志开沿革地理学之先河，对于创立具有现代科学意义的历史地理学具有重大影响。

据《汉书·地理志》记载："鹿谷山，浊漳水所出，东至邺入漳，沾，大黾谷，清漳水所出，东北至邑成入大河。"可见浊漳水向东流，在邺汇入清漳水，清漳水又向东北流，在邑成汇入黄河。

六、《宋史·河渠志》

《宋史》于元末至正三年（1343 年）由丞相脱脱和阿鲁图先后主持修撰。《宋史》卷九十一至九十七为《河渠志》，卷九十五《河渠五》记载了漳河水事。

据《宋史·河渠五》载："漳河源于西山，由磁、洺州南入冀州新河镇，与胡卢河合流，其后变徙，入于大河。神宗熙宁三年，诏程昉同河北提点刑狱王广廉相视。四年，开修，役兵万人，袤一百六十里。帝因与人臣论财用，文彦博曰：'足财用在乎安百姓，安百姓在乎省力役。且河久不开，不出于东，则出于西，利害一也。今发夫开治，徙东从西，何利之有？'王安石曰：'使漳河不由地中行，则或东或西，为害一也。治之使行地中，则有利而无害。劳民，先王所谨，然以佚道使民，虽劳不可不勉。'会京东、河北大风，三月，诏曰：'风变异常，当安静以应天灾。漳河之役妨农，来岁为之未晚。'中书格诏不下。寻有旨权令罢役，程昉愤恚，遂请休退。朝廷令以都水丞领淤田事于河上。"

七、《金史·河渠志》

《金史》为元代官修，成书于至正四年（1344 年），署名脱脱等撰。金王朝进入中原后，与南宋以淮河为界，南北对峙，《金史·河渠志》所叙水利史实地理范围仅是黄河及海河两流域，时间区间为金天眷元年至贞祐五年（即南宋绍兴八年至嘉定十年，1138—1217 年），与《宋史·河渠志》所叙南宋史实相表里，构成当时全国水利的状况。“漳河”部分记述了金大定二十年（1180年）至明昌四年（1193年）漳河的水利史实。

八、《明史·河渠志》

《明史》于康熙十八年（1679年）开始纂修，以徐元文为监修，乾隆四年（1739年）张廷玉最后定稿，进呈刊刻。《明史·河渠志》是明代水利专史，记述洪武元年至崇祯十七年（1644年）间水利史事，记载漳河22事。据载：“漳河，出山西长子曰浊漳，乐平曰清漳，俱东经河南临漳县，由畿南真定、河间趋天津入海。其分流至山东馆陶西南五十里，与卫河合。”

第三节 水 利 志 书

一、《海河志》

《海河志》是中华人民共和国水利部组织编修的七部江河志之一，作者是海河志编纂委员会，于1998年由中国水利水电出版社出版。本志遵循“统合古今、详今略古”的原则，突出海河流域的特点，翔实、准确、系统、全面地记载了海河流域水利事业的历史与现状。

本志记述的对象是海河水系、滦河水系和徒骇、马颊河水系的水利事业。本志的断限，上限追溯到事物的发端，下限一般断至1985年，大事记延至1990年，重大连续性较强的事物，可适当延伸，以保持事物的完整性。

二、《水利部海河水利委员会志》

该书梳理总结了海河水利委员会成立近40年来的改革发展历程，

存史资治、鉴今求是。内容包括：机构沿革、规划计划、水行政管理、水资源管理、水资源保护、防汛抗旱、工程建设、工程管理、水土保持、安全监督、农村水利、科技外事与国际合作、水文、水利信息化、水利经济、党的建设、综合管理、改革发展成果、直属管理局篇、援藏援疆、扶贫救灾等 21 个章节。该书 2020 年由中国水利水电出版社正式出版。

三、《漳卫南运河志》

《漳卫南运河志》是第一部以漳卫南运河为对象的江河水利志。该书记述了漳卫南运河形成、变迁的历史，较系统地展示了漳卫南运河治理开发的历史进程和巨大成就，是一部漳卫南运河流域的水情书、地情书。该书 2003 年由天津科学技术出版社出版。

四、《漳卫南运河志（1996—2005）》

《漳卫南运河志（1996—2005）》由海委漳卫南运河管理局主持编纂，是 2003 年版《漳卫南运河志》的续志，翔实记述了 1996—2005 年 10 年间漳卫南运河工程建设、工程管理、防汛抗旱、水管体制改革、水利经济、机构沿革等方面的发展变化，是记述和反映漳卫南运河水事活动的专业志书。书中资料主要来源于海河档案馆、漳卫南运河管理局、漳河上游管理局及沿河各地有关单位的档案资料和沿河各地已出版的地方志、水利志及各种公开出版物。该书于 2013 年 10 月由中国水利水电出版社出版。

五、《红旗渠志》

《红旗渠志》记述了林县人民在太行山腰开凿人工天河——红旗渠的英雄事迹，再现了在改革开放新形势下，林县人民弘扬红旗渠精神，再创新业绩的历史画卷。该书 1995 年 11 月由北京三联书店出版。1996 年被评为河南省地方志成果一等奖。

六、《民有灌区志》

《民有灌区志》（见图 12-7）于 1999 年 6 月由武汉水利电力大学出版社出版。该志书重点记述了自 1958 年灌区扩建以来 33 年的史实，图文并茂地反映了灌区工程建设、用水管理、组织建设和经营管理全过程。

图 12-7 《民有灌区志》

七、《漳泽水库志》

《漳泽水库志》（见图 12-8）于 1999 年 9 月中国水利水电出版社出版。该志书简要介绍了浊漳河南源流域的概况，全面反映记述了漳泽水库工程的勘测、规划、设计、施工、管理、运用和改建、扩建、除险加固的史实。该志书还对水库的人文、地理、旅游景点、发展前景全面进行了记述。

图 12-8 《漳泽水库志》

八、《跃峰渠志》

《跃峰渠志》（见图 12-9）是第一部以邯郸跃峰渠为对象的江河水利志，于 2001 年 5 月由中华书局出版。该志书记述了跃峰渠的建设过程、工程规模等内容，主要包括工程兴建、灌区工程、电站建设、灌区管理等。

图 12-9 《跃峰渠志》

九、《关河水库志》

《关河水库志》于 2010 年 6 月由中国水利水电出版社出版。该志书由自然地理与水库概况、工程建设、水库管理、多种经营、科技与文化、典型经验与调查报告、人物和荣誉、历史文献、大事记和附录等10篇组成。本志取事，上起1958年8月，下至2008年7月，时间跨度50年，大事记采用纪年体和记事本末体相结合的体裁，以时为经，以事为纬；其他部分按工程建设、经营管理等分门别类，基本做到了纵横兼顾。

十、《安阳市水利志》

《安阳市水利志》（见图12-10）于2005年9月由黄河水利出版社出版。该志书是一部全面记述安阳市水利事业历史与现状的新编专业志书。该志书着重选取20世纪50年代至21世纪初，围绕水利建设与管理，上限自有史料记载的古代，下限至2002年年底，其中大事记、图片下限至2004年年底。

图12-10 《安阳市水利志》

十一、《安阳县水利志》

《安阳县水利志》（见图12-11）全面记述安阳县水利事业历史与现状的专业志书，着重选取20世纪50年代至21世纪初，围绕水利建设与管理，上限自有记载的古代，下限至2002年年底，其中大事记、图片限至2004年年底。

图12-11 《安阳县水利志》

十二、《邯郸县水利志》

《邯郸县水利志》（见图12-12）于2001年6月由邯郸县水务局编印。该志书首设概述，总揽全志。次为大事记，勾勒历史脉络，其后列章，依次为：自然地理、河流、水资源、灾害与抗灾、地表水灌溉工程、井灌工程设施、防洪工程、除涝治碱、边界水事、水土保持、水利管理、基础工作、水利科技、机构人物、文征、杂记，末设附录，辑存资料。本志上限尽可能追溯到事物发端，下限断至 1990 年，大事记截至 1999 年，概述、机构人物、机井普查及其他个别事物记述到搁笔。

图 12-12 《邯郸县水利志》

十三、《涉县水利志》

《涉县水利志》（见图 12-13）于 1993 年 8 月由天津大学出版社出版。该志书上限不限，下限止于 1986 年，个别叙事至搁笔。本志取章节体，以类设章，以章系事。全志分 12 章，章下有节，节下有目，前置概述，章前撰有无题小序，个别章后设有附录，最后附有大事记。

图 12-13 《涉县水利志》

十四、《魏县水利志》

《魏县水利志》于 1990 年 12 月由河北人民出版社出版。该志书上限尽可能追溯到事物的发端，下限为 1985 年年底。取事本着“今古兼顾，详近略远，以今为主”的原则，以中华人民共和国成立后为重点。

十五、《大名县水利志》

《大名县水利志》（见图 12-14）于

图 12-14 《大名县水利志》

1993年由大名县水利志编纂委员会编印。该志书是五代时期改广晋县为大名县以来，第一部记述大名县水利事业发展，独立成篇的专志。上限尽可能追溯事物的发端，下限为1990年。取事本着“统合古今”“详今略古”的原则，以中华人民共和国成立后为主。记述范围以1990年大名县行政区划39个乡镇。该志书分十三章，五十五节，以类系事，以事立题。志前设概述、大事记。概述领志，大事记按时排序，分条例举重大事件。

十六、《磁县水利志》

《磁县水利志》（见图12-15）于2000年12月由中华书局出版。该志书取事上限追溯到文字记载之始，下限为1999年年底，详今略古，重点记述了中华人民共和国成立以后磁县的水利事业。

图12-15 《磁县水利志》

十七、《侯壁水电站志》

《侯壁水电站志》（见图12-16）于1987年12月由山西省平顺县侯壁水电站编印。该志书采用新方志体裁，以志、记、图、表、录、照片为表现形式，以志为主。上限始于1959年11月，下限止于1985年年底，包括自然环境与社会经济、水电站建设、水电站配套、水电站运行及管理、水电站经济效益与社会经济效益、综合经营、机构沿革、人物志、艺文志、大事记等10章。

图12-16 《侯壁水电站志》

结语

文化视角下的漳河流域综合管理改革发展

“和谐流域、美丽漳河”最早于2013年提出。所谓“和谐流域”，就是要以保持漳河上游水事秩序持续稳定和建设和谐漳河上游管理局为主线，实现流域与漳河上游管理局自身的同步和谐发展；就是要有效控制和调解水事纠纷，构建全流域团结治水、依法治水的工作新格局；就是要积极营造能干事、肯干事、干成事的良好氛围，努力提高职工幸福指数，尊重职工首创精神和主体地位，创造心平气和、怡然舒畅的工作环境。所谓“美丽漳河”，就是要统一调配流域水资源，扎实做好漳河生态文明建设，维护河流健康生命；就是要充分提高水资源的效率和效益，有效服务流域内生活、生产和生态，更好地支撑流域经济社会发展；就是要实行最严格的水资源管理制度，促进经济社会发展方式加快转变，实现水资源可持续利用。

建设“和谐流域、美丽漳河”，本质是要从根本上解决全流域水资源问题，从推动流域民生水利新发展，从保持全流域的和谐稳定和可持续发展，从建设和保护健康、美丽漳河的方面着眼，重点做好以下方面工作。

（1）着力保持漳河上游水事秩序持续稳定。坚持预防为主、预防和调处相结合的工作方针，严格落实各项规章制度，确保统管范围内的水事纠纷矛盾早发现、早协调、早解决。强化依法行政，构建依法治水的工作新格局，实现水事矛盾处理由单一行政协调向依法行政转变，有效控制和调解水事纠纷。

（2）着力落实最严格的水资源管理制度。加快推进浊漳河、清漳河水量分配方案制定与实施，研究建立覆盖全流域和市县两级行政区域、各灌区用水户的取用水总量和河流生态用水的控制指标体系。以提高农业用水效率作为抓手，积极推进直管河道沿岸村庄的末级渠系和全流域的引水渠系节水改造，大力推进漳河节水型流域建设。开展省界水体和入河排污口监测管理，落实水功能区限制纳污总量指标，保障岳城水库水源地、4 大灌区和沿河村庄供水安全，协调好生态用水，开展河流健康评估。建设漳河流域水资源实时监控及调度管理系统，提高水资源管理的科学化、信息化水平。

（3）着力强化基础设施建设。尽快建设可调控的水源工程，为实行流域分水、解决关键时段缺水提供工程保障。抓紧制定和实施《漳河石梁、下交漳至观台河段综合治理规划》。尽快实施病险水闸除险加固工程建设。加快水文及基层水管单位基地建设，加快清漳河麻田等水文站、浊漳河林州基地、清漳河涉县基地、水文巡测基地和漳河上游水环境监测分中心建设，完善和升级改造现有水文测站。

（4）着力构建现代流域管理体制机制。完善体制机制，构建现代科学的流域管理制度，构建流域机构与地方政府、水行政主管部门、用水户等广泛参与的协调、配合、合作机制，共商流域水利发展大计；进一步明确流域管理机构和山西、河北、河南三省的职责、事权，明确流域管理和区域管理之间、流域机构上下级之间的权责划分和调度运行机制，推动漳河现代流域管理制度改革。

（5）着力提高漳河上游管理局科学发展水平。强化全面规划，制订或完善计划，完成“蓝图”绘制。着眼于流域基础性、长期性、前瞻性的问题，积极组织开展流域重大水利课题研究，强化成果的应用。深入研究水费调价政策，积极做好前期工作，推动水价改革，发挥经济杠杆作用。扩大自主创收渠道，加强队伍建设和能力水平的提高。

推进“和谐流域、美丽漳河”建设，需要选好着力点，从关键环节实现突破。

（1）以顶层设计为抓手，对漳河上游流域水利事业发展及漳河上游管理局发展进行长远、系统的谋划与设计。要完成三大支撑的顶层设计，即：管理支撑，制定《关于漳河上游流域落实最严格水资源管理制度、构建美丽漳河的意见》，力争实现最严格的水资源管理制度在漳河上游流域的率先落实；工程支撑，制定《关于漳河上游流域加强水利基础设施建设、提高水资源承载能力和调控能力的意见》，力争把漳河上游流域打造成我国水资源利用效率最高的流域之一；体制支撑，制定《关于漳河上游流域构建现代流域管理体制、强化能力建设的意见》，科学探索流域管理与区域管理相结合的模式，力争使漳河上游流域成为现代流域管理改革的试点流域。

（2）以规范和强化资源管理、河道管理为抓手，不断拓展流域管理机构工作领域，提升工作效能。水资源管理方面，要明确漳河上游流域各省的初始水权和取用水控制指标，制订可操作的年度水量调度方案和调度计划；完善并出台《漳河水量调度管理办法》，明确流域机构对流域水资源关键时期的调度权限，强化流域机构的地位和权威。水生态管理方面，要开展漳河河流健康评估，加强对灌区、水电站等引水的调控，确保河道生态基流。在河道开发管理方面，要探讨对直管河段河道及开发利用活动的管理模式，加强对小水电开发、河道采砂、旅游开发等涉河经济社会行为的管理，确保涉河经济社会活动强度与河流承载能力相适应，维护河流健康生命。

（3）以强化内部规范建设为抓手，推进和谐单位建设。队伍建设方面，围绕全局中心工作和主要任务，切实抓好选好干部、培养人才、落实责任、激发干劲等工作，强化管理基础，最大限度地激发职工的创造力，让职工干事有舞台、发展有空间。作风建设方面，深入开展文明创建活动，推进学习型单位建设，深入贯彻落实中央八项规定，加强反腐倡廉教育和廉政文化建设，进一步密切联系群众，转变作风。水文化建设方面，不断创新漳河水文化，把水文化建设融入“和谐流域、美丽漳河”建设之中，不断弘扬“忠诚、干净、担当，科学、求实、创新”的水利行业精神，以水文化建设的新成效推动漳河上游水利事业新发展。

附录

附录 A　漳河水文化之最

最早记录漳河的典籍——《禹贡》。

我国有文字记载的最早的古代大型引水灌溉渠系——引漳十二渠。

漳河的第一座水电站——赤岸水电站，兴建于 1942 年 2 月，由八路军一二九师兴建，装机容量为 10 千瓦，为军政机关照明使用。这也是海河流域最早的水电站。

漳河的第一座大型水库——岳城水库，兴建于 1958 年 8 月，1970 年水库全部建成。

漳河的最大水库——岳城水库，总库容为 13 亿立方米。

漳河最大的土坝——岳城水库大坝，也是亚洲最大的土坝。

漳河的最大灌区——漳南灌区，有幸福、万金、洹南、洹东、汤河 5 个分灌区，设计灌溉面积为 120 万亩。

漳河跨度最大的渡槽——邯郸市跃峰渠上的险峰渡槽，位于磁县城西，全长 210 米，高 32.3 米，单孔跨度 106 米。该渡槽始建于 1975 年 11 月，竣工于 1976 年 9 月 26 日，历时 11 个月。

附录 B　漳河水利大事记

周定王五年（公元前 602 年），黄河发生有史记载以来第一次大改道，大致流经今河南省滑县、濮阳市及河北省大名、馆陶、吴桥、东光、南皮等县（市），在黄骅市以北入渤海。这一时期，漳河仍为黄河支流。

魏文侯二十五年（公元前 421 年），邺（今河北省磁县、临漳一带）

令西门豹“发民凿十二渠，引（漳）水灌民田，田皆溉”。邺地“尽成膏腴，则亩收一钟”。

西汉末年（公元 11 年），“河决魏郡（今河南省安阳市），泛清河以东数郡”。黄河南徙，经濮阳，流向千乘（今山东利津）入海，是为黄河第二次改道。黄河改道后，漳水脱离黄河水系，沿黄河故道北流，为海河水系的形成创造了条件。

东汉元初二年（115 年），“修理西门豹所分漳水为支渠以溉民田”（《后汉书 · 安帝纪》）。

东汉建安九年（204 年），曹操攻取邺城后，在引漳十二渠旧址修建天平堰，“二十里中，作十二蹬，蹬相去三百步，令互为灌注，一源分为十二流，皆悬水门”。在邺城西开长明沟，引漳水入邺城供给城市用水。

东汉建安十八年（213 年），曹操组织开利漕渠，沟通了漳河、卫河、黄河水系。

东魏天平元年至四年（534—537 年），改建引漳灌溉渠道，名万金渠，又称天平渠（《魏书》）。

唐永徽五年（654 年），筑鸡泽漳沼堤二、沙河南堤一（《新唐书 · 地理志》）。

唐显庆元年（656 年），筑南宫（今河北南宫）西五十九里浊漳堤，筑武邑（今河北武邑）北三十里衡漳右堤。筑清池西四十里衡漳堤二（《新唐书 · 地理志》）。

唐咸亨三年（672 年），相州刺史李景开安阳（今河南安阳）西二十里高平渠，引安阳水（是否今安阳河，又名洹水）东流溉田，注广润陂。开邺（今河北省磁县东南）南五里金凤渠，引天平渠下流溉田。开尧城（今河南省安阳市东）北四十五里万金渠，引漳水入故齐都领渠以溉田（《新唐书 · 地理志》）。

唐咸亨四年（673 年），临漳（今河北临漳）令李仁绰开菊花渠，自邺引天平渠水溉田，屈曲经三十里。开利物渠，自滏阳（今河北省磁县）下入成安（今河北省成安县）并取天平渠水以溉田（《新唐书·地理志》）。

北宋熙宁四年（1071年），整修漳河一百六十里（《宋史·河渠志》）。

北宋熙宁五年（1072年），引漳、洺河淤地，共二千四百余顷，又引沈苑河（今府河）等淤地（《续资治通鉴长编》）。

明洪武十七年（1384年），修筑漳、卫、沙河所决堤岸（《明史·河渠志》）。

明永乐九年（1411年），漳河决口入滏阳河。

明洪熙元年（1425年），漳滏并溢，决口二十四处，“发军民修筑”。

明宣德八年（1433年），复筑临漳三搽村口。

明正统四年（1439年）七月，滹、沁、漳三水俱决，坏饶阳、献县、卫辉、彰德堤岸。八月，白沟、浑河二水溢，决保定安州堤。九月，滹沱河复决深州，淹百余里。修容城杜村口堤，筑青县御河堤岸（《海河流域历代自然灾害史料》《明史·河渠志》）。

明正统十三年（1448年），从御史林廷举请，引漳入卫（《明史·河渠志》）。

明景泰年间（1450—1456年），滏漳又合，冲曲周诸县，“沿河之地皆筑堤备之”。

明成化年间（1465—1487年），旧河淤，冲新店西南为新河，合沙、洺等河入穆家口。

明成化十八年（1482年）八月；卫、漳、滹沱河并溢，决漕河岸，“自清平抵天津决口八十六，因循者久之”（《明史·河渠志》）。

明弘治（1488—1505年）初，徙入御河；“遂弃滏堤不理”，其后漳河复入新河。

明弘治六年（1493年），浚彰德高平、万金渠（《明史·河渠志》）。

明弘治十四年（1501年），漳水溢陷肥乡城注广平，东流入馆陶县（《重修广平府志》）。

明弘治十五年（1502年），魏县漳水决，从西界北注入广平河下流，而东入馆陶（《大名府志》）。

明弘治十八年（1505年），漳河决注肥乡城（《重修广平府志》）。

明正德元年（1506年），浚新旧河，筑漳滏堤。万历二十八年（1600年），给事中王德完、直隶巡抚议引漳入卫，未能实施。

明正德二年（1507年），漳河决魏县阎家渡（《大名县志》）。

明正德七年（1512年），漳河决入肥乡城（《重修广平府志》）。

明隆庆三年（1569年），漳水决，浸肥乡城（《重修广平府志》）。临漳、武安、内黄大水（《彰德府志》）。

明万历二十年（1592年），漳水决入成安故道，鸡泽水溃堤，御河决，泛清河，淹没田庐，直抵清河城下（《重修广平府志》）。

明万历三十五年（1607年），闰六月漳河南徙没临漳，内黄大水，陆地行舟（《彰德府志》）。

明天启六年（1626年），闰六月大雨，漳、滏、沙、沼四水并涨，汛滥溃堤（《重修广平府志》）。

清康熙南巡，至东光命直隶巡抚李光地查勘漳河、滹沱河故道（《清史稿·河渠志》）。

清乾隆四十四年（1779年），漳河下游沙庄坝漫口，淹及成安、广平，水无归宿，在成安柏寺营至杜木营绕筑土埝一千一百多丈（《清史稿·河渠志》）。

清道光十年（1830年），挑浚漳河故道。

1939年7月14日，漳河观台洪峰流量为5620立方米每秒，冲毁京汉铁路桥，漳河洪水大部分漫流于滏阳河、南运河之间广大地区，进入贾口洼。

1942年2月，八路军一二九师在清漳河河北省涉县赤岸村建成了漳河流域第一座水电站，装机容量为10千瓦。

1942年秋，漳河由今河北省馆陶县徐万仓汇入卫河。

1948年7月中旬，漳河水涨，决堤15处。渤海行署组织堵口救灾。

1952年11月4日，河北、平原两省关于漳河灌溉委员会筹备会议在河南安阳召开。会上，达成以下协议：以漳河观台水文站水文记录为根据，流量在20立方米每秒以下时，河北省用水52%，平原省用水48%；超过20立方米每秒时，任水下泄。

1954年2月17日，山西省人民委员会决定：沿漳河的和顺等县建立水土保持站，帮助群众搞好水土保持工作。

1958年8月，浊漳河北源的关河水库开工兴建，1960年9月竣工。

1958年10月13日，岳城水库分水协商会议在郑州召开，就水量分配问题达成协议，河北省54%，河南省46%。

1959年8月12日，河北省向中央提出请示兴建岳城水库的报告。8月29日，水电部批复。10月1日，由河北省组织正式开工。1970年11月建成。

1959年11月，山西省在襄垣县浊漳河西源上修建后湾水库，1960年3月竣工。该水库大坝为均质土坝，控制流域面积1300平方千米。

1959年11月，山西省在长治境内浊漳河南源上修建漳泽水库，1960年4月竣工。该水库大坝为碾压均质土坝，控制流域面积3146平方千米。

1960年2月11日，河南省林县引漳入林工程（红旗渠）开始兴建。1965年4月5日，工程竣工通水。

1961年4月4日，水电部派出查勘组，会同漳卫南运河管理局、河北省和河南省水利厅等单位的负责同志，经协商达成《河北、河南两省关于冀、豫边界地区水利问题会谈纪要》。

1961年6月19日，中央批转了水电部党组《关于解决冀、鲁、豫三省边界地区水利问题的初步意见》。

1961年6月27日，根据中央文件精神，水电部提出《关于解决漳卫河之间三角地带水利纠纷的意见》。

1962年3月1日，中共中央同意水电部《关于五省一市平原地区边界水利问题的处理原则的报告》。

1962 年 3 月 14 日，国务院副总理谭震林、水电部副部长钱正英、中南局书记金明邀集河北省省长刘子厚、河南省省委第一书记刘建勋，在郑州、南乐协商达成《冀、豫边界水利问题郑州磋商纪要》。

1964 年 6 月 27 日，中共中央、国务院对冀、豫两省领导呈报的《关于解决河南、河北边界水利纠纷问题的协议》做了批示，同意协议内容，并指出：漳卫河目前还未根治，为了确保天津市的安全，同意漳河北堤高于漳河南堤，并高于泛区段卫运河右堤；卫运河左堤高于右堤。

1966 年 4 月 5 日，国务院总理周恩来在水利部副部长钱正英、河北省省长刘子厚陪同下，视察岳城水库，指出“水库应该是第一防洪，第二灌溉，第三水土保持，要综合经营，一切工程都要这样做”。

1966 年 8 月 25 日，水电部函复岳城水库及河南、河北两省，“遵照周恩来总理 4 月 5 日视察水库时的指示及谭震林副总理的批示精神，同意河北省民有渠、河南省幸福渠渠道段引水能力扩大至 100 立方米每秒”。

1981 年 11 月 3 日，水利部发出《关于岳城水库供水安排的通知》。通知要求：根据国务院副总理万里的指示精神，将岳城水库现有蓄水 7440 万立方米，全部供给河北省邯郸市城市生活和工业使用，待蓄水超过 1.0 亿立方米时，再向河南省供水。

1981 年 12 月 31 日，海委向水利部报送《对晋、冀、豫三省浊漳河水利问题的报告》，提出“按水利部对水利分级管理的意见，拟在漳卫南运河管理局范围内设置专管机构”。

1984 年 6 月 2 日，水电部上报国务院《关于河南省林县红旗渠与山西省平顺县石城大队水利纠纷问题的调查报告》，提出“合理分配极为有限的水资源，需要建立漳河水资源统一管理机构”。

1988 年 1 月 14 日，水电部召开漳河分水方案会议，部长钱正英与晋、冀、豫三省负责同志协商，并做了重要讲话。

1989年1月18日，水利部召开晋、冀、豫三省审议漳河分水方案会议，部长杨振怀作了会议总结讲话。

1989年6月3日，国务院向山西、河北、河南三省人民政府及国务院有关部门以国发〔1989〕42号文，印发《国务院批转水利部〈关于漳河水量分配方案请示〉的通知》。

1991年8月28日，漳卫南运河管理局漳河水政水资源处成立。9月4日，在邯郸市正式办公。

1992年1月13日，水利部副部长严克强召集河北、河南两省的代表签订《关于解决漳河水事纠纷的协议书》（简称“1·13协议”）。

1992年9月29日，国务院在北京召开漳河水事纠纷协调会议。会议形成了《国务院漳河协调会议纪要》（国发〔1992〕132号），决定设立海委漳河上游管理局，对漳河上游水事纠纷多发河段实行统一管理。

1992年11月，水利部在海委召开漳河团结治水会议。会议通过漳河上游涉及分水渠道有关工程交接办法，决定成立漳河管理委员会。

1993年3月2日，海委漳河上游管理局成立，漳卫南运河管理局漳河水政水资源处划归漳河上游管理局。4月28日，漳河上游管理局在邯郸召开成立大会。

1994年1月7日，漳卫南运河管理局就漳河京广铁路桥上下游河段出现的非法采沙事件分别致函河北省水利厅、邯郸市人民政府，敦请地方政府予以制止。7月21日，漳卫南运河管理局在河北省邯郸市主持召开漳河河道采沙管理工作会议，邯郸、安阳两地（市）及磁县、安阳、临漳三县政府、水利局等代表出席会议。7月27日，漳卫南运河管理局颁发《漳河河道采沙管理办法》。9月1日，安阳、磁县、临漳三县人民政府联合颁布《关于加强漳河河道采沙管理的布告》。

1994年，漳河上游管理局在山西省平顺县兴建浊漳河侯壁水文站，为国家基本站。

1997年4月，海委提出《漳河侯壁、匡门口至观台河段治理规划

（报批稿）》；此后水利部以水规计〔1999〕275号文批复，简称“97”规划。

1997年3月18日，海委组织冀、豫两省代表签署了《“3·9”水事纠纷协调会议纪要》。

1997年7月11日，水利部组织冀豫两省代表签署了《漳河水事纠纷协调会议纪要》。

1998年7月9日，水利部会同公安部组织冀、豫两省代表签署了《关于打击破坏水利工程违法犯罪活动解决漳河上游水事纠纷有关问题的协议》。

1998年11月，经水利部、公安部协调，冀、豫两省代表签署了《河北、河南两省落实“7·9”协议会商纪要》。

1999年3月14日，国务委员罗干主持召开有河南、河北以及水利部、公安部参加的会议，形成《关于落实中央领导同志对河北、河南两省漳河水事纠纷事件批示精神的会议纪要》（国阅〔1999〕20号）。

2001年五一前后，漳河上游管理局进行了跨省调水的首次尝试，从上游山西省漳泽水库向下游河南省跃进渠灌区成功调水2000万立方米，探索了有偿调水的路子。

2001年漳河跨省调水被评为2001年全国水利系统十五大新闻之一。

2003年1月14日，漳河上游管理局被评为全国水政工作先进集体。

2003年2月21日，漳河上游管理局调整内设机构，撤销水政（工管）处，成立水政水资源处（水政监察总队）和建设与管理处（防汛抗旱办公室）。

2004年2月16日，引岳济淀生态应急补水工程正式实施。至6月29日8时，历时134天，岳城水库累计放水3.9亿立方米，白洋淀收水1.6亿立方米。该工程的实施，使白洋淀水位由补水前的5.8米上升至7.2米，水域面积由31平方千米扩大大到120平方千米。

2004年7月6日，红旗渠被水利部批准为“国家水利风景区”。

2006年5月25日，红旗渠成为第六批“全国重点文物保护单位”。

2008年4月11日，漳河上游管理局在河南林州召开了《漳河上游水量调度管理制度》研讨会。5月5日，印发了《漳河上游水量调度管理制度（试行）》（漳上水政〔2008〕1号）。

2010年2月11日，水利部、国家发展改革委在北京召开了泽城西安水电站水事矛盾协调会，达成了《水利部 国家发展改革委 河北省人民政府 山西省人民政府 关于解决清漳河泽城西安水电站（二期）工程水事矛盾的协议》，确定该电站建成后，由海委负责水量统一调度。

2010年5月18日，红旗渠被命名为“第一批全国廉政教育基地”。

2012年11月1日，海委在河北省邯郸市召开了浊漳河溯头水电站水事协调会，就溯头水电站建设有关事宜达成共识，形成会议纪要，海委以海政资〔2012〕30号文向山西、河北、河南三省水利厅及相关单位印发了《浊漳河溯头水电站水事协调会纪要》。

2015年7月29日，中央国家机关在红旗渠纪念馆举行爱国主义教育基地授牌仪式，红旗渠纪念馆正式成为中央国家机关第三批爱国主义教育基地。

2015年，为解决晋、冀水事纠纷，加强清漳河水量统一调度管理，在清漳河东源、西源和清漳河干流上新建芹泉、粟城、麻田3座国家基本水文站。

2017年5月，水利部以办规计函〔2017〕490号文批复《漳河石梁、下交漳至观台河段综合治理规划》。

2017年11月30日，邯郸市通过了水利部和河北省政府联合组织的第一批全国水生态文明城市建设试点验收，成为全国首批水生态文明城市。

主要参考文献

[1] （北魏）郦道元.水经注·浊漳水　清漳水[M].北京：中华书局，2009.

[2] （美）C．恩伯，M.恩伯.文化的变异[M].杜杉杉，译.沈阳：辽宁人民出版社，1988.

[3] （明）崔铣.[嘉靖]彰德府志（点校本）[M].安阳：安阳市地方史志办公室，2010.

[4] （日）石川荣吉.现代文化人类学[M].周星，周庆明，徐平，等，译.北京：中国国际广播出版社，1988.

[5] 《安阳市水利志》编纂委员会.安阳市水利志[M].郑州：黄河水利出版社，2005.

[6] 《河南省豫北水利勘测设计院志》编纂委员会.河南省豫北水利勘测设计院志（1949—2004）[M].北京：线装书局，2008.

[7] 马克思.马克思恩格斯全集[M].第42卷.北京：人民出版社，1979.

[8] 《漳卫南运河志（1996—2005）》编委会.漳卫南运河志（1996—2005）[M].北京：中国水利水电出版社，2013.

[9] 《中国河湖大典》编纂委员会.中国河湖大典•海河卷[M].北京：中国水利水电出版社，2013.

[10] 安阳市人民政府地方史志办公室.安阳年鉴[M].郑州：中州古籍出版社，2016.

[11] 白尊贤.行业文化建设[M].长沙：湖南人民出版社，2008.

[12] 曹锡仁.中西文化比较导论：关于中国文化选择的再检讨[M].北京：中国青年出版社，1992.

[13] 常反堂.长治市水资源评价[M].北京：中国科学技术出版社，2006.

[14] 长治郊区志编纂委员会.长治郊区志[M].北京：中华书局，2002.

[15] 陈华文.文化学概论新编[M].北京：首都经济贸易大学出版社，2009.

[16] 陈杰.水文化建设研究初探[J].城市规划，2003（9）：84-86.

[17] 陈序经.文化学概观[M].北京：中国人民大学出版社，2005.

[18] 大名县志编纂委员会 . 大名县志 [M]. 北京：新华出版社，1994.

[19] 杜建明，陈金成，赵拥军 . 水文化解读和水文化工程建设 [J]. 河北水利，2008（12）：46-47.

[20] 范友林 . 从水文化的实质谈起 [J]. 治淮，1990（4）：55.

[21] 冯广宏 . 何谓水文化 [J]. 中国水利，1994（3）：50-51.

[22] 高建文，陶桂荣 . 民国时期海河流域水利建设情况及启示 [J]. 海河水利，2016（1）：66-68.

[23] 郭恒茂，刘峥 . 清代和民国时期漳卫南运河水事纠纷解决途径及其启示 [J]. 海河水利，2018（2）：19-22.

[24] 河北省临漳县地方志编纂委员会 . 临漳县志 [M]. 北京：中华书局，1999.

[25] 河南省安阳市地方史志编委会 . 安阳市志（1988—2000）[M]. 郑州：中州古籍出版社，2008.

[26] 河南省安阳市地方史志编委会 . 安阳市志 [M]. 郑州：中州古籍出版社，1998.

[27] 河南省林州水利史编纂委员会 . 林州水利史 [M]. 郑州：河南人民出版社，2005.

[28] 胡凤岐 . 漳卫南运河大观 [M]. 天津：天津科学技术出版社，1990.

[29] 胡刚 . 历史时期漳河水系归属变迁研究 [J]. 长治学院学报，2015（8）：18-21.

[30] 胡梦飞 . 漕运与信仰：清代临清漳神庙的历史考察 [J]. 聊城大学学报（社会科学版），2016（6）：7-12.

[31] 胡梦飞 . 河患、信仰与社会：清代漳河下游地区河神信仰的历史考察 [J]. 山东师范大学学报：人文社会科学版，2016，61（6）：123-131.

[32] 胡兆量，韩茂莉，阿尔斯朗，等 . 中国文化地理概述：第 4 版 [M]. 北京：北京大学出版社，2017.

[33] 黄龙光 . 少数民族水文化概论 [J]. 云南师范大学学报，2014（3）：147-156.

[34] 金元浦 . 中国文化概论 [M]. 北京：中国人民大学出版社，2007.

[35] 靳怀堾 . 海河 300 问 [M]. 郑州：黄河水利出版社，1999.

[36] 靳怀堾 . 漫谈水文化内涵 [J]. 中国水利，2016（11）：60-64.

[37] 靳花娜 . 漳河河道变迁及其原因探析 [D]. 郑州：郑州大学，2012.

[38] 李可可 . 关于水利文化研究的思考 [J]. 荆州师专学报，1998（1）：41-43.

［39］李蹊．漳水河名的文化考略——帝尧遗迹札记 [J]. 长治学院学报，2008(3)：17-19.
［40］李中元．文化是什么 [M]. 北京：商务印书馆，2014.
［41］中国水利文学艺术协会．中华水文化概论 [M]. 郑州：黄河水利出版社，2008.
［42］李宗新．简述水文化的界定 [J]. 北京水利，2002（3）：44-45.
［43］李宗新．水文化研究的现状和展望 [C]. 中国自然资源学会水资源专业委员会中国地理学会水文地理专业委员会，中国水利学会水文专业委员会，等．环境变化与水安全——第五届中国水论坛论文集．北京：中国水利水电出版社，2007.
［44］李宗新．应该开展对水文化的研究 [J]. 治淮，1989（4）：37.
［45］梁东湖．魏县水利志 [M]. 石家庄：河北人民出版社，1990.
［46］梁述杰，渠性英．刍议水文化 [J]. 山西水利，2010，26（1）：57-59.
［47］梁漱溟．东西文化及其哲学 [M]. 北京：商务印书馆，1999.
［48］梁漱溟．中国文化要义 [M]. 上海：学林出版社，1987.
［49］刘冠美，王晓沛．蜀水文化概览 [M]. 郑州：黄河水利出版社，2014.
［50］刘宁．上党之水天脊来——走马浊漳河 [M]. 太原：山西出版传媒集团•北岳文艺出版社，2014.
［51］刘学峰．落实漳河上游流域河长制全面推进漳河上游流域综合管理改革发展 [J]. 海河水利，2017（2）：4-5.
［52］吕何生．安阳洹漳文化体系研究 [C]. 大理市人民政府，中国古都学会．中国古都研究（总第二十五辑）．大理市人民政府，中国古都学会：中国古都学会，2012：8.
［53］梅芸，韩春玲．水利文化——物质水文化与精神水文化的结合 [J]. 中国水运（下半月刊），2010，10（10）：77-78.
［54］孟祥晓．水患与漳卫河流域城镇的变迁——以清代魏县城为例 [J]. 农业考古，2011（1）：309-314.
［55］孟亚明，于开宁．浅谈水文化内涵、研究方法和意义 [J]. 江南大学学报（人文社会科学版），2008（4）：63-66.
［56］聂磊．浊漳河流域的文化遗产 [J]. 文物世界，2012（3）：44-48.

[57] 牛静岩 . 渠水留伤——河北与河南两村落间水纠纷的人类学研究 [D]. 北京 中国农业大学 ,2014.

[58] 牛荦婷，马吉照 . 唐诗中的漳河及其多重文化意蕴 [J]. 华北水利水电学院学报（社科版）,2012,28（2）: 22-24.

[59] 邱志荣 . 水文化研究和实践刍议 [C]// 水文化理论与实践文集（第一辑）. 北京：中国水利水电出版社，2014：177.

[60] 冉连起 . 水文化琐论二则 [J]. 北京水利，1995（4）: 59.

[61] 申朝明，王书才 . 邺文化探踪 [M]. 郑州：中州古籍出版社，2015.

[62] 石超艺 . 明清时期漳河平原段的河道变迁及其与“引漳济运”的关系 [J]. 中国历史地理论丛 ,2006（3）: 27-35.

[63] 水利水电科学研究院《中国水利史稿》编写组 . 中国水利史稿（下册）[M]. 北京：水利电力出版社 ,1989.

[64] 汪德华 . 试论水文化与城市规划的关系 [J]. 城市规划汇刊，2000（3）: 29-36,79.

[65] 吴宗越 . 漫谈水文化 [J]. 水利天地，1989（5）: 11.

[66] 武汉水利电力学院，水利水电科学研究院《中国水利史稿》编写组 . 中国水利史稿（上册）[M]. 北京：水利电力出版社 , 1979.

[67] 武汉水利电力学院《中国水利史稿》编写组 . 中国水利史稿（中册）[M]. 北京：水利电力出版社 , 1987.

[68] 新文 . 漳河沿岸祈求麦黍丰收的民俗 [J]. 民俗研究 ,1993（2）: 59-60.

[69] 兴利 . 试谈水文化的内涵 [J]. 治淮，1990（2）: 47.

[70] 熊向阳 . 漳河上游边界水冲突研究 [D]. 北京：中国人民大学 ,2005.

[71] 彦橹 . 重新定义“水文化”[N]. 中国水利报，2013-07-25（6）.

[72] 杨大年 . 中国水文化 [M]. 北京：人民日报出版社，2005.

[73] 中共安阳县委党史办公室 , 安阳县跃进渠灌区管理局 . 安阳县跃进渠 [M]. 郑州：中州古籍出版社，1999.

[74] 杨志忠 . 山西古代州县八景 [M]. 太原：山西古籍出版社，2007.

[75] 姚汉源 . 黄河水利史研究 [M]. 郑州：黄河水利出版社 , 2003.

[76] 姚汉源 . 中国水利史纲要 [M]. 北京：水利电力出版社，1987.

[77] 叶飞霞，刘淑兰 . 引领文化与文化引领 [M]. 北京：人民出版社，2012.

[78] 于琪洋 . 关于建设“和谐流域、美丽漳河”的思考 [J]. 海河水利 ,2013（2）: 4-7.

[79] 袁玉浩 . 大名泛区调查与分析 [J]. 海河水利 ,1987（4）: 38-43.

[80] 袁志明 . 水文化的理论探讨 [J]. 水利发展研究，2005（5）: 59-61.

[81] 张婧 . 民有灌区志 [M]. 武汉：武汉水利电力大学出版社，1999.

[82] 漳卫南运河志编委会 . 漳卫南运河志 [M]. 天津：天津科学技术出版社，2003.

[83] 张子宇 , 赵阳阳 , 王号辉 . 曹魏时期邺北城与漳河关系浅析 [J]. 学理论，2015，46（32）: 82-84.

[84] 赵爱国 . 水文化涵义及体系结构探析 [J]. 中国三峡建设，2008（4）: 10-17.

[85] 郑晓云 . 水文化的理论与前景 [J]. 思想战线，2013，39（4）: 1-8.

[86] 周魁一 , 等 . 二十五史河渠志注释 [M]. 北京：中国书店 ,1990.

[87] 周魁一 . 中国科学技术史（水利卷）[M]. 北京：科学出版社 ,2002.

[88] 朱海滨 . 鸟瞰中华 [M]. 沈阳：沈阳出版社，1997.

[89] 庄锡昌 , 顾晓鸣 , 顾云深 . 多维视野中的文化理论 [M]. 杭州：浙江人民出版社，1987.